如皋水利志

如皋水利志编纂委员会

冒承模 主编

方志出版社

如皋市水功能区分布图（2007年3月）

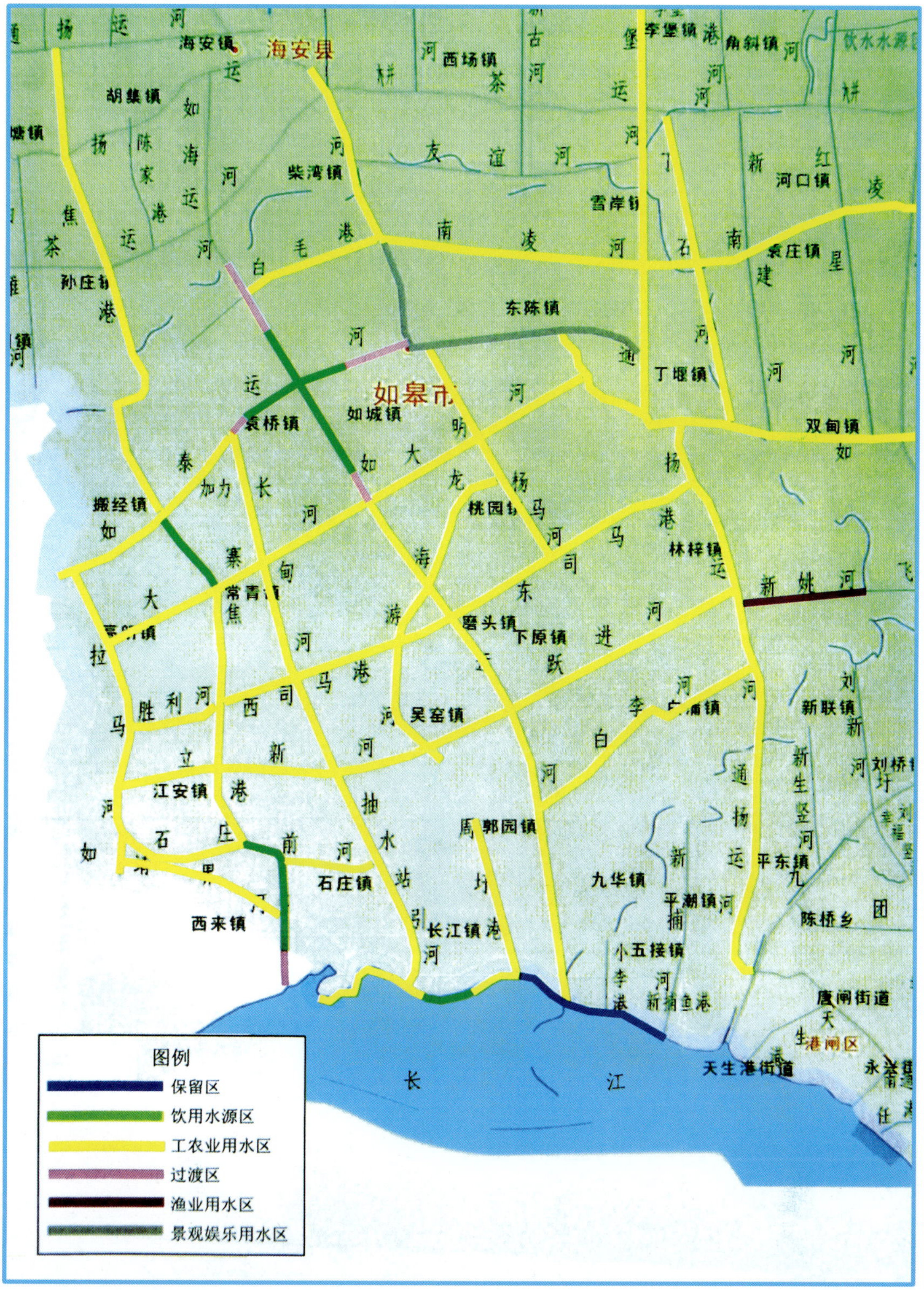

↑ 全国重点文物保护单位——水绘园，始建于明朝万历年间，为龙游水利风景区的主要景点之一（2006 年 8 月 陈圣银摄）

↑ 文昌阁，龙游水利风景区的主要景点之一（建于 2002 年）

↑ 江苏省重点保护历史文物——东水关。历史上内城河由此连通外城河汇通扬运河

（2001 年 9 月 范建华摄）

↑ 古藤缠绕的东水关至今已有六百多年的历史，图为 2002 年疏浚内外城河东水关施工现场

（范建华摄）

↑“利民新闻”张謇题词，碑高 2.45 米、宽 0.95 米、厚 0.10 米，为混凝土浇注而成

（2014 年 8 月 陈圣银摄）

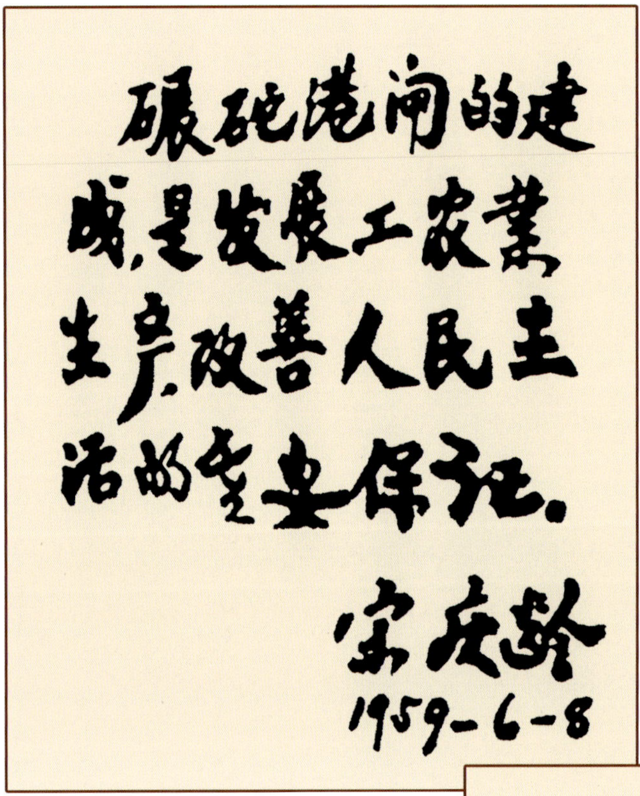
碾砣港闸的建成，是发展工农业生产，改善人民生活的重要保证。

宋庆龄
1959-6-8

← 1959年6月，碾砣港闸建成，国家副主席宋庆龄应请题词祝贺

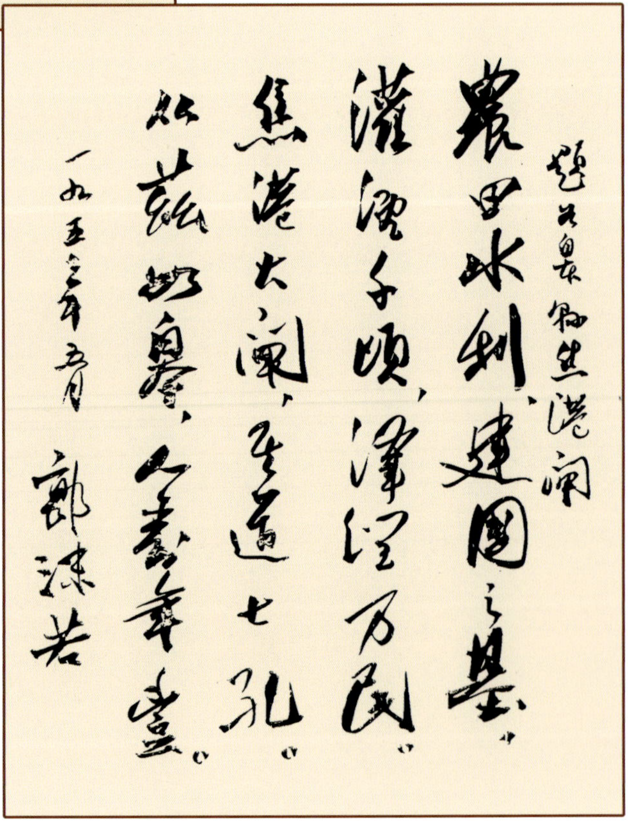
题如皋焦港闸

农田水利，建国之基。灌溉千顷，泽润万民。焦港大闸，[illegible]道七孔。从兹[illegible]，人寿年丰。

一九五七年五月
郭沫若

→ 1957年5月，中国科学院院长郭沫若应请赋诗一首贺焦港闸竣工

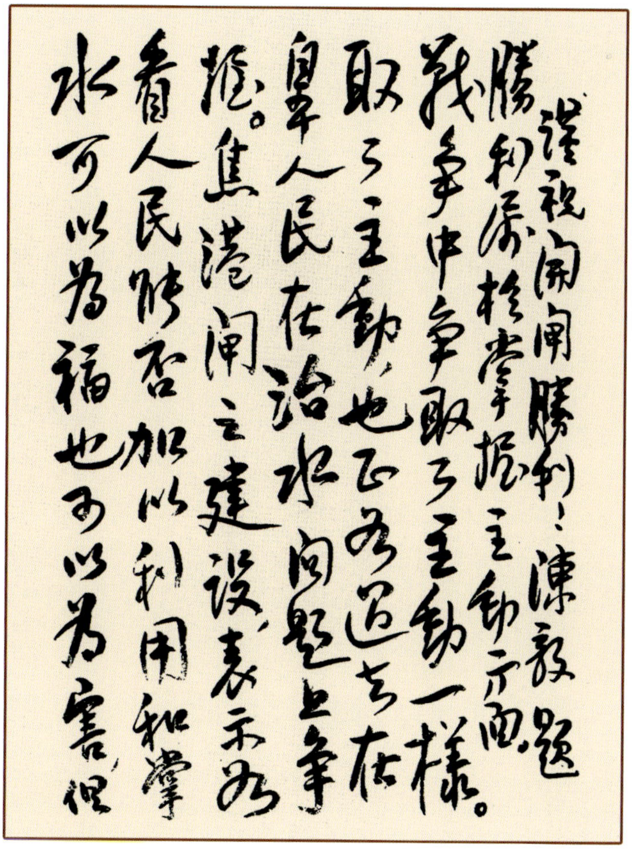

謹祝開閘勝利！陳毅題

勝利屬於掌握主動方面。戰爭中爭取得主動一樣。取得主動，也正為這樣在阜人民在治水問題上爭握。焦港閘之建設，表示如看人民能否加以利用和掌水可以為福也可以為害，但

← 1957年5月6日，陈毅副总理为焦港闸题词

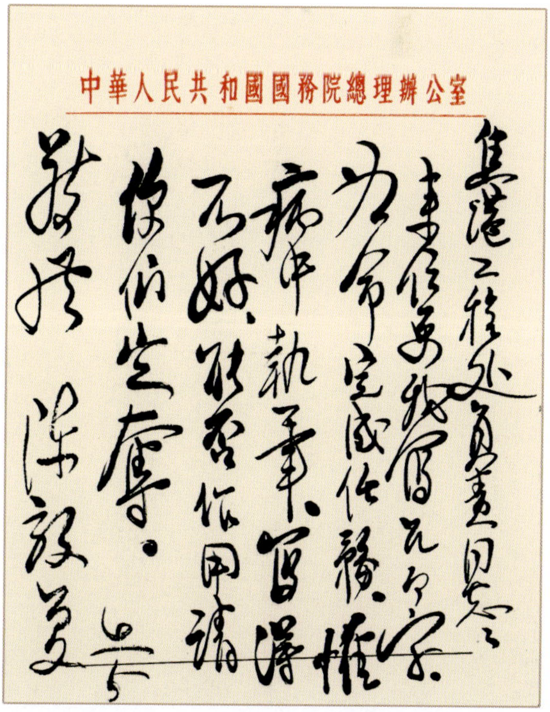

中華人民共和國國務院總理辦公室

焦港工程處負責同志：

來信要我寫幾個字，為了完成任務，權病中執筆，寫得不好，能否作用請你們定奪。

敬禮

陳毅 五·五

→ 陈毅副总理给焦港闸工程处的复信

← 江苏省原副省长、顾问委员会委员陈克天(左四)多次到如皋检查指导工作。图为1991年在如皋港建闸工地视察

(陈如林摄)

→ 2010年9月2日，省政协主席张连珍(中)在南通市委副书记、市长丁大卫(右一)和南通市副市长、如皋市委书记陈惠娟(左一)的陪同下视察农村饮水安全工程

← 1990年4月，省水利厅厅长孙龙(左二)在南通市人大常委会副主任徐志球(左一)、南通市水利局局长王承功(左三)的陪同下在建设乡水利站梯型闸门生产工场

(陈如林摄)

← 1996 年 8 月，南通市市长杨任远（中）带领如皋市委副书记、市长刘井石（右一），副书记周宝生（左一）等乘船检查抛石保坍工作

（陈如林摄）

→ 2011 年 11 月 30 日，江苏省水利厅厅长吕振霖（左一）到焦港闸迁建工程工地主持开工仪式

← 2012 年 9 月，水利部总工程师汪洪（右一）在如皋市副市长杜永红（左一）的陪同下视察小型农田水利重点县工程

↑ 2015 年 8 月 21 日，省水利厅副厅长陆桂华（中）、南通市水利局局长刘新华（左一）在如皋市副市长杜永红（右一）陪同下调研如皋市水利工作

↑ 2015 年 11 月 25 日，南通市委常委秦厚德（右三）等领导调研如皋市水利工作

→2012年9月2日，如皋市委书记姜永华（左二）、市委副书记司祝建（右一）、副市长杜永红（左一）在市水务局局长秦锦国（右二）的陪同下检查中央财政小型农田水利重点县建设工地

→2015年6月30日，如皋市市长陈晓东（右二）等领导调研农村水利工程建设情况。局长余海正在汇报工作

→2015年6月30日，如皋市市委副书记司祝建（左二）、市人大常委会副主任邵晓泉（左一）等领导调研农村水环境治理工作

四条引江水道

↑ 如海运河（2014 年 7 月 陈圣银摄）

↑ 通扬运河（2013 年 6 月 陈圣银摄）

→ 2012 年 9 月 2 日，如皋市委书记姜永华（左二）、市委副书记司祝建（右一）、副市长杜永红（左一）在市水务局局长秦锦国（右二）的陪同下检查中央财政小型农田水利重点县建设工地

→2015 年 6 月 30 日，如皋市市长陈晓东（右二）等领导调研农村水利工程建设情况。局长徐海正在汇报工作

→2015 年 6 月 30 日，如皋市市委副书记司祝建（左二）、市人大常委会副主任邵晓泉（左一）等领导调研农村水环境治理工作

← 迁建后的焦港闸
（陈圣银摄于2015年4月）

↑ 如皋港水利枢纽（陈圣银摄于 2015 年 4 月）

↑ 扩孔改造后的碾砣港闸 （陈圣银摄于 2015 年 4 月）

→如皋市农田水利试验站（陈圣银摄于 2015 年 4 月）

↑ 长青沙北闸（陈圣银摄于 2015 年 4 月）

↑ 四号港闸（陈圣银摄于 2015年4月）

↑ 如皋市堤防管理所（陈圣银摄于 2015 年 4 月）

↑ 界河闸（陈圣银摄于 2015 年 4 月）

↑ 2002 年建成的通济桥涵闸，外城河由此通“通扬运河”

↑ 2014 年建成的龙游河水闸（陈圣银摄于 2015 年 4 月）

↑ 外城河通通扬运河处的滚水坝（2002 年建成）

↑ 始建于隋开皇十九年（公元 599 年）的古刹定慧禅寺

↑ 1998 年防汛抗洪总结表彰大会（陈如林摄）

↑ 受表彰的驻如皋部队代表（陈如林摄于 1998 年 10 月）

→1996 年 8 月 1 日，南通市委书记吴镕(前排左三)到长青沙指挥抢险（陈如林摄）

↑ 1995 年汛期，又来沙垦区崩坍的江岸（陈如林摄）

↑ 保坍运石船队（陈如林摄）

←1995 年 8 月，南通市市长徐燕（女）在又来沙江面查勘险情 （陈如林摄）

↑ 1998 年 2 月 16 日，如皋市召开江堤达标工作会议 （陈如林摄）

↑ 1998 年 1 月 6 日，省水利厅副厅长蒋传丰（前左二）到如皋布置江堤达标工作，南通市水利局局长王承功（后左一）、如皋市委书记柯文（右三）、如皋市副市长徐天明（右一）、如皋水利局局长陈鑫泉（前左一）在施工现场筹划工程 （陈如林摄）

↑ 男女老少齐上阵，千军万马筑长城。图为江堤达标工地 （陈如林摄于 1998 年 4 月）

↑ 江堤达标工地（陈如林摄于 1998 年 4 月）

↑ 江堤达标工地（陈如林摄于 1998 年 4 月）

↑ 如海运河（2014 年 7 月 陈圣银摄）

↑ 通扬运河（2013 年 6 月 陈圣银摄）

↑ 焦港河（2014 年 7 月 陈圣银摄）

↑ 如皋港（2015 年 11 月 摄）

↑ 1989 年冬，如泰运河疏浚现场（陈如林摄）

↑ 1990 年春，如皋港辟港工程人机结合施工，泥浆泵正在作业（陈如林摄）

↑ 通扬运河与如泰运河丁堰交汇处（陈圣银摄于 2015 年 4 月）

→ 建管并重，对各级河道实行长效管护（2014 年徐阳摄）

← 如皋市江安镇周庄社区周严居民河（陈圣银摄于 2012 年 8 月）

→人工清理河面杂物（摄于2015年9月）

↓机械保洁船清理河面恶性水生植物（摄于2015年9月）

↑ 养鱼护河（摄于 2015 年 4 月）

↑ 拆除违章河道网具（摄于 2015 年 6 月）

↑ 南通市水利局局长刘新华（中）在如皋市水务局局长秦锦国（左一）陪同下调研灌区改造工程（摄于 2014 年 9 月）

↑ 防渗渠建设施工现场（陈圣银摄于 2014 年 4 月）

↑ 如海灌区西河泵站
（陈圣银摄于 2013 年 8 月）

← 常青金凤供水站
（陈圣银摄于 2013 年 8 月）

→ 吴窑黄石分灌区
（陈圣银摄于 2013 年 8 月）

↑ 如皋市高效节水智能化灌溉控制中心（陈圣银摄于 2014 年 7 月 14 日）

↑ 自动化灌溉控制现场（陈圣银摄于 2014 年 7 月 14 日）

↑ 自动化滴灌（陈圣银摄于 2014 年 7 月 14 日）

↓ 自动化喷灌（陈圣银摄于 2014 年 7 月 14 日）

←↑ 城南街道肖陆村居住河拆坝建桥前后（2015年摄）

↑→ 如城街道贺洋社区居住河拆坝建桥前后（2015年摄）

序

《如皋水利志》出版了。这是如皋第一部水利志，因此也是如皋水利史上的一件大事，我们作为如皋治水战线上的一兵，感到格外欣喜，特表示祝贺。

水是生命的源泉，是人类赖以生存的最基础条件之一。没有水利保障，就没有人们生活和生产的基本环境，就没有社会的稳定和经济的发展繁荣。

古人云“夫水，民利也，亦民害也。水何心於利害？而为者，人也。”如皋治水的历史久远，兴利除害的水事活动可以追溯到汉代，吴王开凿运盐河（今通扬运河）起，历代前人多有建树。但在漫长的历史时期里，如皋人民化水害为水利的奋斗历程，没有能留下综述全貌的文字记载实为憾事。所以现在出版这部水利志尤其可贵。

如皋襟江带海，曾是一个水旱灾害频发的县份，洪涝、旱灾、大潮、江岸坍塌等多次肆虐和侵袭。新中国成立以来的六十多年里，如皋人民在历届市（县）委、市（县）政府的领导下，依靠优越的社会主义制度，发扬自力更生、艰苦奋斗的精神，除水害、兴水利，创造了前所未有的辉煌业绩。建成了一大批防洪、挡潮、调水、抗旱的工程，水利基础设施不断完善，大大增强抗御自然灾害的能力，改善了全市人民的生活生产条件，促进了经济和社会事业的健康快速发展。

《如皋水利志》较为全面系统地反映了如皋治水的历史。贯通古今而更重当代，着重反映了新中国成立以来，如皋水利事业所走过的风雨历程，较为详尽地记述了如皋治水的全部实践。从自然概貌到水利工程建设，从防洪治涝到河网化建设，从围垦保滩到农田水利，从建设管理到综合运用，从机构设置到法规建设，基本没有疏漏。同时也客观地反映了某些历史时期存在的不足、经验和教训，将会为今后的水利工作提供有益的借鉴。

经济的快速发展和社会的不断进步，对水资源的供给和水环境的要求也越来越高。因此防洪保安和保障水资源的有效供给一直是全市经济工作中的一项重要内容。全市各级政府，特别是水利部门必须把水利工作放在国民经济基础设施的第一位，进一步解放思想，全面贯彻落实科学发展观，积极践行可持续发展的治水思路，以安全水利、资源水利、环境水利和民生水利为主要内容，深化水利改革，推进水利创新，兴修水利设施。使防洪保安，水资源供给，水环境保护、服务民生四大能力得到显著提升，为经济社会又好又快发展提供坚实的水资源条件。

《如皋水利志》忠实地记录了广大水利工作者在水利建设中自力更生，开拓进取的治水实践，充分体现了“艰苦奋斗、团结拼搏、勇于奉献、争创一流”的江苏水利精神，是老一辈水利工作者留给我们的宝贵精神财富。笔者相信这部志书一定会受到广泛的欢迎，并将发挥其应有作用。

值此志书出版之际，谨向组织和参加编撰的同志及关心支持的同志们致以诚挚的谢意！

徐　海　秦锦国

2016年10月

凡 例

一、本志以马克思主义、毛泽东思想、邓小平理论、“三个代表”重要思想、科学发展观为指导，坚持辩证唯物主义和历史唯物主义的立场、观点，遵循实事求是的原则，全面、系统记述如皋水利事业的发展历程。

二、本志为通志，上限力求追溯至事物发端，下限断于2015年年末。若必须超限记载，其内容则加括号。

三、本志记述范围以2015年如皋市行政区域为主，历史上与周边县（市）管辖范围调整时期的相关情况，按当时如皋县行政区域范围记载。

四、本志设章、节、目3个层次，横排纵写，事以类从。部分节下不设目。全志设12章、57节，共32.3万字。

五、本志记述以志为主，述、记、志、传、图、表、录诸体并用，述而不论。大事记以编年体为主，辅以记事本末体；重要地图、照片置于卷首，一般图照及表格随文。

六、本志中华人民共和国成立前统一使用历史纪年括注公元纪年，同一目中属同一朝代的，不连续括注；中华人民共和国成立后统一使用公元纪年。公历时间均用阿拉伯数字，农历时间和朝代年号（纪年）均用汉字。

七、本志记述使用规范现代汉语。引文一般采用原文或沿用旧志引文。除部分特殊人名、地名、方言，全志文字使用规范简化汉字。标点符号按照国家相关规范执行。

八、本志计量单位使用根据国家相关规定执行。部分计量单位(顷、亩、分、厘,担、斗、升,斤、两等)沿用市制,以保留历史原貌、保证数据准确性。

九、本志中所涉及的"高程",采用"废黄河零点"。若采用"吴淞零点",均予以注明。

十、本志中所涉及有关志书内容,除注明者外,均出自清乾隆《如皋县志》。

十一、本志所采用的照片,除注明摄影者外,均出自如皋市水务(利)局办公室所存资料。

十二、本志统计表格中缺失的数字以空格表示,无此数字以"—"表示。

目 录

概 述

如皋市地处长江下游北岸，江苏省中部东侧。地理坐标：北纬32° 00′ ~ 32° 30′，东经120° 20′ ~ 120° 50′。南临长江，西与靖江、泰兴两市接壤，北与海安县交界，东和东南与如东县、南通市通州区毗邻。总面积1477平方公里，耕地总面积7.838万公顷，总人口143.6301万人，长江岸线48公里。主要引水河道有如海运河、焦港、通扬运河、如皋港与如泰运河及境内20条二级河道组成全市骨干河网。

全市为平原地带，整个水平面高于邻县。境内地形特征：沿小溪河（今如泰运河中段）两岸最高，最高处6.5米（废黄河零点，下同），分别向南北倾斜，小溪河以北倾向东北，高程6.5 ~ 4.3米，坡降约1/1500。沿江为西高东低的圩田，高程为4.0 ~ 1.8米，坡降约1/2000。

全市按自然条件和水系划分为四大区，即通南高沙土区，占全市总面积的71%，该区位于通扬运河以西，北至如泰运河一线，南临336省道（原江平公路），西接泰兴；斗南垦区，占12%，该区位于通扬运河以东，如泰运河以北，南凌河一线；九圩港平原区，占6%，该区位于如泰运河以南，通扬运河以东；沿江圩区，占11%，该区位于336省道（原江平公路）以南地区。

如皋气候属北亚热带湿润气候区，特点是四季分明、气候温和、雨水充沛、日照充足、无霜期较长，光、热、水高峰基本同期，气候条件比较优越，生态条件的适应性比较宽广。

如皋具有悠久的治水历史，公元前179年 ~ 141年之间，西汉吴王刘濞开凿通扬运河为最早（自扬州湾头镇经海安至如皋县东陈汤家湾）。北宋天圣年间（1024 ~ 1028）范仲淹修筑捍海堰，俗称范公堤。至新中国成立前夕，历代兴修的闸、堰等水利设施由于长期失修，港口淤塞、堤防矮小、支离破碎，汛期堤防经常溃塌，形成决口，加之内河水系紊乱，如遇特大暴雨江河并涨、洪涝齐发；如逢大旱赤地千里，颗粒无收。人民的生命财产毫无保障。

新中国成立之后，如皋人民在中共如皋县委和县政府的领导下，集中力量突出重点，解决主要矛盾。1949 ~ 1953年抢险复堤提高防洪挡潮能力，修复江堤40多处，做到堤不决口，潮不倒灌，确保人民生命财产的安全。初步解除了洪潮对人民生命财产的威胁，为恢复和发展农业生产发挥了重要作用。1954 ~ 1957年，内涝问题突显。1954年7月特大暴雨，江淮并涨，洪涝并发。全县一片沼泽，雨水通地漫流，受灾近一个月。为解决排涝入江，从1954年冬开始，先后疏浚开挖了焦港、司马港、南凌河，兴建了焦港闸、丝渔港闸，为促进发展农业生产提供了条件。1956 ~ 1960年，灌溉缺水又上升为主要矛盾，于是千军万马齐上阵，以排山倒海之势掀起了以河网化建设为重点的兴修水利热潮。开挖了如海运河，整治疏浚龙游河、南凌河、焦港流域支河及大量的二级河。1970年，为增强引江能力，又兴建了二案提水站。至此，引江干河和排涝干河基本成网。使地处长江边却不能引江灌溉，指望淮河却杯水车薪的历史成为过去。引江灌溉水源充足，排水入江入海两便。特别是高田、圩田地区的排灌系统得以划清，建起了各自的独立水系，改变了高田水压浸圩田，夏秋汛期江潮倒灌成灾的局面。

但是这一时期的失误和教训值得记取。受大气候的影响，1958、1959两年水利建设有一平二调的错误。在水利规划上不顾实际情况，强调规格统一，纸上谈兵，工作浮夸，造成全县挖而未成和挖而淤浅的大沟2条、中沟8条、(中)小沟53条。尤其是如海运河、焦港、拉马河、小溪河、长甸河、下原后大河、司马港等骨干河道疏浚未到位，不能畅引江水。

引排骨干工程基本形成后，如皋人民治水的积极性不断高涨。在“文化大革命”初期的1966年、1967年也未受太大影响，坚持“小型为主、全面配套、狠抓管理、更好地为农业增产服务”的治水方针，因地制宜、突出重点、综合治理。河网化的建成为全市治沙改土提供了可靠的水利条件，1970年7月如皋县革命委员会提出“一年削平高沙土，二年实现旱改水，三年建成大寨县”的口号，全县掀起了战高沙运动。从1971年到1974年共平整土地41.44万亩，完成土方7171.8万立方米，填废沟塘增地2.9万亩。高沙土地区旱涝保收农田增加到28万亩。粮棉产量均有了很大提高。

如皋原有江、港、洲堤弯曲迂回，标准各异。新中国成立后虽不断复堤、并港建闸，但总体标准仍然不高，加之长江径流量不断变化，一到汛期江堤险情频出屡屡告急，向人们提出了加固江堤的要求。1998年，如皋市政府落实江苏省委、省政府关于“用三年时间把江堤建成洪水冲不垮的钢铁长城”的要求。1月6日省水利厅副厅长蒋传丰到如皋就江堤达标专题提出要求，副市长徐天明2月16日部署江堤达标工作。

江堤达标工程包括：堤防迎水坡护坡、填塘固基、修筑堤顶防汛公路。主要工程于1999年年底结束。总投资1.3亿元，其中省拨资金5000万元左右。全市每个国家工作人员都捐了款。

由于如皋绝大部分土地为高沙土，水土流失严重，河道淤浅影响引排，因此疏浚河道成了每年冬春水利的必修课。全市每年都要完成土方工程1400万立方米以上。值得一提的是1987年冬，实施东司马港疏浚工程时，在如皋境内首次使用了62台泥浆泵，采取人机结合的施工模式疏浚河道，改变了过去开挖河道全靠人力挑抬的方式，大大减轻了劳动强度，提高了工效。

随着经济社会的不断发展，要求水利工作必须从“保命”“求安全”的低标准提高到为实现农业现代化、农村现代化、保障和促进如皋全市经济的快速稳步发展，创建坚实的水利基础产业的新高度。为此，如皋市在四个方面强势推进水利工作。一是加强水利法制建设；二是提高综合管理水平；三是持续进行灌区建设等重点工程建设；四是全面更新水利工程设施。

为加强如皋市水利工程管理，充分发挥水利工程综合效益，根据《中华人民共和国水法》《江苏省水利工程管理条例》《南通市水利工程管理办法》等有关法规的规定，结合如皋实际，两次制定水利工程管理的规范性文件。1987年制定《如皋县水利工程管理实施细则》；2011年8月印发《如皋市水利工程管理实施办法》。

至2015年年底，所有的涵闸管理单位机构健全，管理范围和工作责职明确。堤防管理所机构逐步加强，管理工作落实，每一段江港洲堤都有管理台账；河道管理队伍不断加强（各级河道都明确管理主体、管理队伍、管理制度、管护经费和考核机制），管理技术日趋先进（采取人工打捞与喷洒药物相结合整治恶性水生植物；生态种植和河沟养殖相结合）。有大型保洁船6艘、中型保洁船15艘，管理人员1732人，每年市、镇级财政投入经费9700多万元。保证了各级河道水系畅通、引排水功能提升、水质达标的要求。

水资源管理工作虽然起步较晚，但比较规范，成效显著。在水功能区划分、水质监测、水平衡测试、节水灌溉、创建节水型试点单位等方面成绩突出。如皋市创建江苏省水资源管理示范县（市）工作，于2011年12月顺利通过了江苏省水利厅、财政厅组织的专家组的考核验收。

水利执法管理有专职队伍，有固定办公场所，配备了专用车辆、专用巡逻船只等执法设备，工作中与公安、交通、海事、航道、农业等执法部门极积配合，一但出现违反水法规行为，做到及时发现、及时制止和及时查处纠正。维护了良好的水事秩序。

1996年经国务院批准，如皋市被确定为全国300个节水增产重点县之一。经国家发展计划委员会和水利部批准立项建设灌溉示范区。由此，如皋的灌溉史发生了历史性的大变革。先后建设磨头天阳节水灌溉示范区、搬东节水增效灌溉示范区和如海灌区续建配套与节水改造工程。尤其是如海灌区工程建设至今已延续到第十二期工程。焦港灌区的建设进展顺利，成效显著。中央财政小型农田水利重点县项目，农村饮水安全等一系列工程项目陆续实施。

随着经济建设的迅速发展，对水利工程设施的要求也进一步提高。加之原有的通江工程已运行了50多年，设备老化亟待更新。如皋市水务局领导审时度势，迈开传统水利向现代水利转型的新步伐，上下左右，争取支持，从资金投入到管理模式进行了新探索。从2010年起，陆续完成了碾砣港闸扩孔改造、焦港闸迁建、界河闸迁建、长青沙闸迁建、四号港闸迁建、戴案港闸迁建、新建如皋港水利枢纽和长青沙北闸等工程。

水利建设是一项庞大的社会事业，是改造自然的壮举。如皋水利人积60多年的治水经验，深知在与自然灾害作斗争的过程中，必须有改天换地的雄心壮志，也绝不能缺乏实事求是的科学态度。在探索治水规律、解决主要矛盾时，路子对头，措施得力，逐步化水害为水利，取得了较为理想的效益。

人们对自然的改造不可能一劳永逸。多年来虽然为除害兴利打下了较为良好的基础，但仍存在不可忽视的隐患。如皋成陆时间相对不长，尤其是江岸线极不稳定，防洪保安，护坎保坍的任务还相当艰巨。因此，对新形势下水利不仅是农业的命脉，而且是整个国民经济和全社会的命脉，是全市经济发展、尤其是沿江经济发展的前提，是维护生态环境的基本要素，必须要有更加清醒的认识。在统一治水，建管并重上要有新的突破。着力构建现代化的生态水利、民生水利、安全水利、资源水利、景观水利、科技水利等水利综合保障体系。

回顾过去，令人欣慰，展望未来，任重道远。如皋人民面临的治水任务还十分艰巨，必须继续发扬愚公移山精神，子子孙孙治水不止，为如皋工农业持续发展和改革开放，创建更好的水利条件。

大 事 记

西汉

文帝、景帝年间(公元前179年~公元前141年)

吴王刘濞因运盐凿运盐河(今通扬运河),从扬州茱萸湾头镇经海安至如皋县东陈汤家湾。

隋代

如皋南部江岸大坍,致使晋义熙七年(411年)建立的临江(石庄镇附近)、蒲涛(白蒲镇附近)两县坍没被废。

五代

后周显德年间(954 ~ 958年)

从通州向西北凿河十里,隔清水港(即古横港)接通白蒲镇。

元

至元年间(1279 ~ 1294年)

建通济闸三座以通漕运。……两座在白蒲镇,明初废。

明

成化十七年(1481年)

知县胡昂浚县治西、南小沟与运盐河连成环抱县衙的“玉带河”。

正德十五年(1520年)

如皋知县徐相建掘港减水闸。

隆庆二年(1568年)

开串场河(今如泰运河)。

万历年间(1573 ~ 1620年)

冒一贯于县城东北隅建水绘园。

清

乾隆十二年(1747年)

如皋知县郑见龙建李家堡西永兴闸。

乾隆二十三年(1758年)

汪之珩于城东北隅水绘园处建水明楼。

清同治十年(1871年)

大汛,“坍浚滨江田十六顷二十八亩八分九厘五毫,草滩民田四十五顷三十亩七分八厘。”

光绪二十七年(1901年)

6月21日 台风大潮,江流汹涌。如皋长江边二百亩西北的周圩港口,港形弯曲,急流穿过港湾,切开二百亩,江岸大坍。至民国2年(1913)坍至八字桥镇,历时12年,最宽处坍进约15华里。

光绪三十二年(1906年)

沙元炳、张藩等创办如皋测绘专科学校,附属于如皋师范学堂,招收学生30人。

中华民国

民国2年(1913年)

4月,市河疏浚历时两个月。

民国3年(1914年)

8月,如皋水利会成立。

民国11年(1922年)

建新生港船闸。

冬,疏浚外城河,次年竣工。

民国16年(1927年)

1月29日,沙元炳因病去世。

民国20年(1931年)

7月3日,连日大雨,江河水位暴涨,永安沙坍坎,周圩闸被冲倒,禾苗淹没,房屋倒坍无数。

民国23年(1934年)

如城内城河上钱家桥由原砖石结构改建为钢筋混凝土结构,为如城有钢筋混凝土桥之始。

修理周圩闸,次年4月25日竣工。

民国32年(1943年)

江岸南移,新生港口淤闭。

民国34年(1945年)

9月22日,苏中行政公署决定如西县复名如皋县,原设在如皋东乡的如皋县易名如东县。自此如皋便没有海岸线。

民国35年(1946年)

4月,龙游河桑木桥至长江口段疏浚动工。历时3个月竣工。

民国37年(1948年)

又来沙形成。江流分为北、中、南三个水道。南水道为这一段长江主流。

中华人民共和国

1949年

7月18日、23日两次台风侵袭,江港堤岸决口44处,被淹农田17万亩,倒房104户。

8月9日,台风、暴雨、大潮同时袭击,江堤决口30处,港堤决口16处,决口总长度2000米,淹没沿江圩田95169亩,灾情严重。中共如皋县委、如皋县政府成立复堤委员会,动员民力,抢修江堤,完成土方60万立方米,抢救圩田66929亩。未能抢救而遭淹损的圩田28200亩。

11月26日,动工修理新生闸、周圩闸。

1951年

2月12日,疏浚龙游河老头湾段。邹义良任疏浚总队长,动员民工12061人,县政府拨发大米45万斤。3月31日竣工。疏浚长度6861米,完成土方28562立方米。

1952年

3月春荒,以工代赈,发放修港堤工赈款8.9亿元(时币)。11月,通扬运河柴湾至东陈段疏浚工程开工,次年2月竣工。

12月14日,周圩港疏浚工程动工,次年1月15日竣工,完成土方53.8万立方米。

1954年

6月至7月,全县遭受百年未遇暴雨,淹田16.3万亩,倒坍房屋1万多间,政府发放救济款74.1万元。

6月18日后,大汛潮位不断增高,至8月17日最高潮位达到4.907米,超过最高洪水位0.45米。全县动员民工20800人,进行江堤抢修加高,9月28日结束,共完成抢修土方5113万立方米,石方1218.3立方米。

12月14日,丝渔港疏浚工程开工。次年2月28日竣工。

1955年

4月29日,丝渔港闸开工,8月15日竣工放水。闸宽4.5米,流量36.28立方米/秒。

11月29日,疏浚焦港河第一期工程开工,自石家圩五号至明家岱,全长6940米。后经1956、1957、1968年分期进行疏浚。

1956年

3月18日,焦港、司马港、拉马河春季水利工程建设开工,5月13日竣工。出动民工96875人,施工长度50公里,完成土方600万立方米。

4月27日,县永安沙夹槽滩和东平滩围垦工程结束,共围4个圩子,3666亩。

10月17日,焦港闸工程开工。

11月,建立如皋县水利局,内设秘书和工务股、农水股。

12月3日,南凌河第一期疏浚工程动工,全长16公里,动员民力3.5万人,次年1月竣工。

1957年

5月，国务院副总理陈毅、中国科学院院长郭沫若分别为焦港闸建成题词祝贺。

7月21日，焦港闸竣工。县长李普凡剪彩开闸放水。

11月30日，如泰运河西段（小溪河）疏浚工程，如城至搬经芹湖24.08公里开工。后又经过1965年冬，1967年冬、1968年冬、1981年冬分期疏浚；1989年11月15日又对从如海运河至搬经镇界沟村段17.62公里进行整治。至此，西段全长25.18公里初步整治结束。

1958年

在又来沙的下游涨出了长青沙。

3月，开挖如海运河工程动工，至1960年4月竣工。

5月28日，如皋县第一座电力灌溉站，城西电力灌溉站建成。

6月25日，如海运河碾砣港闸至江边段1.95公里开工。11月23日碾砣港闸至拼茶运河段46.81公里开工。

7月2日，全省第一座潮汐发电站在永平乡三洞口建成。7月14日试车发电。

9月，在大办水利、大办教育的热潮中，建立如皋水利技校。由于师资缺乏，设备不足，1959年2月并入南通水利学校。

10月10日，碾砣港闸工程开工，次年7月15日竣工。国家副主席宋庆龄题词："碾砣港闸的建成是发展工农业生产，改善人民生活的重要保证。"陈毅副总理题词为"水利乃万事之利"。

1959年

7月中旬至8月24日，40天无雨，全县大旱。

冬，全县组织5000多民工参加京航大运河疏浚工程。同年冬季，疏浚如泰运河掘港至丁埝段，如皋县负责县界至丁埝段6公里，完成土方118万立方米。

11月，疏浚内城河，次年1月竣工。

1961年

6月初至7月24日，50天未雨，严重干旱。

9月，如皋县人民委员会发文《关于沿江水闸明确管理区范围的通知》。

1962年

秋，遭受强台风侵袭，造成较大雨涝。

1965年

10月8日，经江苏省人民委员会批准，南通地区第一次实行统筹水利经费，以县为单位，按田亩筹集，重点用于县办或两县以上大中型水利工程。

1966年

6月，新建司马港闸。

是年，贯彻“小型为主、全面配套、狠抓管理”的方针，冬季疏浚拉马河及如海运河北段。全年完成土方693.3万立方米、石方2380立方米、混凝土730立方米、砖方2820立方米；筑渠200万立方米；植树190.78万株。

1967年

是年，利用龙游河入江口段开挖抽水站引河，经江苏省水利厅、交通厅批准，拆除新生港船闸。该闸系民国十一年如皋县水利会建，位于桑木桥南约3公里处。

是年，全年疏浚二级河2条、三级河13条，加上其他工程完成土方1740.1万立方米、石方7227立方米、混凝土4133立方米、砖方11959立方米。

1968年

兴建抽水站1座、小闸3座、疏浚河道4条，增加旱涝保收农田72.6万亩。完成土方1933万立方米、石方10867立方米、混凝土15145立方米、砖方17764立方米。

6月，开工建如皋二案抽水站，1970年5月竣工。

1969年

春，县组织民力拓宽裁直通扬运河白蒲至林梓段。

冬，疏浚如泰运河丁北经如城到十里墩段，东起丁堡河西至如泰运河西段。

是年，疏浚通扬运河如城至柴湾段，包括裁弯取直。如城北门外填平老河建普庆路。

1970年

7月，如皋县革命委员会提出了“一年削平高沙土，二年实行旱改水，三年建成大寨县”的口号，全县大规模平整高沙土。

1971年

是年，全县平整高沙土24.84万亩。

是年，戴案港闸建成。

1972年

12月1日，通扬运河从通州云台山至如皋丁埝32.29公里段疏浚工程开工，1973年1月12日竣工。如皋林梓至丁埝段裁弯取直。

1973年

二案抽水站下游淤死，使其失去提水功能。

6月，蒲西公社十九大队第三生产队兴修水利时，发现唐代沉船于马港大河东侧农田里，船长17.32米，宽2.58米。

8月，受13号台风影响，潮水猛涨，高达5.1米，两次动员民工4.38万人，抢修江堤完成土方48.61万立方米。

冬，再度疏浚焦港，由如皋、海安、海门、启东四县联合施工。

1974年

1月，如皋县革命委员会发文《关于焦港工程管理工作的通知》。

南通地区如皋、海安两县成立治淮小组，负责焦港两岸水土保持和管理工作。如皋县治淮小组设在西司马港与焦港相交处的吴庄石灰厂内。

5月，如皋县革命委员会发文《关于加强堤防管理的意见》。

1975年

4月15日，江苏省革命委员会发文，确定如皋、靖江两县江滩界址。

6月下旬大雨。3天460毫米，日最大雨量280毫米，全县明涝面积56.86万亩，占全县总面积的49%。

7月29日后的40多天降雨量只有常年的十分之一，35万亩农田受灾。

8月29日凌晨，龙卷风夹大雨，致戴庄乡大会堂倒塌，死9人，伤265人。

9月1日后连阴35天，玉米棉花受渍严重，产量只有常年的70%。

12月9日至次年2月中旬，两个月未下一滴雨，35万亩麦田受旱。

1977年

12月26日，江苏省水利厅蔡绍良主持，在如皋县二案抽水站召开如皋沙群治理规划座谈会。出席会议的有南通、扬州、苏州三地区，如皋、靖江、沙州三县水利部门代表20余人。初步确定长青沙和东风滩之间堵坝、又来沙辟口等工程。

1978年

7月15日至9月13日，如皋高沙土地区几乎未下雨，大旱。

1979年

8月5日至9日，江苏省和南通市有关部门对长江如皋河段进行全潮流量泥沙测量,测出分流比为:大江90.4%、中汉9.5%、北汊0.1%。

1980年

由于长江主流摆动,泓道变化,长江中汊来水量倍增,江水直冲长青沙西岸,堤外滩地坍塌严重。长青沙四号涵洞附近,江底刷深到-24.2米,堤外滩地宽仅剩163米。中共如皋县委、如皋县革命委员会于8月19日成立长青沙保坍抢险指挥部,治坍抢险工程开工。采取沉排、沉棍、平顺抛石进行护底护坎。

年底,疏浚通扬运河如城段。

1981年

4月28日,选举建立如皋县人民政府。如皋县革命委员会成为历史。

4月30日至5月2日上午长青沙西江岸继续坍塌,两天半时间坍去24米,主堤脚外滩只剩下41米。7月25日晨,两个多小时内发生坍岸长35米,宽3.5米。长青沙公社组织400余人,租用单机船13艘,水陆两路突击运石抢险。

11月27日,动工疏浚通扬运河中段(如皋城至丁堡河段),出动民工6万人,年底竣工。

1982年

5月31日,长青沙西岸24号点以南发生长63米、宽19米的严重涡坍。7月10日,27~28号点发生长53米、宽24.5米的大涡崩坍,并有数次小崩坍,江岸距主江堤脚最近处仅剩20米。

7月,县政府发文《关于严禁在河坡河堤上砍伐树草种植庄稼的意见》。

1983年

1月,根据长青沙西江岸坍岸态势,1月1日至10日,5000多民力增筑二道江堤,完成土方7.78万立方米。

是年,全年累计用工10.02万个,投资57.41万元,新增保坍长度1565米,加固江堤长1106米。

是年,如城镇12月疏浚内城河(市河)。

1984年

8月6日,省顾问委员会顾问(原副省长)陈克天到如皋视察。

冬,疏浚通扬运河丁北至林梓段。

12月4日 北汊长青沙至薛案沙筑坝截流整治工程开工,1985年4月4日竣工。如皋县13000民工参加施工。

1985年

长江汛情逊于往年,因此仅对长青沙西江岸部分地段作一般的保坍工程,由长青沙乡抽调55人组成保坍专业队,组织轮队4个,从7月5日开始,到8月15日结束。共运16个航次。用工2500个,投资7万元。耗用块石7012吨,抛石加固长590米。

1986年

如皋县水利局挖泥船队90立方米绞吸式挖泥船参与长江天生港水道疏浚试验性工程。

长青沙西南角江底严重刷深。5月底为-46.9米,7月为-51.5米。7月22日21时,在28～29号点发生大规模崩坍,最严重处主江堤大部坍去,只剩下1.5米高的内堤坡三角形土埂,长达60余米。坍塘长143米,宽57米。

1987年

1月20日,在南京召开的全省水利局长会议上,如皋县在江苏省中片冬季农村水利建设评比中被评为县级三等奖。

3月,根据江苏省水利厅《关于全面开展农田水利工程普查、建档发证工作的通知》,在取得搬经镇试点经验的基础上,全县开展外业测量。1988年进行内业整理和建档发证,年底全面完成,1989年12月形成资料汇编。共建立档案232册,其中县干河道10册,分乡镇222册。

4月,如皋县政府印发《如皋县水利工程管理实施细则》,这是如皋有史以来第一个全面系统的水利工程管理规范性文件。

7月,长青沙西江岸15号测点以南地段,快水靠边,深泓逼岸,江底不断刷深。7月17日凌晨2时30分,在33 ～ 35号测点之间发生大崩塌。头、二道堤防相继坍入江中,零高程范围直径300米,坍去面积150余亩。江苏省水利厅有关负责人,南通市和如皋县领导顶风冒雨,横渡长江,组织抢险。组织11000人,水陆两路并进。陆上抢做头、二道堤防1700米。经历13个昼夜、动土11.5万立方米。7个轮队,采用“平抛护底”的方式,运石36个航次2.21万吨,至8月18日坍势得以缓和。

1988年

对长青沙西江岸继续实施趸船定位,单机船运石平抛的方法保坍。

1989年

4月,长青沙西江岸,长江江底-50米等深线范围由1988年年初的1000多平方米扩大到5000平方米以上,并向长青沙一侧逼进12米之多。从6月

18日～8月9日继续保坍工程。同时对江北新跃涵洞以西440米地段及永平港西侧，从久隆闸对岸护坎末端起向南200米地段进行抛石。

11月15日，如皋5万民工，85台套泥浆泵疏浚如泰运河搬经界沟至如海运河段，投资1070万元，投工143万个，完成土方319.1万立方米。

1990年

3月10日，如皋港辟港建闸第一期工程开工，5月竣工。自主江堤至长江口3.2公里；第二期工程自11月10日开工，至1991年1月竣工。自主江堤至二案大桥2.5公里。

5月7日至9日，在全省防汛工作会议上，如皋县获得全省1990年度水利建设“大禹杯”先进县荣誉称号，并获奖金8万元。

1991年

6月至7月，发生百年一遇的特大洪涝灾害。6月13日至15日连续50余小时降雨不停，全市70%以上面积受涝；5、6、7三个月共出现大降雨过程7次，5次为暴雨和大暴雨。5月18日至7月15日的58天中雨日44天，占76%。

6月14日的特大暴雨，正值农历5月初高潮位，长江上游洪峰压境，下游高潮顶托，涝水难排。沿江20多个村沦为一片汪洋。4.2万亩棉田积水48小时，1.1万亩棉田积水60小时以上。

1992年

6月24日至7月底，37天降雨量平均只有51毫米，且天气持续高温，内河水位7月27日只有1.58米。全市372个车口打水极为困难。全市11.5万人参加抗旱。调动1951台套动力，保障38万亩晚稻及时栽插。

1993年

6月3日至6月21日19天，平均降雨只有16.25毫米，低于2.0的内河水位达10天。最低水位只有1.34(丁埝站)，全市受旱面积24.82万亩。29.3万亩中稻正值栽插，30.8万亩晚稻落谷。全市12.6万人，1750台套动力投入抗旱。

6月9日，勇敢乡离休干部徐良泉将珍藏了37年的焦港闸竣工时，陈毅副总理的题词及亲笔复信、中国科学院院长郭沫若的题诗及院长办公室的复信共四件墨宝捐献给水利局。水利局奖给徐老一台三元牌彩电以示感谢。四件墨宝经装裱后转存于如皋市档案馆。

8月6日零时前后至4时，特大暴雨袭击城东、丁埝、白蒲、薛窑、磨头、城西等区的32个乡镇。4小时内雨量达279.4毫米，内河水位暴涨。受灾区一片汪洋，城乡约有1/3民房进水。倒损各类房屋4248间、死亡4人、伤8人。65万亩农田受淹，成灾17万亩，绝收达22.5万亩。加上农田水利设施及工矿企业，全市直接经济损失2.53亿元。

1994年

全年干旱少雨。长江径流量较往年少四成。潮位偏低。梅雨量仅有46毫米。整个汛期降雨平均只有453毫米，大大小于历史最小降雨量641.3毫米。

1995年

5月，水利局机关由跃进路122号迁至如城镇环城南路水利大楼（福寿路145号）办公。

6月下旬起长江洪峰下泄，流量陡增。大通流量由5万多立方米/秒迅猛上升至6万多立方米/秒，直至7月3日达7.55万立方米/秒。为新中国成立以来长江第二大洪峰。快水冲刷又来沙垦区江岸，外沙里泓，快水逼岸，江岸坍速平均每天6米。市政府决定退堤和抛石保坍并举的抢险方案，得到南通市防指的同意。7月3日至6日，石庄、长江、郭园、车马湖、九华、龙舌、下原7个乡镇集9000民力，冒雨施工，完成土方4.3万立方米。新筑又来沙小闸至如皋港闸之间新江堤长760米，高6.5米、堤顶宽2米。

抢筑江堤的同时，组织四个轮队和近百条单机船共4000多吨位抢运块石，120名民工抛石，抛护地段长3100米，抛石6.89万吨，耗资360万元。

抢险期间，副省长王炳华、长江委防办主任王井泉，南通市委书记陈根兴，市长杨任远等实地察看险情，指导抢险。

1996年

8月1日（农历6月17日），高潮位至5.43米，风大、水急、潮高、浪汹。致使不少新围江港圩堤决口，老江堤严重渗漏。全市共决堤15处、出险长度3200米，决口525米、受淹面积6638亩、受灾246户、受伤11人。全市直接经济损失2012.5万元。

南通市领导吴镕、程亚民、张琛等和如皋市领导郁政、刘井石、石秀峰等都亲临灾区指挥抢险。制定了长青沙居民撤离预案。准备客轮5艘610客位，拖轮3艘，从南通调来汽渡一艘，货船5艘，随时准备转移长青沙居民。解放军驻如皋空军部队200名官兵参加又来沙的抢险。沿江各乡镇参加抢险人员达18万人次。最多时每天在堤防巡防抢险人数达1.6万人。

1997年

6月上旬起，干旱少雨。中稻栽插秧和晚稻落谷用水紧缺。旱情最严重的是东部地区(城东、城西、丁埝、磨头)。通扬运河北段断流。

8月18日晚至19日，全市50个乡镇遭遇11号强台风和大暴雨袭击。又值农历七月半大潮汛(焦港闸水位5.72米)风、雨、潮三位并头，互相助威，肆虐为害。全市各种损失共达8540万元。

8月19日，长青沙闸东侧堤防决口10余米，长青沙闸管区被淹，室内进水高达1.5米。

面对重大灾情，如皋市委、市政府领导郁政、石秀峰等带领广大干群及时堵塞决口，修复水毁工程。18、19、20日三天内沿江乡镇参加抢险的人数在2万人以上。出动拖拉机34台、推土机7台，动土12.5万立方米，动用纺织袋2.5万条。加固围堤7.5公里，维修涵洞15座。

10月13日，如皋市人民政府颁发《如皋市河道管理实施细则》。细则共二十五条，明确了河道管理的法律依据、执行主体、管理内容和处罚措施。

1998年

1月6日，江苏省水利厅副厅长蒋传丰到如皋，下达江堤达标工作要求，2月16日如皋市副市长徐天明部署江堤达标工作。江堤达标工程自1998年初开始实施，主要工程于1999年年底结束。总投资1.3亿元。

是年，全市先后受长江洪峰8次袭击。大通流量超过6万立方米/秒的有88天，超过7万立方米/秒的69天。超过8万立方米/秒的历时13天，最大的是8月4日，每秒8.21万立方米/秒。

由于受长江洪峰的袭击，又来沙江岸自7月5日至9月7日连续发生多次崩坍。

7月5日，在+1至–1号测点间，崩坍25米长，11米宽。

7月12日，在7 ~ 8号测点间，崩坍38米长，17米宽。

8月1日，在–6 ~ 7号测点间，崩坍25米长，11米宽。

8月24日，在–5号测点，崩坍30米长，12米宽。

9月7日，崩坍150米长，50米宽，离主江堤只有70米。

根据省、南通市防指的要求，如皋市防指于8月12日起分批培训参加防汛抢险的人员、受训人员达300人。及时查巡，快速除险，同时加紧抛石护岸。在中汉节点控制工程中抛石近23万吨。

由于组织有力、准备充分，全市“有洪无灾”。市防汛防旱指挥部副指挥、市水利局局长孙吕林作为南通地区的唯一代表，于9月28日出席全国抗洪抢险总结表彰大会。市防汛防旱指挥部副指挥、市水利局副局长杜永红被评为长江流域抗洪抢险先进个人。

如皋市人民政府被省政府表彰为抗洪抢险先进集体。

如皋市水利局被省政府表彰为抗洪抢险先进单位。

11月，如皋市人民政府发文，批准建立如皋市抗旱服务队。如皋市抗旱服务队与如皋市水利机械疏浚工程公司同一领导班子，合署办公。

1999年

7月，再受长江洪峰袭击。

7月4日起，大通流量超过6万立方米/秒计53天，超过7万立方米/秒计26天，7月24日高达8.38万立方米/秒，因实施了大量的抛石护岸工程，所以再次“有洪无灾”。

2000年

汛期以干旱为主，总降雨量少于常年许多，仅为787.5毫米。

2001年

根据皋政发〔2001〕111号文，4月24日如皋市水利局更名为如皋市水务局。

5月，继续实施沿江整治中汊节点控制工程。江苏省、南通市、如皋市三级投资1058万元，新建护岸长644米，新建护坡长890米，加固护岸长609米，加固护坎长2600米，计抛石9.548万立方米。为确保江岸安全，邀请南通长江勘测院来如皋市对又来沙、长青沙等险段进行水下测量，及时了解和掌握长江水下地形情况，制定防汛、保坍预案和抢险措施。

8月24日，如皋市委、市政府举行整治如城内外城河开工典礼。

11月，内外城河疏浚工程全面开工，至2002年9月竣工。投资4800万元，由如皋市国土局土地储备中心担任业主，如皋市水务局大禹建设代理有限公司承建。

全年干旱，降雨量少。长江流量锐减。最大流量6月份4.61万立方米/秒，7月份4.3万立方米/秒，8月份3.66万立方米/秒。

2002年

7月8日，长江北汊护坎工程开工，11月28日竣工。省、南通市、如皋市三级总投资869万元，新建护坎5644米，抛石66619立方米，计抛护面积达101918平方米。

2003年

四号港西侧修筑江堤192米、耗资298万元(包括配套建筑物),至此如皋境内江堤与靖江江堤完全接通,减轻防洪压力。

2004年

1月20日,如皋市农田水利试验站的科研项目“基于生态边界理论的黄淮海平原林业生态系统工程技术”获国务院“国家科学技术进步二等奖”。

10月上旬,长江如皋中汊出口导流堤第一期工程竣工。该工程曾经过长江水利委员会和省水利厅专家反复论证,总投资6000万元,导流堤修建在长青沙和泓北沙之间,长3.5公里。该工程实施后促成泓北沙与长青沙连成一片,可发挥治理与开发于一体的功能。

2005年

全年汛情起伏不大,以干旱天气为主。梅雨仅4天,6月26日入梅,6月29日出梅,平均雨量只有29毫米。中稻栽插,晚稻落谷期间用水十分紧张。

4月28日、29日,经市委、市政府同意,如皋市水利机械疏浚工程公司和如皋市水利物资服务站整体拍卖。转让价格分别为59万元和232万元。

6月至8月,开展如皋市城区地下水资源开采综合整治工作。集中专项整治工作由如皋市政府办公室和水务局牵头,19个单位参加(其中执法部门8个),至8月12日,共封填水井89眼,关停水井33眼,补办手续118眼。为配合整治,如皋市政府法制办公室、水务局修订了《如皋市城市地下水资源管理暂行办法》,并经市十四届政府第二十五次常务会议讨论通过。《如皋市城市地下水资源管理暂行办法》以《如皋市人民政府令》(第19号)公布,并于2005年8月1日起施行。如皋市人民政府还发布了《关于加强城市规划建成区地下水资源管理的通告》。

《沙土区骨干河道综合治理技术研究与应用》获省水利科技优秀成果二等奖。

2006年

6月,江苏省人民政府将如城镇原内、外城河相连处的“东水关”定为省级重点保护文物。

6月,如海灌区续建工程投入运行,总投资1625万元。其中:国家补助650万元,省级补助325万元,地方配套650万元。

2007年

12月,《插入式管道流量计的开发研究与应用》课题研究获省水利科技优秀成果二等奖。

7月，总投资1625万元的如海灌区第五期续建配套与节水改造主体工程完成投入使用。

2008年

1月16日，《如皋市节水型社会建设规划》顺利通过江苏省、南通市专家组的评审。

7月，开工实施如海灌区第六期工程，总投资1800万元。

是年，如皋市被江苏省水利厅授予首批全省农村河道整治先进县(市)称号。

2009年

如皋水务局被江苏省水利厅评为全省水利先进单位，被如皋市政府评为如皋市新农村建设红旗单位。

如海灌区第七期工程4月开工建设，总投资1500万元。

如海灌区第八期工程10月开工建设，总投资1200万元。

11月，总投资2106万元的焦港灌区节水配套改造项目开工。

2010年

4月，历时半年的碾砣港闸通航孔扩孔工程比原计划提前1个月完成。改造后的通航孔宽度由6米增加到11米，因而闸身由原来的十六孔改为十五孔。孔顶高程由6.8米增加到7.8米，通航船只吨位由200吨提高到近2000吨。该工程由如皋水务系统职工自筹710万元垫资。

5月30日，如皋港水利枢纽工程开工。该工程经省水利厅苏水计〔2009〕79号文、如皋市政府皋政发〔2009〕16号文批准。

如皋港水利枢纽工程实施后，将集引、排、航、蓄等功能为一体。工程内容包括：

拆除原如皋港闸、原抽水站及抽水站船闸，拓宽原如皋港河道，形成又来沙内港池；在拓宽后的如皋港河道上新建节制闸和船闸；迁建戴案港闸。

如皋港水利枢纽工程的建设主体为长江镇政府(如皋港开发区)。项目总投资1.2亿元，其中省水利厅补助2800万元。

9月2日，省政协主席张连珍率省水利厅、财政厅、住建厅有关领导到如皋视察农村饮水安全工程。

2011年

2月10日，四号港闸迁建工程开工，10月11日通过验收，投入运行。该工程以BT形式筹资。

8月26日，如皋市政府印发《如皋市水利工程管理实施办法》（皋政规〔2011〕4号文），原《如皋县水利工程管理实施细则》（皋政发〔1987〕40号）同时废止。

11月30日，江苏省水利厅厅长吕振霖到如皋，参加焦港闸迁建工程开工典礼。

12月，如皋市创建江苏省水资源管理示范县（市）工作通过省水利厅、财政厅组织的专家组的考核验收。

12月，水利部正式授予如皋龙游水利风景区"国家水利风景区"牌匾。如皋市委、市政府实施内外城河整治重大举措得到了一个圆满收官。

12月，如皋市水务局被评为全省水利科技先进单位。

12月，如皋市农田水利试验站黄勇荣获全国水利系统"十佳"技术能手称号。

2012年

5月，如皋港水利枢纽工程5月27日完工验收。由如皋市政府于6月18日交如皋市水务局管理，具体由如皋港闸管理所和如皋市抽水站管理所共同管理。

10月31日，焦港闸迁建工程完工验收。

11月，如皋市防汛调度中心及采砂管理执法基地办公楼建成，总投资1600余万元。

是年底，如皋水务系统改制工作划上句号。如皋市司马港闸管理站（氧化铁红颜料厂）、城西助剂厂、如皋市水利建筑材料公司三家企业所有历史遗留问题全部解决。

2013年

6月，投资2200多万元的长青沙北闸工程按计划汛前投入运行。

7、8月份连续33天35摄氏度以上高温、大旱，但未成灾。全年引江水10.9亿立方米，比常年多引水4亿立方米。

8月底，完成如海运河疏浚一期工程，二期工程于10月6日开工，2014年1月底完工。

是月，如皋市水务局被评为全省水利系统文明单位。

是月，秦锦国被评为江苏省水利系统劳动模范。

2014年

1月23日，如皋市2011年新增千亿斤粮食产能规划灌区末级渠系工程顺利通过南通市发展改革委员会、南通市水利局竣工验收。该工程涉及搬经、石庄、江安3个镇，项目总投资1000万元。

1月23日，如皋市2012年高效节水灌溉试点县项目顺利通过南通市水利局、财政局联合验收组验收。该项目涉及长江、东陈2个镇，项目总投资5839.71万元。

1月26日，如海运河(周庄—立新河口段)治理工程顺利通过南通市水利局、南通市水利工程质量与安全监督站、如皋市水务局联合竣工验收。该工程疏浚河道5.864公里，总土方70.51万立方米；挡墙护岸总长3000米；抛石护岸总长度1000米；拆建(维修)小型涵洞4座。总投资2972万元。

1月28日，江苏省水利厅发布《关于全省水利系统“四位一体”评议政风行风创新行动工作情况的通报》，如皋市水务局“四位一体”评议政风行风创新行动在南通市排名第二。

2月13日，如皋市2010年新增千亿斤粮食产能规划田间工程及农技服务体系建设(大中型灌区末级渠系建设)项目顺利通过南通市发展和改革委员会、南通水利局联合竣工验收。

2月21日，如皋市水务局获如皋市行政服务创新奖。

2月28日，南通市政府经过量化考评打分，如皋市农村环境“四位一体”长效管护工作自2011年由市水务局接管以来连续三年保持南通第一。

3月26日，江苏省水利厅基建处组织专家组对如皋市长青沙西南侧长江抛石护岸应急工程进行竣工验收。该工程实施水下抛石14.07万立方米，核定工程概算经费2088万元。于2011年4月29日开工，2011年8月10日完工。

3月，开始实施如城城区水系畅通工程，新建龙游河水闸1座。该工程以城市现有的防洪排涝减灾体系为基础，利用龙游河引来长江之水，改善中心城区内外城河及城区其他河道水质。该工程使得中心城区形成了独立的引水、控制、调度、净化系统，构成了“南引北排的水系格局”。9月底竣工。

4月9日，如皋市农村学校及四镇农村饮水安全工程顺利通过南通市发展与改革委员会、南通市水利局、如皋市发展与改革委员会、如皋市水务局联合竣工验收。

5月19日至5月21日，如皋市2013年高效节水灌溉试点县项目获得江苏省财政厅、水利厅委托南京致同会计事务所绩效考评。

5月19日，如皋市河道整治领导小组办公室组织监察、财政、水务等部门组成河道整治工作验收组，对11个镇、3个街道2014年度农村河道整治工程项目进行综合验收。

5月21日~22日，江苏省水利厅农发中心、咨询中心到如皋市检查指导中小河流治理重点县综合整治工程。

5月22日，如皋市水务局与气象局签订防灾减灾工作合作协议。

6月19日，南通市水利局专家组成的档案专项验收组对如皋市如海运河治理工程（立新河口至抽水站引河段、周庄至立新河口）档案进行专项验收。如皋市水务局、如皋市如海运河治理工程建设处、南通通源建设监理有限公司、如皋市水利建筑安装工程有限公司等单位参加验收。

7月15日，由长江流域水资源保护局副局长臧小平带队的检查组，对如皋市国家级重要饮用水源地安全达标建设情况进行了检查。一致认为长青沙水源地安全达标建设工作组织健全、制度规范、基础扎实。

7月16日，由江苏省水利厅、南通市水利局、南通水文水资源勘测局、如皋市水务局组成的专家组一行，对南通西北引江区域供水二期取水许可工程进行验收。该工程符合验收标准，具备取水许可条件，顺利通过验收。

7月16日，如皋市2013年高效节水灌溉试点县项目绩效考评获评优秀等级，并奖补300万元工程建设资金。

8月6日，江苏省防汛防旱指挥部办公室、南通市防汛办公室、如皋水务局及各参建单位的专家和代表组成验收组对如皋市2013年中央特大防汛补助项目——长青沙西南角堤岸防护应急处理工程进行竣工验收。

8月13日上午，南通市发展与改革委员会、南通市水利局组织验收组对如皋市2012年农村饮水安全工程进行竣工验收。

8月20日，江苏省水利规划办公室、江苏省水利勘测设计研究院有限公司、南通市防汛防旱办公室、如皋市水务局、如皋市住建局、如皋市规划建筑设计院有限公司等单位的领导、专家和代表组成的专家组在南通市水利局召开了《如皋市城市防洪规划》专家评审会。该规划通过评审。

10月24日下午，召开了《如皋市农田水利规划修编》成果审查会。如皋市政府办公室、如皋市发展与改革委员会、财政局、农委、国土局、农发局、农机局及水务局等成员单位参加审查。审查组一致认为规划修编数据资料翔实、内容全面，符合编制要求，具有较强的可操作性和指导性，同意通过审查。

10月28日，如皋市高效节水灌溉智能化控制工程正式运行。采用现代水利信息技术、具备全省领先、全国一流的如皋市高效节水灌溉控制工程在长江镇项目区正式运行。对2个现代化农业园区26个分灌区2.29万亩农田实施智能化管理。该系统根据土壤条件和农作物需求实施自动灌溉。视频监控防盗防火；视频会商适时交流，实现了节水、节电、省工的效果。

12月3日，集中式饮用水源地达标建设高标准通过省级验收。

12月16日，如皋市2011年中央财政第一批小型农田水利重点县奖补资金项目工程通过南通市级竣工验收。

12月18日，如皋市2013年中央财政统筹，从土地出让收益中计提的农田水利建设资金项目通过竣工验收。

12月23日，江苏省防汛防旱指挥部办公室会同省水利防汛物资储备中心、南通市水利局组成验收小组，对如皋市储备的1.2万吨块石组织验收。

12月23日，如皋市如海灌区2013年度续建配套与节水改造工程顺利通过南通市发展改革委员会、南通市水利局竣工验收。

12月25日，江安镇和长江镇被江苏省水利厅授予2014年度“水美乡镇”称号。

12月30日，如皋市如海运河治理工程（立新河口—抽水站引河段、周庄—立新河口段）通过省级竣工验收。该工程2013年1月开工，2014年1月竣工，工程投资5945万元。

是年，全年整治一级河道一条段（如海运河）、三级河道20条、村庄河道403条。完成土方829.66万立方米。新建涵洞91座、植树5万多株、种草护坡30.1万平方米，工程总投资4632.3万元。

是年，全年农水项目完成总投资1.71亿元。上级补助资金1.66亿元。其中省级以上资金1.1亿元。

2015年

1月7日，由南通市农村环境长效管理办公室、财政局、水利局、农委、交通局、城管局等部门组成的考评组到如皋市考评2014年度农村环境长效管理及示范镇创建工作。副市长杜永红和如皋市长效办、财政局、水务局、农委、交通局、城管局等相关部门负责人参加活动。

1月21日，江苏省水利厅工作组及南通市水利局相关人员到如皋市考核“河长制”河道管护工作。“河长制”工作对骨干河道实现了全覆盖，并延伸至

三、四级河。

1月出版的《东西南北水文化》杂志以《水韵悠悠秀苏中——记“水乡古邑”如皋》为题，图文并茂报道了如皋国家级水利风景区——龙游水利风景区独特的“龙游文化”。

2月2日，如皋市2013年小型农田水利重点县奖励资金项目通过如皋市级验收。该项目严格按南通市批复要求实施。总投资202.07万元。

2月4日，南通市水利局对江苏如皋港集团有限公司所属的长青沙港池码头涉河建设工程进行水利验收，同意交付使用。该工程占用岸线757米，工程建设内容为多用码头1座（可同时停靠5000DWT及3000DWT杂货船各一艘）和5000DWT长江泊位4个。

2月5日，江苏省水利厅质量与安全监察中心站站长黄海田一行到如皋市检查安全生产工作。实地检查了如皋市碾砣港闸维护保养及运行情况，查看安全管理台账及水闸运行记录。南通市水利局副局长刘平等参加活动。

2月9日，南通市西北片引江区域供水长青沙备用水源正式投入运行。该工程占地740亩。日常蓄水180万立方米。能够保证如皋、海安两地250万人口5至7天的生活用水。对应付水源突发事件、优化水源环境作用尤为重要。

2月11日，开工整治黑臭河道红星河。该河位于如城城区西大门，南起团结河，北至如泰运河。流经城区红星、城西、许庄、纪庄四个社区（村）。4月底完成驳坡4.12公里，6月20日完成清淤工程。

3月12日，如皋市水务局举办水行政执法人员培训班。副局长章剑主持。局执法领导组成员及全市专兼职水政监察员共57人参加。

3月19日，如皋市水务局召开“十三五”农村河道轮浚规划编制布置会，全市14个镇（区）水利站站长及技术人员参加。

3月24日，是日上午11:05~11:55，如皋市水务局局长徐海走进“政风行风热线”节目，就农村环境“四位一体”长效管护工作和广大市民进行沟通交流。

3月31日，由省水利厅巡视员张小马任组长，省发改委、水利厅相关领导组成的验收组到如皋验收“十二五”农村饮水安全工程。南通市水利局、南通市发改委领导和如皋市委副书记司祝建参加活动。该工程完成总投资5474.85万元，解决了全市6400名农村居民和26所农村学校78100名师生的饮水不安全问题。

5月23日,江苏省财政厅、水利厅委托南京长城资产评估土地房地产估价事务所对如皋市2014年高效节水灌溉试点县项目进行了绩效考评。

6月14日,江苏省水利风景区建设局管理办公室、省河道管理局相关人员与南通市水利相关领导到如皋市调研水利风景区,开展规划与编制工作。

6月19日,《中国水利报》第3645期发表新闻报道《一脉穿城过,两岸美景留——江苏如皋市水生态文明建设纪实》。如皋市水环境整治的创新举措和显著成果再引媒体关注。

6月26日,江苏省南水北调办公室召集徐州、淮安、扬州、宿迁等四个大市南水北调办公室,水利局分管领导、所属各截污(尾水)导流工程建设处(工程部)及管理机构负责人一行40余人到如皋调研如皋市农村环境长效管护工作。

7月2日,南通市水利局、财政局对如皋市杨马河整治工程进行市级验收。

8月6日,由水利部农村水利司委派的中国灌溉排水发展中心与江苏省水利厅一行到如皋市调研基层水利服务机构建设情况。调研组一行视察了如城街道水利站、白蒲镇水利站、城南街道龙游湖闸站、如城街道龙游河闸站、如皋港水利枢纽、金阳现代农业园的高效节水设施农业项目。

9月24日,江苏省防汛办公室副调研员吕金宝等一行在南通、如皋两级防汛办公室相关人员的陪同下,对如皋市2015年防汛应急工程项目建设情况进行了检查。检查组首先查看了新跃涵洞上游拟抛石防护现场和该段今年汛前的水下地形图,查看防汛物资仓库改造和焦港闸下游西侧防汛道路项目建设情况。对前阶段如皋市2015年防汛应急项目建设情况给予充分肯定。

10月23日,如皋市2015年新增千亿斤粮食产能规划灌区末级渠系项目工程在南通市公共资源交易中心开标。监理单位、施工单位分别由淮北兴业建设工程项目管理有限公司、如皋市新潆水利市政工程有限公司中标。

10月30日,如皋市2015年中央财政小型农田水利重点县项目启动动员会在石庄镇水利站召开。

10月,如皋市被列为江苏省农田水利设备产权制度改革和创新运行管护机制16个省级试点县之一。

11月4日,市水务局组织各镇(区、街道)水利站站长和相关技术人员在

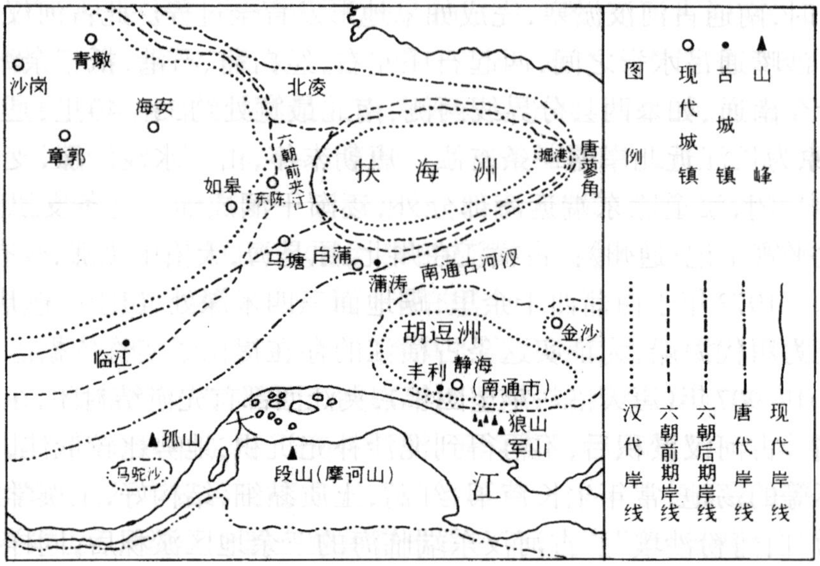

图1-2 古扶海洲、南通古河汉示意图

第二节 地质·地貌

地质 如皋位于扬子准地台的下扬子台褶带上，为苏北拗陷中的苏南—勿南沙中新生代相对隆起区。西北、北部有靖江—搬经—西场断裂及栟茶—洋口断裂与海安凹陷相邻；南有长江破碎带与江南地层相隔；东及东南与如东、南通位于同一构造单元上。地质构造的主要特征是：北东向切割呈带状，北西向切割成块。

褶曲 主要有靖江—石庄—洋口断凸背斜带，白蒲向斜，丁堰背斜。

断裂 主要为长江破碎带，有长江—九华南—平潮南断裂，石庄—如东断裂，栟茶—洋口断裂，靖江—搬经—西场断裂。另有张家港—如东—海安推测断裂，营房西—郭园断裂，南凌—东陈—丁堰推测断裂。此外，龙舌—张黄港间尚有数十条北西向的断裂。

地层 境内没有基岩出露，全为第四纪松散层所覆盖。地壳及上地幔为大陆型多层结构。地壳按莫氏面埋深计算约28~29公里。基岩主要为白垩系上统(K2P)棕色砂岩，埋深700~800米左右；南部靖江—石庄—洋口一带还有三迭(T)、二迭(P)、石炭(C)及泥盆系(D)的地层，埋深250~400米左右。

地震　自1989年始，如皋划在南黄海及沿岸地震重点设防区内。据1990年国家地震局的烈度区划图，将丁堰—搬经一线以北地区划在7度区内，以南地区划在6度区内。境内有几个小震活动区：张黄港—黄市，郭园—薛窑，搬经—加力，均位于活动断裂的交会点附近。地震活动性：县境内在历史上未出现过MS>4.0级的地震记载。

工程地质　属北部古洲工程地质良好区。据测定：县城城区范围内，划为3个工程地质层，组成、产状一般均稳定。第一底层为黄褐色砂黏土，厚2～3米，中部为4米，底部平缓，标高在1米以上。第二中层为灰色到灰黄色粉砂土，局部夹有黏性土或淤泥质土，底板平缓，一般埋深21～23米，最厚的超过30米。第三表层为棕褐色杂色沙黏土，为该地区标志层，顶面微向东南倾斜，厚为2～7米。从地表向下4～10米深处由于历代兵家之争，加上房屋周而复始的更新，城内新旧河塘的挖填频繁，水平或竖直方向的变化均很大，0～5米内土层结构复杂。

土层结构：城区中心内自表层0～5米为房渣杂填土或素质土，其下为灰黄色的轻亚黏土，厚3米左右，再下为青灰色粉砂土，厚3～4米。再下为厚1.5～2米细砂土，而后又是青灰色粉砂土。旧城城外0～1米为耕土，其下为灰黄色轻亚黏土，余同城内结构层。

地耐力：表层填土，按填土时间的长短、深度、土质，考虑其密度、均匀性、湿陷性，一般取为8～12吨/平方米；轻亚黏土，取为15～18吨/平方米；青灰色粉砂土，取为18～30吨/平方米；灰色粉砂土取为30～40吨/平方米。一般从地表向下挖深1米时，旧城区内定为8～12吨/平方米，旧城区外定为15～18吨/平方米。

地貌　全县为平原地带，整个水平面高于邻县。明代如皋知县李衷纯称："如皋高亢，介通泰间，形如复釜。"境内地形特征：沿小溪河（今如泰运河中段）两岸最高，最高处6.5米（废黄河基面），分向南北倾斜，小溪河以北倾向东北，6.5～4.3米，坡降约1/1500。沿江为西高东低的圩田，4.0～1.8米，坡降约1/2000，是几经沧桑的江岸变迁而形成的。据境内地貌形态，按成因、地面组成物质及人类生产活动的影响，分为6种地貌类型：

老岸地区　为长江北岸古沙嘴沙洲堆积平原部分，范围较广，南临336省道，北至如泰河附近，东起通扬运河，西与泰兴县接壤。包括磨头地区全部和江安、搬经、薛窑、石庄大部及丁堰地区的丁西、马塘、建设等地。地面高程4～6米，小地形起伏较大，历史上龟背田、褶子田甚多，水、土流失严

重。地面组成物质为江淮冲积物。

交接平地　原为冲积过程中沙洲与沙洲之间形成的蝶形或带状洼地，曾生长过水生植物，后经冲积物覆盖形成。相对集中分布于如泰运河以北地区，包括袁桥、戴庄、邓园、何庄、夏堡、搬经、加力等地区。地面高程4～5米。内部地势相对较平坦，地面组成物质为江淮冲积浅湖相沉积物。

沿江圩区（含沙洲）　最初均为江中沙洲，多数彼此相连，并与老岸地区接壤，后辟为圩田。分布于336省道以南，南临长江。包括江防、长江、张黄港、长青沙、营防等地区及郭园、九华、黄市、葛市部分地区。地势低平，地面高程2～3米，地面组成物质为长江新冲积物。

古河汊低平地　原为长江北岸古沙嘴与通吕水脊之间的支泓淤积而成。所属范围北起如泰运河附近。南与通州区相连，东与如东县接壤，西至通扬运河附近。主要包括林梓、新姚、勇敢及丁堰部分地区。内部地势平

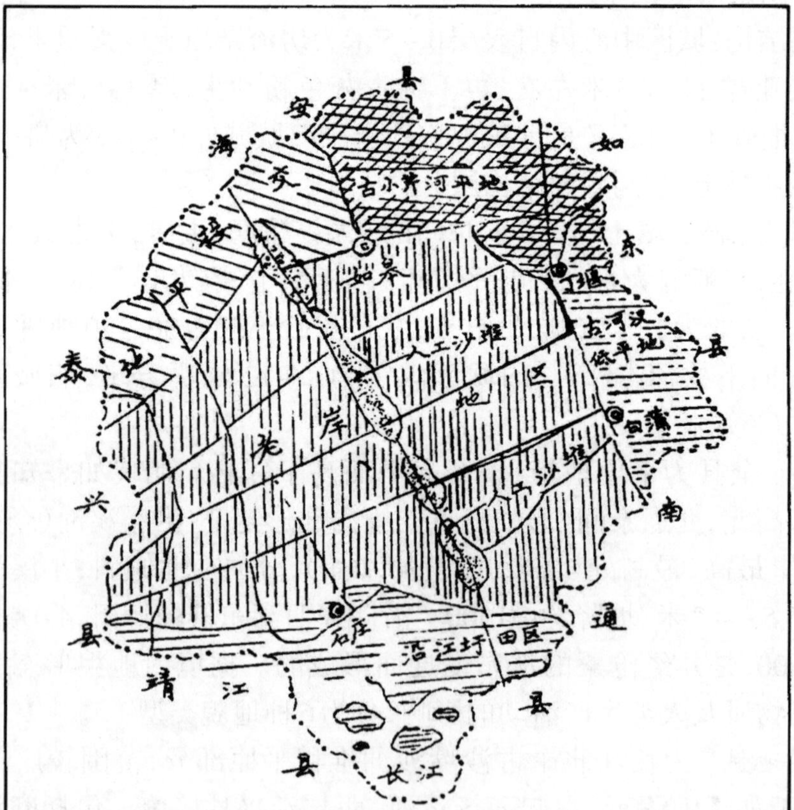

图1-3　如皋地貌示意图

坦，地面高程4米左右。地面组成物质为江淮冲积古河汉浅湖相沉积物。

古小芹河平地　为古小芹河洼地冲积而成，历史上属沿海垦区的边缘部分。分布于通扬运河以东、如泰运河以北，东与如东县接壤，北与海安县相连。地面高程5米左右，组成物质为江淮冲积物。

人工沙堆　多为浚河时积于河堤旁的积土，高出地面1~3米不等。主要分布于如海运河、司马港等一、二级河道两旁，亦有老河改道残留的零星沙堆。

第三节　水系及水文

水系　如皋地处江淮之间，河流分属长江和淮河两大水系。其中长江流域面积占88%，淮河流域占12%。中华人民共和国成立之前，境内虽有焦港、龙游河、通扬运河3条通江大河，由于河道弯曲，内部水系紊乱，河窄底浅，引灌困难，排泄不畅，容蓄能力很小，虽南有长江，但如遇旱年，只能望水兴叹。尤其是高沙土地区，地势高亢，地形起伏不平，易旱易涝，土壤受到盐渍威胁，得不到改良。中华人民共和国成立后，大兴水利，全市水利条件得到改善。主要引江干河有：一级河道如海运河、焦港、通扬运河及二级河道如皋港。

另有一级河道如泰运河和20条二级河道、302条三级河道构成如皋的骨干河道网络。

水文

水位　境内内河正常水位为1.9~2.5米，警戒水位3.00米。历史上最高水位4.93米，最低水位-0.15米。水位变化主要受降水和潮汐影响。

潮汐　如皋临江近海，潮汐的涨落直接影响境内河道水位，如皋境内潮汐属非正规半日潮型。其长江来潮时间规律推算公式为：按农历上半月的日期×0.8+1.5=该日的始潮时间。以后每日推迟0.8小时左右。农历十六日与初一日的始潮时间相同，其余日期的始潮可类推。

境内出现的高潮位，受三种因素影响：一是洪水高潮、二是风暴高潮、三是天文高潮。

第四节 土壤·植被

成土母质 境内土壤在漫长的成陆过程中,既受成陆时间的先后而有差异,又受“急沙慢淤”规律的支配。故成土母质,地区之间有不同程度的差异。

江淮冲积物 在县境内分布最广,面积最大,遍及老岸地区和古小芹河平地,是一种富含石灰的冲积母质。由于成土时间较长,石灰已有明显的淋溶淀积现象,心土层常出现豆状石灰结核。地表沉积物质自西向东,由粗到细,一般以砂壤土为主,东部和北部边缘则以轻壤土为多。又因冲积过程中历次水流速度的不同,各地沉积的物质往往砂黏多层相间,冲积层理交错。一般表土以下多为砂质土,部分夹有壤质土层,成“卜页状”的砂黏相间现象亦较多,使一米土层剖面的质地层次变化复杂,对土壤的发育和生产性能均有一定影响。

江淮冲积浅湖相沉积物 相对集中分布于如泰河以北交接平地。原为沙洲与沙洲之间的交接洼地,土质较黏,多为轻壤土至重壤土。生长过沼泽草甸植物,积累了较多的有机而成黑色,且石灰已有明显的淋溶现象,后经冲积物覆盖,其厚度20~30厘米不等。表土质地砂壤土或轻壤土,形成了叠合性的母质。黑土层的埋藏深度一般多在50厘米土层内出现,多数情况下有利于托水保肥,对农作物有较好的作用。

长江新冲积物 分布于沿江圩田和沙洲,成陆时间仅有50~60年,基本上未受海水影响,土体中富含石灰,上下移动极不明显。除受流槽割切外,地表沉积物大致平行于长江,由粗到细有规律地分布。西北部以轻壤土为主,东南为中壤土及轻黏土等。表土以下冲积层理交错,砂黏连相间层较为普遍。

古河汉浅湖相沉冲积物 分布于古河汉低平地,成陆时间约1000年左右,以淤积作用为主。地表沉积物一般为轻壤土至中壤土,土体中遗留着明显的贝类残壳,土壤自然肥力较高,并受人为定向培肥措施影响,土壤剖面分化明显,多数发育成为水稻土。

土壤类型与分布 县境内土壤受母质、地貌、水文条件和农业生产利用等影响,因而土壤类型与分布较为复杂。据1958~1959年全县第一次土壤普查，县内农田分为两大类型：第一类型为老岸水旱田，分布在浦启线以北包括43个公社，面积130.6万亩，占全县总耕地面积的90.31%，有8个土类；第二类型为沿江圩田，分布在浦启线以南的狭长地带，包括6个公社，面积14万亩，占全县总耕地面积的9.69%，有6个土类。

1958～1959年如皋县土壤普查分布表

表1－1

农田类型	土壤类型	面积（亩）	占全县耕地面积（%）	分布地区
老岸水旱田	缠脚土	252805	17.48	通扬线洗车小溪河北
	夹沙土	289594	20.02	各地均有
	夜潮土	27798	1.92	靠水源零星分布
	砂土	466044	32.22	西部
	砂码儿土	12473	0.86	中西部
	小粉土	104975	7.26	全县大部
	鳝鱼土	878	0.06	老岸水稻区
	碱土	151605	10.48	大部分低洼地为主
沿江圩田	黄泥土	92351	6.39	为圩田主土
	夜潮土	6882	0.48	石南、江防、营房
	黄砂土	7483	0.52	石南、郭园、江防
	小粉土	6289	0.43	石南、新建、江防
	夹沙土	19869	1.38	黄市、新建、郭园、江防
	花碱土	7295	0.5	新建、郭园、石南、营房
合计		1446341	100	

1981年～1984年全县第二次土壤普查，分为2个土类，2个亚类，10个土属。

植被 境内实有陆地总面积为1552.04平方公里，折合2328059.95亩。其中城乡居民居住用地、工业用地、交通用地、河流水域占地以及特殊用地等非植被面积占33.19%，植被面积占66.81%。在植被面积中：自然植被占3.93%，其中沿江沙洲带地占有植被面积的3.89%，滩涂自然草地占有植被面积的0.04%；人工植被占96.07%，其中人工林、桑、竹、果植被占10.50%，种植业农作物植被占85.57%。

在人工林植被中,以湖桑栽植比重最大。

种植业农作物植被中,粮食作物植被占74.66%,经济作物植被占14.12%,绿肥、饲料、瓜蔬植被占11.22%。

第五节 气候·物候

气候特征 如皋位于中纬地带,属北亚热带湿润气候区,季风环流为支配县境气候的主要因素。其主要特征:四季分明,气候温和,雨水充沛,日照充足,无霜期较长。

四季划分

按全国四季划分的标准:候(5天为1候)平均气温上升到22℃或22℃以上时为夏季,下降到10℃或10℃以下为冬季,介于10℃~22℃之间为春季或秋季。如皋依此划分法,四季长短不等,冬季最长为127天,夏季次之为103天,春、秋季则分别为70天和65天。按习惯分法:将3、4、5月作为春季,6、7、8月作为夏季,9、10、11月作为秋季,12、1、2月作为冬季。

春季 3月28日~6月5日。为冬季风向夏季风过渡季节,冬季风随蒙古高压势力的减退而逐步衰退,夏季风随着夏威夷高压势力的增强而逐渐加强。此期间,如皋冷暖气流交替,活动频繁,旋进旋退,时寒时暖,乍晴乍雨,天气变化无常。有降雨、晚霜冻、干旱、大风、冰雹等灾害性天气,平均气温13.2℃,降雨量229毫米,日照503.7小时。

夏季 6月6日~9月16日。夏初从夏威夷高压散发出的太平洋暖湿气流逐步强大,而从亚洲大陆内部南下的冷气流尚未撤退,两种势力相当的冷暖气流在江淮流域上空交锋,常形成一条大范围的雨带,直至暖湿气流势力增强冷气流衰退,斯为梅雨季节。如皋从6月中旬进入梅雨季节,长时间阴雨,日照较少。7月上旬后期出梅,雨带北移,进入盛夏。在单一暖湿气流副热带高压控制下,局部地区出现雷阵雨,大范围连续炎热少雨,日照充足,常有伏旱天气,并开始受台风影响。平均气温25.9℃,降雨量497毫米,日照623.9小时。

秋季 9月17日~11月20日。为冬季风取代夏季风过渡季节。如皋每年冬季风取代夏季风时间较短,气候较稳定,常是天高气爽,亦有些年份因冷暖气流相互争雄，出现秋风秋雨天气。如暖气流退让慢，再有台风侵袭，会造成秋雨连绵的连阴雨或大风大雨天气。秋季降温较快，并出现初霜。平均气温16.3℃，降雨量233.7毫米，日照497.5小时。

冬季　11月21日～3月27日。如皋天气变化特点是蒙古冷性高压气流频频入侵，每隔7～10天即有一次，每一次均出现明显的降温、大风和雨雪过程，而后天气转晴，并逐渐转暖，形成“三日寒、四日暖”冷暖交替的天气变化过程。每年冬季并有一两次寒潮侵袭，造成偏北大风和剧烈降温，有时伴有雨雪。平均气温在3.0℃，总降水量97.4毫米，日照436.3小时。

气温

年平均气温为14.06℃。月平均以1月最低，为1.8℃；7月最高为27.2℃。极端最高气温达38.9℃，出现在1966年8月7日。极端最低气温为-12.1℃，出现在1969年2月6日。最大日温差为22.2℃，出现在1965年3月18日。

第二章 水 道

历史上如皋辖区较大，含今如东县及海安县部分地区和通州区部分地区，故有濒江临海之说。

第一节 黄海和长江

黄海[1] 据清乾隆《如皋县志》："北自东台县界绕出县境历李家堡、丰利马塘入掘港都司营盖维扬之门户也。自此转入通州界绕蓼角嘴乃与江水合流。"1945年9月21日如东县独立建县后，如皋便没有海岸线。

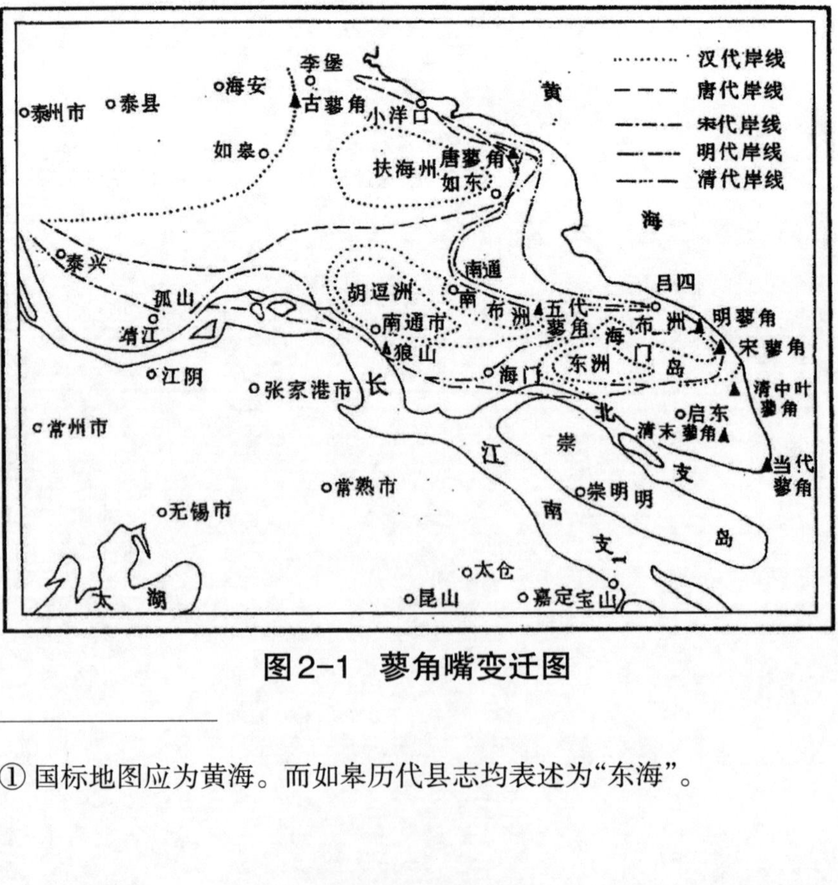

图2-1 蓼角嘴变迁图

注：① 国标地图应为黄海。而如皋历代县志均表述为"东海"。

长江 清乾隆《如皋县志》载:“扬子江,自西南泰兴县界迳靖江县南东入江宁乡为县境,东过丝鱼港入通州界。”古扬子江即现长江。

长江如皋段,西起靖江如靖界涵闸起,东至碾砣港入江口西岸,全长15.574公里。江堤于1999年年底完成达标建设。

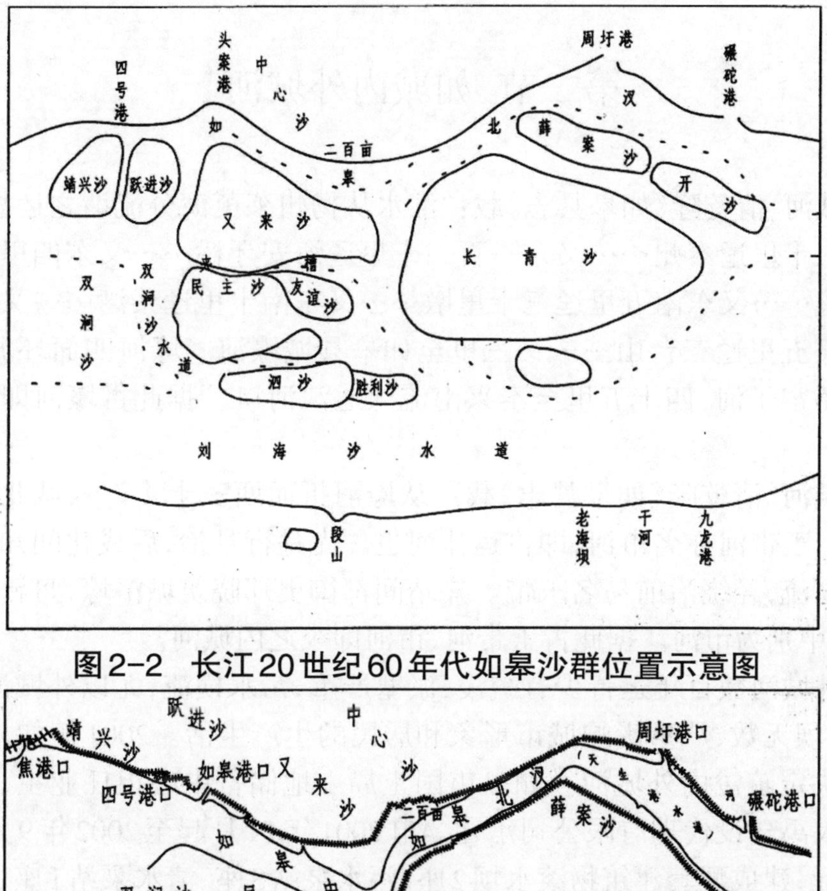

图2-2 长江20世纪60年代如皋沙群位置示意图

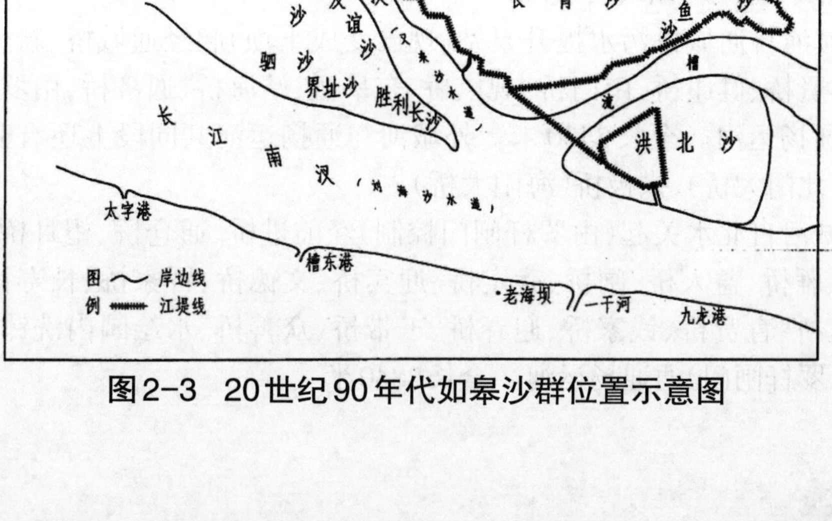

图2-3 20世纪90年代如皋沙群位置示意图

现长江中仍有长青沙(含泓北沙)、友谊沙两大沙滩。长青沙在北汊上建有两座大桥与北岸相通,建有皋张汽渡码头轮渡至张家港。

友谊沙位于南、中汊之间,滩地高程3米,全滩地生长芦柴,总面积0.48万亩,岸线长6公里,是如皋唯一未开发的沙洲。

第二节 如城内外城河

外城河 清乾隆《如皋县志》载:"淮水从扬州茱萸湾分流谓之运盐河,东南一百二十里迳泰州……又东一百二十里迳海安牙桥……又东四里迳立发入如皋境……又东南五里迳三十里墩……又东南十里迳柴湾……又五里过唐家缺又五里迳三台山……又三里至如皋县城壕河。壕河四面环城,流经王氏禄桥窑子河,四十五里至泰兴南流入通江河口。"据此古壕河即今之外城河。

内城河 清乾隆《如皋县志》载:"从壕河折而西三十丈许入城北水关曰玉带河。玉带河亦名市河,即古运盐河也。先是行县治,后成化间知县胡昂疏县南之流,经绕治前易名玉带。嘉靖间都御史郑晓筑城濬壕,舟皆沿壕而行,故城中别为市河。"据此古玉带河、市河即今之内城河。

内外城河数百年运行少有疏浚,淤塞严重,污水横流,尤以外城河为甚,便桥、泥坝无数,严重影响城市形象和居民的生产生活。2001年如皋市委、市政府决定疏浚内外城河。如皋市国土局土地储备中心担任业主,如皋市水务局大禹建设代理有限公司承建。自2001年11月起至2002年9月,投资4800万元,建成配套建筑物滚水坝2座、污水泵站3座、清水泵站1座、输水管道1060米。两岸均以块石驳坡。

外城河自通城桥污水提升泵站(现已变成土坝)起经通城桥、新生桥、新皋桥、集贤桥、健康桥、南门桥、观风桥、东皋桥、靖海桥、通济桥,由罗杆闸门控制通通扬运河。全长3430米。外城河与通扬运河共同段上还有蓝湾桥、普庆桥(北门大桥)、拱极桥(海阳大桥)。

内城河自北水关起(由罗杆闸门控制)经前进桥、通仓桥、望月桥、燕桥、丰乐桥、雁桥、益人桥、闸桥、武定桥、迎宾桥、文德桥、冒家桥、长寿桥、定慧桥、师范桥、育贤桥、钱家桥、迎春桥、玉带桥、众善桥、水绘园内洗钵池出新东水关(罗杆闸门)通通扬运河。全长2840米。

原东水关为砖石结构，建于嘉靖三十三年(1554年)，高8米，上宽7米，下宽10米，长21.9米。拱洞宽3.8米，高6.65米。正上方嵌“东水关”一方青石匾额。今废弃不用，但建筑物仍在水绘园内，2006年6月由江苏省政府公布为省级重点保护文物。

原内城河出东水关汇外城河通通扬运河。现水绘园内洗缽池北侧新建水关直通通扬运河。2002年城河整治后，内、外城河于定慧寺放生池东侧相贯通，为便于控制水位，沟通涵洞采用双闸门控制。疏浚时填实外城河与龙游河相通的河道1060米。铺设输水管道与外城河相通。管道南端龙游河上建有清水泵站，作为水源，济清排污。

2011年12月，水利部正式授予如皋龙游水利风景区“国家水利风景区”牌匾，实现南通水利史上国家级水利风景区零的突破，也是全省唯一的县级水利风景区。标牌石碑座落在外城河与通扬运河交汇处的通济桥边。龙游水利风景区属城市河湖型景区，总面积23.8平方公里，其中水域面积12.2平方公里。景区以内外城河、通扬运河如城城区段以及改善城河水质的龙游河段为依托，以沿河40多处文化景观、人文景观、历史文物为点缀，以滨河绿化带为机体，相映成趣，形成“二环映古今，一脉水灵秀”的水景观文化。如皋市水务局着力构建集城市防洪、休闲度假的独特景观，拓展水利特色，拓宽水利功能。

为更加优化龙游水利风景区的生态环境，2013年又筹划了中心城区水系畅通工程。作为2014年如皋市政府为民办实事的头等大事。主要利用龙游河从大明河引长江之水，构建“南引北排”的水系格局。通过水系沟通，河道治理和闸站控制，实现风景区及如城城区“水活、水清、水灵、水美”的生态目标。

该工程总投资2670万元，工程项目包括：

1. 新建龙游河闸站1座，泵站设计流量3立方米/秒，闸净宽6.0米；

2. 龙游河(中央大道—龙游河闸站)木桩护岸及绿化工程，长度2.1公里；

3. 新建五里港节制闸、石桥中心河节制闸、花海河节制闸、花王河节制闸，维修西八里港节制闸及新建沿线配套涵洞24座；

4. 徐马河与五里港接口拆坝建桥1座；

5. 五里港、西八里港、徐马河清淤，总长11.1公里。

该工程2014年8月下旬完工，9月试运行。其后便正式运行。

第三节 一级河道

通扬运河 古称运盐河。始凿于公元前179 ~ 141年(西汉文帝,景帝年间),为吴王刘濞主持沿春秋吴王夫差开凿的邗沟浚成,主要用于运盐,故名运盐河。初自扬州茱萸湾抵如皋东陈汤家湾止。历经汉、唐、宋、元、明、清均先后疏浚,尤以明、清两代更是不遗余力,逐年向东南开凿,贯穿县境至南通县任港入江。宣统二年(1910年)通州大达商轮公司疏浚南通到扬州的运河时改名通扬运河,全长212公里,辛亥革命前,一直为如皋县境内通江引排干河和重要航道。

中华人民共和国成立初,河道因年久失修已淤塞狭窄。1952年省交通厅主持疏浚柴湾经如城至东陈段。河床标准:河底高程-0.5米,底宽10米,河波1:3。1969年春,于白蒲、林梓两地段进行裁弯取直,拓宽浚深。河床标准:河底高程-1.0米,河底宽白蒲段15米,林梓段10米,河坡1:3 ~ 1:4。同年冬,疏浚如城至丁北段,东接丁堡河。此次裁弯改道工程长20.8公里,其中柴湾至如城段为原河漕浚深拓宽,长8.3公里,如城至丁北段为裁弯改道,长12.5公里。河床标准:河底高程-1.0米,河底宽10米,河坡为两级坡:3.0以上为1:3,3.0以下1:4。另外,以同样的标准自如城向西疏浚小溪河东段至十里墩接如海运河,共挖土669.58万立方米,投资102万元。

1972年冬,由海安、南通、如东、如皋4县拓宽浚深丁堰至平潮段。如皋施工地段为林梓至五十里,长10公里。河床标准:河底高程:-1.5米,底宽8米,河护坡为3.0以上1:3,3.0 ~ 1.0为1:5,1.0以下1:3。1981年冬,原河拓宽浚深如城至丁北段,长12.5公里。1984年冬,疏浚林梓至丁北段。

1998年冬,疏浚通扬运河如城至如皋、海安县界段,共完成土方505万立方米。

2005年,疏浚丁北羊庄至如城段,完成土方124.5万立方米,此举一并解决了如泰运河的畅通。

现通扬运河自海安县与泰县交界的白米镇起,至南通市区木耳桥,全长105.09公里。在如皋境内长48.2公里,流经柴湾、戴庄、邓园、如城、新民、东陈、丁北、丁堰、丁西、林梓、新姚、蒲西、白蒲、勇敢等地,灌排面积3.2万公顷。

通扬运河河床标准

表2－1

起迄地点	长度(公里)	竣工标准(米)			
		底宽	底高	边坡系数	青坎
木耳桥—九圩港	11.5	15	–1.5	1∶3	—
九圩港—丁堰	32.29	15	–1.5	1∶2.5–1∶3–1∶5	—
丁堰—丁北	6.45	20～15	–1.5	1∶4–1∶5	—
丁北—如城	12.9	10	–1.5	1∶4–1∶5	10–15
如城—栟茶运河	15.18	10	–1	1∶3–1∶5	5

焦港 系历史老河道，弯曲浅小。原出江口门为张黄港。清乾隆五十三年(1788年)浚通，光绪年间李缜又浚。乾隆《如皋县志》卷四河渠志三页载："初以牙桥直通上河，而海安城南有焦港、西有白米镇，港东有孙公铺，高港，俱通南江。每遇水发，大舰小艇群载私盐，悉由牙桥出口迳至三港入江。"民国26年(1937年)海安韩紫石倡议对焦港进行疏浚，还拟于张黄港建闸，因抗战军兴，未能实施，1957年才辟口门名焦港。后又因港口淤死，于1973年冬经江苏省治淮指挥部与靖江县协商换地，取直线于靖江县永济港口附近新辟入江口门。自此南起长江边，北至海安县焦港北闸，全长57.1公里，如皋境内长35公里，流经张黄港、石北、葛市、高井、江安、常青、搬经、夏堡、袁桥等乡镇，排涝面积3.37万公顷，灌溉面积1.87万公顷。是如皋市西部最主要的引排通航河道。

1955年，如皋县开始整治高沙土地区的焦港流域工程，分三期疏浚。

1955年冬，第一期工程施工，张黄港至赵家庄长6.9公里，挖土100万立方米。

1956年冬，第二期工程施工，自施家庄至搬经，长22.5公里，挖土379.95万立方米。同时疏浚焦港支河司马港和拉马河，时称"十万大军鏖战百里战线"。

1957年春，进行第三期出江引河开挖工程，长2.5公里，挖土86.93万立方米。同年，自搬经向北至海安拼茶运河段由海安县负责施工，此段原名青萍港，疏浚后统一改名焦港。1957年7月，在张黄港建成焦港闸1座。

1973年冬再度疏浚焦港，由南通专员公署组织如皋、海安、海门、启东4县施工，辟直线出口由靖江县永济港入长江，从焦港闸至海安县境，拓宽浚深，裁弯取直，青坎做截水埂、下水道，两岸积土堤，以黄土覆盖，植树绿化，保持水土。该期工程共动土1535万立方米。河床标准:河底高程-1.5米(废黄河基面,下同),河底宽50～12米,边坡为两级,3.0以上1:3,3.0以下1:5。

2005年疏浚常青薄湾段,完成土方21.8万立方米。

焦港河床标准

表2-2

起讫地点	长度(公里)	竣工标准(米)			
		底宽	底高	边坡系数	青坎
长江边-焦港闸	3.3	50	-1.5	1:3	15
焦港闸-石庄前河(东)	4.71	50	-1.5	1:3	5
石庄前河(东)-石庄前河(西)	2.01	40	-1.5	1:3-1:6-1:2.5	5
石庄前河(西)-立新河)	3.06	35	-1.5	1:3-1:6-1:2.5	5
立新河-司马港	4.33	30	-1.5	1:3-1:6-1:2.5	5
司马港-大寨河	6.5	25	-1.5	1:3-1:6-1:2.5	5
大寨河-如泰运河	5.05	18	-1.5	1:3-1:6-1:2.5	5
如泰运河-海安界	9.34	12	-1.5	1:3-1:5-1:2.5	5

如泰运河 西起泰兴县过船港通长江,东至如东县东安闸入海,全长135.51公里,经如东、如皋、泰兴3县,以起讫县命名。由4个部分组成:掘港至丁堰的串场河(绝大部分在如东县境内),丁堰至如城的通扬运河,如城至分界的小溪河,分界至江边龙开河。该河线除泰兴县龙开河以外,均为如皋历史上引淮水系的运盐河道。串场河:又名丁掘河,明隆庆二年(1568年)开挖,汇明代通州公司的上十盐场的盐场河,至丁堰接通扬运河。

1957年冬,疏浚焦港以东的小溪河段,自如城至搬经,长16公里,挖土147.32万立方米。河床标准:河底高程-0.5米,河底宽8～10米。河坡为两级:3.0以上1:3,3.0以下1:5。

1959年冬,如皋、如东二县疏浚丁堰至掘港段,沿串场河线裁弯取直,拓宽浚深。如皋疏浚县界至丁堰段,长6公里。河床标准:河底高程-1.5米,河底宽24米,河坡1:3。挖土118.65万立方米。此即境内如泰运河东段,县境以东由如东施工,在入海口建东安闸控制水位。

1965年冬,疏浚焦港以西小溪河段,自搬经至界河,长8公里,挖土95.87万立方米。河床标准:河底高程-0.5米,河底宽8米。河坡为两级: 3.0以上

1∶3,3.0以下1∶5。

1969年冬,疏浚通扬运河如城至丁北段,裁弯改道,直线接通丁堡河。

小溪河段:清代前称窑子河,如皋水利会主持疏浚此河时,称小溪河。现小溪河在如城与通扬运河衔接,西经城西、十里墩、何庄、谢甸、加力、倪桥、搬经、夏家埭、芹湖,长24公里,衔接拉马河,横穿焦港、如海运河。1969年冬,自如城通扬运河起至十里墩如海运河止,长6公里,与通扬运河同时疏浚。河床标准:河底高程-1.0米,河底宽8米。河坡为两级:3.0以上1∶3,3.0以下1∶4。

1981年冬与通扬运河同时疏浚,称如泰运河中段疏浚。河床标准:河底高程-1.5米,河底宽10米。河坡为两级:3.0以上1∶3,3.0以下1∶4.5。

1987年初,对通扬运河至如东交界段进行疏浚。河床标准:河底高程-1.5米,河底宽24米。河坡为两级:3.0以上1∶3,3.0以下1∶4。完成土方46万立方米。

1989年冬,对如海运河至分界段进行疏浚,长17.6公里,其中:如海运河至焦港段采用泥浆泵施工,焦港至分界段采用人工挑挖施工。共动用泥浆泵72台,民力4.2万人,动土319.1万立方米。河床标准:河底高程-1.0米,河底宽8米。坡比2.0以上1∶3,2.0以下1∶4.5。

1990年,经南通市水利局决定,如泰运河与通扬运河共同段归属通扬运河。此后,如泰运河在如皋境内线路分成两段,东段为丁石河至通扬运河,西段从如城镇至泰兴县界,全长28.7公里。

2009年,按苏水〔2009〕181号文要求,实施东段治理工程,投资607万元,其中国家补助182万元,省补122万元,如皋市自筹303万元。

如皋、泰兴两市县交界处尚有300米实心段,全河未贯通。

如泰运河河床标准

表2-3

起讫地点	长度(公里)	竣工标准			
		底宽(米)	底高(米)	边坡系数	青坎(米)
马塘—丁石河	28.45	24	-1.5	1∶3	34
丁石河—丁堰	3.48	24	-1.5	1∶3	34
如皋城—如海运河	6.7	10	-1.5	1∶3-1∶4	10
如海运河—界沟村	17.66	8	-1.0	1∶3-1∶4.5	15
界沟村—泰兴界	0.82	3	0	1∶3	10

如海运河 原名碾砣港,1958年12月更名如海运河。南起长江边,北至海安县通扬运河,全长57.93公里,流域范围768平方公里,贯穿如皋中部,境内长度46.2公里,流经营防、九华、郭园、车马湖、长庄、磨头、场北、大明、何庄、城西、邓园、袁桥等地,担负6万公顷以上农田的引排任务,为如皋主要引江干河,亦是全县河网化的枢纽。

如海运河多为实地开挖。1958年河闸同时施工。3月开挖碾砣港闸至长江边引河段,长1.95公里。河床标准:河底高程-1.5米,河底宽125米,边坡1:4,1958年5月竣工,共挖土方88.58万立方米。

1958年11月23日动工,开挖碾砣港闸至海安县任桥栟茶河段,长46.8公里。动员8万民工,奋战6个月,至1959年5月25日竣工,共挖土方1098.59万立方米,投资186.08万元。河床标准:河底高程-0.5米,河底宽15～10米,两级河坡,3.0以上1:3,3.0以下1:5。

1959年7月15日,碾砣港闸建成。

1959年11月25日动工,扩浚碾砣港闸至薛窑段河床,长6.3公里,至1960年4月6日竣工,共挖土284.61万立方米,投资66.17万元。河床标准:河底高程-1.5米,河底宽100～86米,边坡1:4。如海运河北段,自海安栟茶运河至通扬运河的三里闸,长9.04公里,由海安施工,1959年12月22日动工,1960年2月25日竣工,挖土174.93万立方米,投资50.66万元。至1963年,有部分地段淤浅,妨碍引排和航行。1965年11月25日,动土拓宽浚深自利民河口至磨头段,长11.2公里,挖土1719万立方米,投资52.7万元。1966年1月10日竣工。河床标准:河底高程-1.0米,河底宽25～20米。

1966年11月21日,动工疏浚磨头至十里墩小溪河段,长13.9公里,挖土158.93万立方米,12月15日竣工,投资280.4万元。河床标准:河底高程-1.0米,河底宽15～10米。海安县负责疏浚十里墩至仁桥栟茶运河段,长9.07公里,挖土75万立方米,投资202.91万元。这次疏浚做到"河成、堤成、绿化成"。

后因江潮夹沙进出,碾砣港闸下游引河淤积,至1968年10月间,下游引河淤高2.0米以上,引排流量大减。再次进行疏浚于1968年12月动工,动员民工2万人,用工132.2万个,投资36万元,挖土77万立方米,至1969年1月14日竣工。但未及一年,河底复淤高1.0米,因此采取"加大上下游水位差,开闸放水,冲淤保港"的措施,取得了良好的效果。1970年2月6日～3月25日,共开闸放水冲淤33次,总排水量3958.72万立方米,共冲走淤沙14万立方米，使下游引河底深达到-1.3米。后又总结“大引大排、随排随补”的经验，坚持“三冲三不冲”（三冲：潮位高冲、排水高峰期冲、用水量小时冲；引水高峰期不冲、枯水期不冲、用水量大时不冲）的原则，沿用至1990年。后又因江沙北移，拦门堵口，采取绞吸式挖泥船挖淤和开闸放水冲淤相结合的方法，效果良好。2003年，对朱庄湾段实施整治，完成凹岸抛石护坡长950米，清淤1931.5米，总动土30.54万立方米。

2005年对十里墩至磨头段进行疏浚，完成土方163万立方米。2006年继续疏浚磨头至长庄大桥段，完成土方62.5万立方米。

2012年碾砣港闸下游港道整治，投资1713万元，省补685万元，如皋自筹1028万元。施工时间自2012年2月11日至2012年5月30日。

2013年对周庄 — 立新河口段进行疏浚。疏浚长度5.864公里、总土方70.51万立方米；挡墙护岸3000米，抛石护岸1000米；拆建（维修）小型涵洞4座，工程总投资2972万元。2014年1月26日通过验收。

如海运河河床标准

表2－4

起讫地点	长度(公里)	竣工标准			
		底宽(米)	底高(米)	边坡系数	青坎(米)
长江边—碾砣港闸	1.95	125	-1.5	1:4	—
碾砣港闸—薛窑	5.8	100	-1.5	1:4	25
薛窑—白李河	5.17	86~25	-1.5 ~ -0.5	1:4	25 ~ 27
白李河—跃进河	4.6	25	-1.0	1:3 ~ 1:5	35
跃进河—东司马港	5.2	25	-1.0	1:3 ~ 1:5	35
东司马港—大明河	8.5	20~15	-1.0	1:3 ~ 1:6	37
大明河—如泰运河	7.2	15	-1.0	1:3 ~ 1:6	37
如泰运河—南凌河	5.85	15	-1.0	1:3 ~ 1:6	28
南凌河—栟茶运河	4.62	15	-1.0	1:3 ~ 1:6	28

第四节 二级河道

全市共有二级河道21条。

丁堡河 系承引江水至东台县方塘河以南地区而开挖的人工河道。自丁北乡原通扬运河起至海安县李堡镇北，故名丁堡河。全长22.9公里，如皋境内长7.99公里。经过南凌河，为引淡排咸的主要河道。1959年冬开挖，1972～1974年两度整修，均由海安县施工。河床标准：河底高程-1.5米，河底宽10～15米，河坡1:3～1:5，建有丁堡北闸、丁堡南闸。2003年疏浚丁堡河北段。2005年疏浚丁堡河丁北羊庄至老通扬河口段，完成土方35.5万立方米。

长甸河 南自场南乡朗荡庄的"长田"通西司马港，北至加力乡谢家甸接小溪河，取二地名首尾字命名。该河流经场南、常青、场北、加力等地，全长14.61公里。1957年冬，由群众自筹资金疏浚，挖土35万立方米。河床标准：河底高程-1.5米，河底宽3米，河坡1:3。2003年对长甸河北段实施疏浚。2006年度继续疏浚完成土方41.5万立方米。

如皋港（原名抽水站引河）原抽水站引河自抽水站至吴窑小王庄，长10公里。1967年冬，利用龙游河下游裁弯取直，拓宽浚深而成，挖土75万立方米。河床标准：河底高程-1.0米，河底宽6～8米，河坡1:3。1968年冬，自小王庄至司马港，长6.5公里，由南段直线向北延伸开挖，止于西司马港。河床标准：河底高程-0.5米，河底宽8米，河坡为两级：3.0以上1:3，3.0以下1:5。因长江北汊（天生港水道）严重淤积，至1973年，抽水站上下游引河全部淤塞。1977年，淤高到2.0左右。1978年夏，如皋县动员2万民力，突击10天疏浚，并于当年初冬，在外引河口打坝封闭，以防淤积。

1990年冬起，分五期实施的如皋港辟港建闸工程（含抽水站引河疏浚），总投资3670万元，共完成土方538万立方米，1994年竣工。工程标准：河底高程-2.0米，底宽45米，河坡1:3，辟口建如皋港闸，直接从中汊引水，使如皋抽水站恢复50立方米/秒的抽水能力。现如皋港流经场南、高井、吴窑、石北、张黄港、江防、长江等地，全长22.1公里，是如皋境内唯一的直接通江水道。

拉马河 古名络麻河，一名洛马河。历史河线，南起马桥口，出夏仕港入江，经黄埭、大陈堡、西燕庄、孙严墩、北至芦湖大港，全长27公里。1956年冬，在疏浚焦港第二期工程的同时，疏浚拉马河自扬三圩至黄埭折北到大陈堡，长14.5公里，挖土82.33万立方米。河底高程-0.5米，河底宽6米，河坡1:3。疏浚黄埭向北至大陈堡河段，为原拉马河的河身，疏浚三圩至黄埭河段，拉马河连通焦港，由焦港控制引排，走向东西，故称横拉马河。1957年规划高田、圩田水系分开时,又为黄市至葛市一线高田和圩田的分界河道。

1966年冬,自扬三圩、黄埭、大陈堡至小溪河进行全线疏浚,裁弯取直,拓宽浚深,全长26.5公里,挖土221.36万立方米。河床标准:河底高程-0.5米,河底宽8米。河坡为两级:3.0以上1:3,3.0以下1:4。该河经疏浚后,对改变高沙土地区的面貌有一定作用。因河线弯曲,河床标准小,水土流失严重,河床仍有淤浅。1979年11月25日动工疏浚,向东北穿过黄市、黄埭、张埭、跃进、陈堡等村,全长5公里。河床标准:河底高程-1.5米,河底宽12米,河坡为两级:3.0以上1:3,3.0以下1:5。河口宽66米,共挖土140.54万立方米,同年12月底竣工。河成之后,能增引江水10个流量。当时河线南起夏仕港,北止小溪河边,自黄埭东串焦港,流经黄市、葛市、江安、胜利、高明等地,全长29.1公里,灌溉面积12.5万亩。

1986年冬,疏浚立新河至高明蒋埭河段,长10公里。河床标准:河底高程-0.5米,河底宽10米。河坡为1:4,动土104万立方米。

1989年冬,疏浚北段3公里,河床标准:河底高程-0.5米,河底宽10米。河坡为上坡1:3,下坡1:4.5,动土16万立方米。

1989年,南通市水利局决定:现拉马河仅指原南北向拉马河,北起如泰运河,南接靖江县夏仕港,全长18公里。原东西向横拉马河划定为石庄前河。

1997年春,再度全线疏浚。

2011年再度整治,总投资247.66万元。省级补助91.8万元,如皋地方配套155.86万元。

龙游河　民国《如皋县志》载:"龙游河,亦名九十九湾,北接运盐河,南通长江,故一名通江河。旧传龙过而成"。又载"按通江河两岸沙弱善崩,时苦艰涩,江潮所纳,未及其丰。而运南注,泄不可收。议者欲于潮水将尽处筑一石础,又于河口附近处筑一板闸。础取平水,则江潮有容收之区。闸取障水,则河流无干涸之患。后秀才李尹于柳家闸立石础在江口,日久江势南坍,础之上流有土墩港,桑木桥石庄镇南前后河,双水洞等处,未曾潴蓄,溃泄分流,础成空设……"近江扇面圩,即今张黄港闸口。龙游河入江水道,自庄桥向西南至张黄港,再西流则通靖江并夏仕港,自土墩港向南有周圩港入江支流,自桑木桥向南有新生港入江水路。后龙游河单独由桑木桥南流由新生港入江。1943年永安沙与新生港筑海坝连接,新生港口淤闭,疏浚头案港接通新生港入江,此后龙游河的入江口即为头案港口。1951年3月,在龙游河中游老头湾地段捞浅疏浚，完成土方44.56万立方米，龙游河全线基本畅通。

1967年冬至1974年春，利用和改造龙游河河段开挖抽水站引河。拆除新生船闸，利用龙游河自吴窑至磨头段，捞浅疏浚自磨头至如城段，为二级干河，长17.5公里，受益面积6万亩。河床标准：河底高程-0.5米，河底宽5米。河坡：1∶2.5 ~ 1∶3.5。1986年11月，动土疏浚大明河至如皋水泥制品厂段，长4.3公里。河床标准：河底高程-0.5米，河底宽5米。河坡3.0以上1∶2.0，3.0以下1∶3.5，用工17.33万个工日，完成土方36.3万立方米。该河河线北起如城镇，流经新民、城西、建设、大明、桃园、磨头、长庄、场南等地，最后在吴窑镇境内与立新河相接，先后连通大明河、杨马河、如海运河、西司马港、立新河等骨干河道，全长27.8公里。2004年，疏浚龙游河磨头镇北段。2005年继续疏浚完成土方25.2万立方米。

杨马河 南起南马塘通东司马港，北至杨花桥接龙游河，故名杨马河。该河河线上原有弯曲的小沟槽，沿河两岸有14条四级河排水无路，引水无源，严重影响花园、马塘、桃园等地约2700公顷农田的排灌，1974年12月1日，正式动工开挖杨马河。河线定位：北以当时马塘公社杨花桥车口为起点，经丁磨公路杨马河涵洞向南延伸接通东司马港，自杨花桥车口向北接通龙游河，全长5.56公里。全线大部分实地开挖。开挖标准：河底高程-0.5米，河底宽6米。河坡为两级：3.0以上1∶3，3.0以下1∶5，连同支河开挖，共挖土方120.47万立方米。1975年1月20日竣工。

1994年冬再度按原设计标准疏浚。由马塘、桃园、花元三乡实施。

2015年整治工程完成长度10.804公里、土方23.96万立方米，工程投资300万元。2014年12月8日开工、2015年2月9日竣工验收。

丁石河 系如皋、如东两县市的边界河道。南起如泰运河，北至南凌河，全长9.8公里。流经如皋丁堰、丁北和如东县双甸、南凌。两侧有当时乡级规划的32条三、四级河道，到边界地区，互不相通，且老凌河一带钉螺丛生，为根治该地区的水涝、旱灾、渍害和钉螺之患，于1979年11月28日全线开挖丁石河。河床标准：河底高程-1.0米，河底宽6米。河坡3.0以上1∶2.5，3.0以下1∶3.5，河口宽41.5米。至1980年1月竣工，完成土方156.05万立方米，耗资24.88万元。其中，如皋完成土方77.32万立方米，耗资15.48万元。2005年再次疏浚，完成土方29.2万立方米。

南凌河 西起通扬运河边的柴湾，东至如东县小洋口闸，全长44.2公里。如皋境内长16.4公里,流经柴湾、新民、南凌、东陈、雪岸、丁北等地,排涝面积8000公顷,灌溉面积3300多公顷。因其在北凌河南,故名南凌河。南凌河系为淋盐洗碱而疏浚。1956年冬,先行疏浚柴湾至雪岸段,河床标准:河底高程0.5 ~ 0.6米,河底宽3米,河坡为1:3。1957年冬,继续疏浚自雪岸至如东县苏家港段,长12公里。河床标准:河底高程0.0米,河底宽3~6米,河坡1:3。至1978年间,曾先后3次捞浅,仍不能适应引排,水源不足,水质咸。1978年冬,动员6万民力,于12月25日动工再次疏浚,历时40天,对河线裁弯取直,拓宽浚深。河床标准:河底高程-1.5米,河底宽10米,河坡为两级:3.0以上1:2.5,3.0以下1:4,疏浚后工程效益良好。2005年对部分河段进行疏浚,完成土方11万立方米。

白毛港 西起如海运河,东接通扬运河。流经袁桥、戴庄,全长7.9公里,受益面积1300多公顷。经1962、1963年捞浅,1967年西段疏浚和1974年东段自任庄车口至通扬运河3公里河段的疏浚,全线贯通,共完成土方45.41万立方米。河床标准:河底高程-0.5米,河底宽5.0米,河坡为三级坡:1:3 ~ 1:4 ~ 1:2.5。1988年12月捞浅。标准为河底高程-1.0米,河底宽6米,河坡:2.5米以上原坡不动,2.5米以下1:3。采用16台泥浆泵和4台接力泵,人机结合施工,共完成土方33.12万立方米。至1989年3月竣工,全线挖塘埋沙11公顷,取制砖土8.11万立方米,填平废沟呆塘13处,增加耕地2.7万平方米。

大明河 龙游河支流。清乾隆《如皋县志》载:“通江河从如皋县南濠南流迳三接桥又十三里杨花桥。又迳大明河、一水通东大明桥。”现大明河为老河道改造而成,西起如海运河,东至老通扬运河,全长13.9公里,流经场北、大明、建设等地,受益面积3700多公顷。1972年12月20日动工疏浚大明河,开挖自通扬公路沿河大桥至建设车口,1973年1月24日竣工,共完成土方68.08万立方米。河床标准:河底高程-0.5米。1974年冬再度疏浚大明河,于12月1日动工,疏浚长度10.3公里。其中龙游河至建设一段长3.6公里,为实地开挖河段。1975年1月20日全面竣工,挖土168.9万立方米,实做工日72.7万个。河床标准:河底高程-0.5米,河底宽6米。河坡为三级:3.0以上1:2.5,3.0以下1:3,,1.0以下1:5。两次疏浚,实为裁弯取直和扩浚。1989年冬,建设乡疏浚境内西段3.8公里。标准为河底高程-0.5米,河底宽6米,下坡1:3,上坡不动,采用5台泵,人工和机械结合施工,挖土12.5万立方米。

大寨河 东起如海运河，西接拉马河，全长17.1公里，流经场北、常青、加力、高明，穿过长甸河和焦港，流域面积6700多公顷，为东、西水源调节河道。1970年11月10日动工开挖，动员民力4.85万人，完成土方273万立方米，于12月14日竣工验收。河床标准：河底高程0.0米，河底宽6米。河坡为两级：3.0以上1∶3，3.0以下1∶4。1986年冬，对如海运河向西3.7公里河段进行疏浚。河床标准为：河底高程-0.5米，河底宽6米，河坡1∶4，总动土量15.4万立方米。

2010年全线整治，投资401.68万元，其中省补128万元，如皋地方配套273.68万元。

东、西司马港 司马港横穿如皋中部，东起通扬运河，穿越如海运河、长甸河，止于焦港。全长28.6公里，灌溉面积1.2万公顷。以如海运河为界，如海运河以西称西司马港，如海运河向东称东司马港。1955年冬，西司马港与焦港第一期工程同时疏浚，自焦港向东至龙游河段，长9.5公里，共挖土127.79万立方米。河床标准：河底高程-0.5米，河底宽6米。河坡为两级：3.0以下1∶5，3.0以上1∶3。

1960年冬，对东司马港自如海运河向东至茅稚河段进行疏浚，长10.4公里。河床标准：河底高程-0.5米，河底宽8米。河坡1∶4。

1965年，再行疏浚，自如海运河向东至通扬公路，长13.4公里，全线拓宽浚深。河床标准：河底高程-0.5米，河底宽8米。河坡1∶4。

1972年，开通自通扬公路向东至通扬运河段，长1.2公里。同时，自通扬公路向西至茅稚河段长4.4公里进行捞浅。河床标准：河底高程-1.0米，河底宽6米。河坡为两级：3.0以上1∶3，3.0以下1∶4。至此，司马港全线贯通。

1976年冬再行疏浚，自焦港向东穿龙游河至如海运河止，长12公里。河床标准：河底高程-1.0米，河底宽8米。河坡为两级：3.0以上1∶3，3.0以下1∶4。

1987年冬，对东司马港进行疏浚，长16公里。河床标准为：河底高程-1.0米，河底宽12米。河坡为两级：3.0以下1∶4，3.0以上1∶2，组织白蒲、丁堰、磨头、桃园等乡镇的民力，采用62台泥浆泵，进行人机结合施工，总动土量180.87万立方米。此次泥浆泵施工，开如皋机械化挖土之先河，改变过去疏浚、开挖河道全凭人力挑抬的方式，大大减轻劳动强度，提高了工效。

2009年再度整治。2008年11月动工，2009年2月竣工。总投资722.21万元，其中省补205.2万元，如皋地方配套517.01万元。

胜利河 东起焦港，与西司马港对口，西至拉马河，横穿胜利乡中部，全长5.75公里，1974年开挖，动员民工1.37万人，共完成土方82万立方米。河床标准：河底高程-0.5米，河底宽5米。河坡为三级：1∶3 ～1∶5 ～ 1∶2.5。1986 ～ 1988年连续3年对胜利河西段2.5公里进行疏浚。河床标准为：河底高程-1.0 ～ -0.5米，河底宽8 ～ 12米。河坡为1∶4，共动土23.9万立方米。2012年年底疏浚5.75公里，动土25.89万立方米。2012年11月动工，2013年1月竣工。投资320万元，省补45.4万元，如皋地方配套274.6万元。

跃进河 原名下原后大河，西起如海运河，东接通扬运河，全长15.3公里，流经下原、花园、奚斜、蒲西、林梓等地，受益面积7000多公顷。1968年疏浚自如海运河向东至花园红卫车口引河口、长6.5公里。1971年11月25日，自红卫车口引河口向东继续疏浚接通扬运河，长9.3公里。1972年1月20日竣工。河床标准：河底高程-0.5米，河底宽8米。河坡为两级：3.0以下1∶4，3.0以上1∶3。2003年对跃进河组织疏浚，完成土方40.8万立方米。

立新河 东起如海运河，向西经吴窑、小王庄、蔡家堡、东张庄、陈家堡至黄市杜家埭，通连红旗河。全长23.1公里，沟通如海运河、抽水站引河、焦港、拉马河等引江河道，1969年开挖。1971年冬，自抽水站引河向西至拉马河，疏浚11.5公里。1974年春，从抽水站引河向东到如海运河，疏浚8.6公里。1975年自拉马河至红旗河，长2.3公里。河床标准：河底高程-1.0米，河底宽8米。河坡为两级：3.0以上1∶3，3.0以下1∶4 ～ 1∶5。2006年进行疏浚，完成土方76.1万立方米。

2013年2月28日开工疏浚立新河。投资2963万元，其中省补1482万元，如皋自筹1481万元。

白李河 又名利民河。东起白蒲镇连通扬运河，西至九华兆山口接如海运河。全长15.5公里，流经白蒲、蒲西、勇敢、龙舌、九华、下原、车马湖等地，受益面积5700多公顷。历史上白李河为通扬运河的支流，从白蒲镇的西亭坝出口。

实际上，西亭坝从未开通白李河，而白李河仅通至西亭坝北白蒲三元宫的狗颈坝。新中国成立初期曾对白雁桥以西的部分河段进行裁弯取直。河床标准：河底高程0 ～ -0.5米，河底宽10 ～ 12米，河坡1∶2.5 ～ 1∶3。1958年开挖如海运河时，自兆山口至碾砣港入江口迂回弯曲的河段被废弃不用，重新开挖直线的如海运河出江口，仍在兆山口与白李河衔接。原白李河流经赵家小桥时，另有一条分支水系，向西流经车马湖，范湖洲、郭家园，大马桥至四号港入江。该分支水系早已淤断湮没。

1969年春，通扬运河白蒲段裁弯取直，通扬运河连通白李河的位置仍恢复到西亭坝的位置。白李河由白蒲向西经龙舌口、李桥、白雁桥、赵家小桥至兆山口折而向南经营防港出碾砣港入江。2005年进行疏浚，完成土方77万立方米。

石庄前河 西起焦港，东至如皋港，长5.2公里。流经张黄港、石北、石庄，受益面积1600公顷，为石庄镇物资集散的唯一水运通道，亦是焦港至如皋港高田和圩田水系的分界河道。历史上是龙游河流注张黄港、夏仕港的入江水路。该河于1955年疏浚。河床标准：河底高程-0.5米，河底宽6米，河坡1∶3，共完成土方47.15万立方米。1997年春再度全线疏浚。

1989年南通市水利局决定：原东西向的横拉马河并入石庄前河，现石庄前河全长13.1公里。

如靖界河 民国《如皋县志》记载："界河，按同治续志：仅咸丰七年，知县上官夔会同靖江知县率董谢珏等捐资挑浚一次，又同治六年、九年续浚一次。事隔四十余年，近闻如靖界河自江安乡之黄家市至石庄市之张黄港，约十四里有奇，全行淤塞，非大加疏浚不足以便交通也。"民国初，如皋水利会主持疏浚一次。民国23年（1934年）又疏浚一次。1959年疏浚测量放样时，两岸拆迁较多，如、靖二县几经协商，河线北移如皋境内，由原来的西来镇中部移至现址，取直线至张黄港入江，成为如靖界河排灌区的单独入江河道。由如皋承担劳力和经费。如皋受益圩田1800公顷。1960年再行疏浚，两年共完成土方86.94万立方米。河床标准：河底高程-1.5米，河底宽6米，河坡1∶3。至1990年，如靖界河东起焦港，流经葛市、黄市圩田地区，西接夏仕港，全长11.3公里。

周圩港 北起江平公路北500米，流经郭园、江防，经永平闸入江，全长8.9公里。历史上为龙游河支流，由吴窑土墩港分流，向南经过西北桥、焦家桥、小圩桥，由小圩桥折而西南流，在现"二百亩"西北入江，出江口称周圩港口。清光绪年间，江坍剧烈，港口遂没于江，至民国9年（1920年），周圩港口已坍至朝西口。1936年后，夹江淤浅。1943年周圩港口淤闭。

1952年12月，疏浚并延伸周圩港自永平港口出江，全长15.1公里，共完成土方66.13万立方米。

1960年出江港口淤塞，于南镇龙圩新辟永平闸引河出江，完成土方1.89万立方米。1961年继续拓宽浚深引河，完成土方10.91万立方米。1962年对周圩港捞浅，完成土方9.13万立方米。河床标准：河底高程-0.5 ~ -1.5米，河底宽5 ~ 6米，河坡1∶3。1990年进行疏浚。

2011年再度疏浚。11月动工，2012年1月竣工。总投资257.68万元，省补91.8万元，如皋地方配套165.88万元。

新姚河 原名胜利河，西接通扬运河，流经如皋县新姚及如东县的新窑、辛店、汤园，全线26公里，如皋境内长7.2公里。1968年冬，按统一标准由如皋、如东两县各自开挖，1973年冬全线竣工。在如皋县境内段先后于1978年、1982年疏浚两次，以更好发挥引水灌溉、排涝降渍功能，提高交通航运效益。1999年，全程疏浚，疏浚项目区内三级河5条，四级河6条，总动土55.8万立方米。配套建筑物43座。

第五节 三级河道

全市（县）共有三级河道302条，总长度977.8公里。其中高沙土地区200条，长度636.6公里；垦区31条，长度116.5公里；九圩港区21条，长度84.9公里；圩区50条，长度139.8公里。（详见附录七）

第三章 江 岸

第一节 江岸变迁

如皋地区是在长江古代水下三角洲的北岸古沙咀上逐步发育而成。

长江每年的入海流量携带的泥沙量在四亿五千万吨以上。长江过南京东流，开始摆脱山体的束缚，两岸形势逐渐开展（阔）。古代江口，自镇江、扬州向东江面骤然开阔，呈喇叭形，江流平缓，泥沙沉积；同时海水含有电解质，与江流中的杂质交混，生成大量胶态浮悬物质，即"江花"，加速了凝结沉淀。长年累月，浅海海底逐渐升高，形成水下三角洲。最先形成的为古代（老）水下三角洲，略呈扇形。其外缘和50米等深线相符。其中轴为东偏北方向，和外缘交叉点在北纬32° 8′。这就是古代长江主泓的方向。后来在发展的过程中，由于地球自转及海水产生的惯性和来自东北的合成风产生的作用，迫使江流偏向东南。因而接近北岸的流速较缓，有利于泥沙沉淀，而形成沙洲。沙洲和沙洲之间的夹江支叉也易于淤积连接成片。因而较多的沙洲涨接北岸。长江北岸的古沙咀扬泰冈地，成陆已有六千年左右，与海安相连的如皋西部就是成陆最早的地方。

汉代的江岸在如皋到李堡一线。

自南北朝后期到隋唐之间逐渐向东南方向推进，江岸线大致在如皋市白蒲向东到今如东县掘港一线。

宋代如皋境内的江岸西起今靖江县境内的骊山，经今张家港市北的段山，向东到狼山，江岸比较顺直。由于长江主流摆动，自宋代起如皋江岸即受冲蚀，变化很大。其主要表现为段山与长江相对位置的变化。宋代段山还在长江北岸，而现在已移到江南今张家港境内。万历年间靖江县骊山和如皋县段山均已居江流之中。明天启年间（1621～1627年）由于江中马驮沙与北岸泰兴县接壤，使江阴河段从分汊河港型变为单河漕。江水从马驮沙之南流过。由于受江阴黄山矶挑溜，水流向北岸横向展宽，水头折向东北，冲蚀如皋南部江岸，造成大坍。明朝永乐以后，如皋江岸剧烈崩坍。《如皋县志·沙志·民赋志·沙田》："明永乐初，江势趋北，奔冲漱啮，坍塌内从者凡六十里。"《天下郡国利病书，原十、十二册》"旧志（如皋）江距县七十里今止六十里，漱啮日广，江宁一乡，荡折过半。"明永乐（1403年）初江岸剧烈崩坍之后，到成化年间（1465 ~ 1487年）坍势稍有缓和。嘉靖年间（1522 ~ 1566年）江岸基本稳定。这时如皋和通西的江岸线在黄市、葛市、石庄、郭园、薛窑、九华、平潮、唐闸到任港一线上。《如皋县志》："正供民田之外，有岸亘于东西，横余四十余里曰老岸。""老岸即古之江岸也"。《通州直隶州志》亦载有"民田之外有岸曰老岸"今之老岸圩田即以此为分界。一河一路之隔，高低相差一至二米以上。据相关专家推测是因为沙田涨接老岸时，由于长江潮面没有老岸地面高，以致沙田地面高程没有能沉积到老岸地面的高程，《如皋县志》中载：明朝天启年二年（1622年）如皋知县李衷纯"乃单车莅江上相地。宜酌去江麋五里，在明禧寺之左方创石础。石础地址：今地名柳家闸其旧址也"。用以控制龙游河的水位。以石础去江五里许计，江岸即在老岸一线上。

明末清初，如皋段长江内沙群不断增加，到清末至民国初年沙群互相连

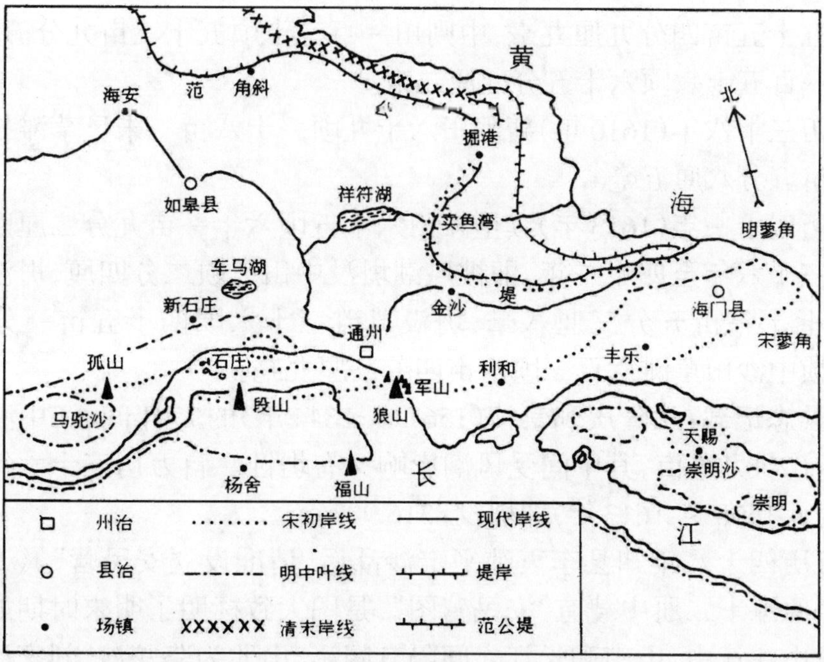

图3-1　宋、明、清江岸变迁示意图

接形成滩地。新中国成立后,不断垦殖,江岸更加南移。1948年又来沙形成,江流分为北、中、南三个水道。1958年在又来沙下游又涨出了长青沙,1984年长青沙至薛案沙筑坝截流整治。1997年围垦泓北沙,2004年又在长青沙和泓北沙之间修建了3.5公里的导流堤,促使两沙连成一片。至今三股水道中的北汊(天生港水道)潮流量只占1%左右。

第二节 围 垦

明代中期以后,自隆庆始(1567年)长江如皋段沙群四起。《如皋县志·沙志·民赋志·沙田》:"卢延志·沙田说,皋之田有四:官民田地曰漕田,给灶丁者曰灶田,原供牧马者曰群田,漕田坍而复涨者曰沙田,明初无所谓沙田也,有之,自隆庆始。明隆庆中,沙田三百五十顷五十五亩。凡沙十有四:曰北沙曰南沙曰南草滩曰钱家圩曰短脚圩曰北草滩曰南爬头曰北爬头曰三角沙曰张家圩曰杨家圩曰薛家圩曰吴家圩曰骆驼沙。"

万历二十五年(1597年)勘定各则田并草滩三百八十六顷七十八亩一分七厘。是年督理芦政太监党存仁临县勘视,定沙田为三则量。存上则田六十四顷五十五亩四分九厘九毫,中则田一百三十顷五十三亩九分五厘四毫,下则田一百五十六顷六十五分九厘二毫。

万历三十八年(1610年)新涨田六十九顷一十八亩。未垦草滩三十四顷四十一亩五分八厘五毫。

万历四十一年(1613年)续垦滩田六十五顷六十一亩九分二厘四毫。按自万历三十六年至四十一年,即被风潮坍没中田三顷二分四厘,坍没下田四十二顷七十一亩五分三厘八毫,坍没草滩三十六顷四十五亩一分二厘五毫。崇祯中沙田草滩六百二顷八亩四分三厘九毫。

据县志记载:从隆庆到崇祯(1567 ~ 1644年)的77年间,江中涨出沙田和草滩60208.439亩,其中间受风潮影响又有坍蚀。自万历三十六年至四十一年(公元1608 ~ 1613年)即坍没8316.903亩。

"万历四十八年知县李衷纯平定沙乱后,请准设立安民营"。《天下郡国利病书》原编十二册中载有"安民营图",是图大致标明了明末时期如皋江面形势,段山在江中,山南和长江之间隔有阔泓,山北为骆驼沙、刘家沙及三角沙、安民营、网口沙等。

清初，江中沙滩淤涨加快。清顺治十四年（1657年）间涨出沙田27272.446亩。清康熙二十三年（1684年）文定，共有沙田185036.52亩。至清乾隆十九年（1754年）70年间，由于受江潮冲击，坍去腹地沙田495110.36亩。自清雍正元年（1723年）始，所涨沙田均为通潮江以南的滨江沙田。清嘉庆六年（1801年）文存腹地滨江各田滩232940.139亩。是为如皋沿江第一次大涨所出的沙田数字。

清咸丰十年（1860年）海北港沙开始发育，至民国6年（1917年）露出水面。上海师范大学河口海岸研究所1980年5月《长江南通河段河床演变分析整治意见》载："海北港沙形成期（1860 ~ 1920）……纵观60年涨坍历史，河段冲淤基本平衡。就姜福沙在南北分段汉口而言，冲刷面积203.31平方公里，淤涨面积为205.91平方公里"。

如皋江岸、江滩几经涨坍演变，在1920年后的40年间，长江如皋河段的水道，分为南汊（刘海沙水道）中汊（又来沙水道）北汊（天生港水道）三股，江面沙群林立，计有跃进沙、又来沙、和平沙、民主沙、骥沙、小沙、长青沙、驷沙、界址沙、反修沙、胜利沙、薛案沙、开沙、黑鱼沙等近二十个沙洲（滩）。人们在沙滩上植芦、筑围、垦田。自民国10年（1921年）起，开始围垦永安沙。中华人民共和国成立后，陆续围滩造田，开发江滩土地。

永安沙垦区 民国3年（1914年），时为江心孤岛"二百亩"的西北方出现一片青沙，民国六年起如皋先后有数十人向南京财政部沙田局报案围垦。永安一案（头案）于民国7年（1918年）植芦后，滩地淤涨加快。民国10年成立"永安垦植社"主持围垦，头围（圩）成田680亩，至民国36年头案外围陆续筑成15围，共成田9000亩。其中从民国20年起至民国33年头案外围坍去7000多亩，仅乘1000多亩。与此同时，永安、永平、东平3沙各案大都相继围垦成田。张黄镇外北岸坍坝涨出的永兴沙也于30年代围垦成田。碾砣港口、平顺圩外也于民国三十四年围成佑东圩。至民国35年，永安沙面积约10余万亩，可耕地7万余亩，另有尚未垦殖的夹江滩地和外滩地2万余亩。

永安沙在淤涨过程中，由于水流冲刷形成流槽，全沙分割成5大块，为开发利用，民国16年（1927年）冬，于永安头案与西七案临界夹江筑坝相连。民国22年头案二案之间又筑成一坝，使一、二、三、四案与东平沙相通。民国24年，二案与附七案在东平之间筑坝，长约120余丈，此后又于东平与徐卓、久隆案之间筑海坝，使永安、东平与永平3沙连成一片，统称为"永安沙"。1946年4月，如皋县民主政府在龙游河桑木桥至江口段浚港筑坝，使夹江断流，从而促使永安沙并连北岸。

东夹漕垦区 民国36年(1947年)3月,国民党如皋县政府动土围垦海坝以东夹江滩地,筑成450丈防水大堤,平田2200亩,建立永安合作农场第一分场。1948年永安沙解放,农场土地分给农民。后继续向东扩围永福圩,现为长江镇永富村。

1950年春,县垦殖委员会围滩1140.66亩,定名"五零一圩",现属长江镇五零村。

1951年春,于周圩港坍江口东侧围垦858亩,定名北镇龙圩,现属长江镇镇龙村。

1953年春,筑堤900米,围垦1645.34亩,定名农建圩,由县棉场建农建圩新场。1955年2月,继续在北岸外滩筑堤424米,扩围329亩。1955年11月如皋县人民政府决定,将以上围垦土地全部移交南通专区农场,此后农场又两次扩围。现为江苏省沿江农科所和南通市粮棉原种场,土地面积5643亩。1954年春,丝渔港浚港建闸中,由总队部统一安排,在夹槽东岸新村乡外滩,围田261亩,弥补水利用地和安置拆迁户,现属九华镇长江村。

1963年4月,围田九框计1621亩,定名建国圩,组建营防公社建国大队,现属九华镇长江村。

1969年春,在东夹槽出江口,围滩1300多亩,建立如皋县蚕种场,现有土地总面积1683亩。

东平滩垦区 1951年春,县垦殖委员会在东平滩周圩港出江口,围滩1164.9亩,定名南镇龙圩。1956年春,于南镇龙堤北新涨江滩围田385亩,建立如皋县苗圃。苗圃改建蚕种场,迁往六号滩后安置移民定居。1960年于南镇龙堤南周圩港出口线西,扩围672亩,大部分由县农场使用。1964年农场迁长青沙后,安置拆迁户。1973年又在永平闸外滩扩围300余亩,现属永平居。

1950年春,在马三四案外滩围田322.76亩,定名"五零二圩",以后陆续拨交县棉种场。1956年在南堤外滩扩围1700亩,以400亩安置焦港引河拆迁户,余由县农场经营,1964年农场迁往长青沙,此地用作安置机场拆迁户,现为长江镇永平村。

永平闸出江口东岸,围成永建圩,1954年5月疏浚丝渔港时,安置拆迁户,现属长江镇永隆村。

东兴新围为东兴老围外滩围成,定名东兴新圩,现属长江镇二百亩村。

1967年,西自东兴新圩外滩,东到县苗圃西南角,新筑江堤围滩造田,现分属长江镇二百亩村、平南村。

1968年,在二百亩外滩筑堤476米,围田200亩,现属长江镇二百亩村,

西夹槽垦区 1946年春,如皋县民主政府在海坝西侧、夹槽南岸之复兴沙围滩造田1065亩。1947年春,被国民党如皋县政府划为永安合作农场第二分场(西农场)。现属长江镇永丰村。

1949年春,在戴案新圩大堤外沙滩围滩359.49亩,定名“永胜圩”,现为长江镇头案村。

1950年,在复兴沙西滩外围田332亩,定名为“五零三圩”,现属长江镇永丰村。

1952年春,由苏北行署投资在西夹槽西江口围滩造田,建立黄桥劳改大队,后为省公安厅永安沙农场。1969年3月,劳改农场撤销,移交给如皋县,现为如皋市棉花原种场,土地面积2419亩。

1968年5月,长江公社在头案大堤外筑堤1440米,围田363亩,名头案新围,安置坍江地群众和头案港闸拆迁户,现属长江镇头案村。

中心沙垦区 1975年,长江公社组织民力围垦中心沙,建立十六大队,面积2831亩,现为长江镇中心沙村。

1978年春,县围垦指挥部于中心沙东、二百亩以西滩地,筑护江大堤1400米,围田1500亩,建立县水产养殖场中心沙分场,1979年由渔场围垦外滩,现有土地面积2838亩。

长青沙垦区 长青沙原为永安沙外高、张、朱、凌案。1928年植芦,1958年滩沙并连,发育稳定。经江苏省人民委员会批准,于1965年春组织34个公社1.2万民力,自2月11日开工,至8月12日竣工,在沙滩中心围滩江堤9332米,围成土地25框,计6492亩。中部3441亩划建如皋县棉花良种场,东部1762.5亩安置移民,组建长青大队(现为长江镇长青村),西部1287.8亩,安置城镇插队知青,组建知青大队(现为长江镇知青村)。

1972年,长江公社在向阳滩北端筑堤2767米,围地962亩,组成十八大队,今为长江镇知青村。翌年春,国家投资由长江公社继续扩围向阳滩,筑堤5500米,围地4443亩,其中南堤外青年港与长青港之间的1694亩划给良种场;北端第一框划给十八大队,余皆安排焦港整治工程拆迁户;2 ~ 5框1145亩组建十九大队(今属长江镇知青村);6 ~ 9框1385亩,组建二十大队,今属长江镇知青村。

1973年,江防公社在长青沙定心围东部外新生滩筑堤5300米,围地3151亩,组建三个大队,今属长江镇长青村。

1974年春,长江公社定心围北堤外红卫滩筑堤2635米,围地2481亩,此面积现属良种场为1209亩,余皆为长江镇所属。1973年春,县芦滩管理所在东风滩中心围滩180亩建立副业场,1976年移交给蚕种场。1978年,与南通县小港开沙联合扩围,中开界河,蚕种场连同原围合得663亩,后蚕种场继续向西扩围741亩。1984年冬于蚕种场西围西端红卫滩东端之间筑长薛海坝,1990年冬南通县在开沙与新生滩之间筑一海坝,二坝之间迅速淤结,开沙、薛案沙与长青沙连成一片。以通如界河中心为界,河西河北2228亩为如皋所有,现为长青沙滩涂开发区:河东河南为通州所辖。1989年县芦滩管理所在长薛坝外围滩2953亩,现为江滩开发区芦渔合养场。

1991年冬至1992年春,长青沙乡在红卫滩东、东风滩西的薛红滩,筑堤2102米,围田1267亩,其中1070亩为长青沙滩涂开发区,余为东风滩芦渔合养场所用。

1997年,市农业资源开发局投资1050万元用于围垦时为如皋境内最大的江滩资源——泓北沙一期工程建设,共围垦面积3000余亩,开垦耕地2000多亩,总动土量近30万立方米。

2000年,如皋港经济开发区开发东风滩二期复垦工程,该项目总投资208万元,疏浚拓宽挂脚河2120米,开挖、扩深鱼塘5处30亩,平整土地1100亩,建过水涵洞5座,小闸1座,硬质防渗渠道3100米,铺设砂石路1300米,更改、架设部分低压线路,同时组织对三、四号滩新涨滩地进行芦青栽植。

又来沙垦区 又来沙位于长江北汊北侧,东、北与中心沙相接。头案外围坍没以后,1942年在原址涨出新沙,故名“又来沙”。初时,由大小流槽相隔,自然形成新生滩、立新滩、前进滩三大滩,后逐渐淤塞相连,随着北汊水道淤积加速,跃进沙、中心沙淤接北岸,至1980年,江边提水站港口(即头案港口)至又来沙之间已成平滩。1984年首次在立新滩围垦土地100亩。1990年,又来沙开发被列为省、市土地综合开发重点项目。从1990年12月起,如皋县政府组织全面围垦和综合开发。1990年12月至1991年年底,在又来沙动土45万立方米,耗资181.1万元,筑成长4181米、顶宽5米、底宽31米、高7.5米的江堤。其后12年,建进排水闸1座,修建配套涵洞和机耕桥,架设高低压线路,完成垦区相关配套工程,建成土地基本平整成方,桥、涵、泵、站齐全,沟、渠、路、林基本配套、有8200多亩良田的江边开发区块。

第三节 护岸与保坍

长江如皋段抛石护岸(坎)工程开始时间及实施缘由。

长江如皋中、北汊抛石护岸(坎)工程始于1980年汛中,从长青沙原4号涵洞两侧平顺抛石和沉轻型柴排,沉辊开始,历时30余年。

由于长江如皋中汊(又来沙水道)下泄主流顶冲点位于长青沙原4号涵洞北皋张码头北侧,经顶冲分流后一股水流向南,流经长青沙西侧中汊后与长江南汊(浏海沙水道)会合后下泄。另一股水流向北进入北汊(天生港水道)上段后,先分流经长青沙与薛案沙夹槽向南流入南汊,同时进入北汊继续下泄至横港沙尾与长江主流会合。1974年前后,长青沙原4号涵洞处堤外江滩地宽达300余米,由于上游来水增加中汊不断扩大顺直,主流顶冲,江岸逐年崩塌后退,至1980年,原4号涵洞处堤外江滩地宽仅有160米左右,最深江底达负24.2米(废黄河零点),还将继续刷深和扩大范围,江岸不断坍塌,即将危及主江堤的安全。为了稳定江岸,控制河势,保护已成陆的土地面积。如皋水利局紧急向上级水利主管部门报告,要求采取保坍措施,及时得到江苏省水利厅、南通市水利局的支持。如皋县政府组织实施抛石护岸工程。由原二案木船社组织自航船和几个运输轮队抢运块石。同时在全县范围内筹集树枝参与抢险保坍,从此拉开了长江如皋段抛石护岸(坎)整治工程的序幕,多年来一直坚持实施,延续至今30余年,今后仍需继续新增延伸抛石护岸(坎)工程和已护岸段的加固工程(因长江整治是动态工程,今后每年应于已护岸地段,适时加修确保完好有效)。

分地段抛石护岸(坎)工程。

长江澄通河段如皋市境内抛石护岸(坎)工程分别位于长江如皋中汊左岸的长青沙和又来沙西南侧江岸(已在实施抛石护岸工程)及友谊沙东北侧左岸(尚未开始抛石护岸工程);长江北汊左岸沿线(含北汊进口段右岸部分已断续实施抛石护坎工程)。

一、长青沙西南侧江岸抛石护岸工程。

长青沙抛石护岸工程始于1980年汛期,长青沙原4号涵洞两侧,堤外江滩地宽度由300余米经坍岸仅剩160米左右。由于险情严重,抢险保坍紧急,又无经验,正值农历七月大汛期,潮位高,流速快,沉排指挥人员对施工河段的潮位过程等相关水文情况分析研究较少,造成第一块轻型柴排[①]下沉时失败。因而保坍抢险指挥部决定暂停沉排,进行研究总结,并继续平顺抛石和沉棍护岸抢险保坍工程。至汛末再度在顶冲坍塌严重地段实施沉轻型柴排获得成功,连续沉轻型柴排7块,计9900平方米,先后沉辊[②]3753只。

1981年继续实施平顺抛石护岸和沉轻型柴排7块,计8100平方米,沉软体排1块600平方米。以后连年继续实施平顺抛石护岸工程(因水下坡度不适宜沉轻型柴排或软体排而停止沉排)至1994年(其中1990年因下达的经费太少,与下一年合并使用)。1995年由于又来沙西南侧江岸崩塌严重,即将危及主江堤的安全,因此,长青沙抛石护岸施工暂停,全面转向又来沙抢险抛石保坍工程,直至2001年复去长青沙已护岸的段下游末端延伸抛石护岸和部分地段加固工程。

据统计长青沙已实施平顺抛石护岸(含沉排、沉棍)顺江岸长3641米,其中护岸开始阶段从顶冲点向北汊内实施抛石护岸长约940米,现被北汊进口右岸淤滩覆盖而失效,现有效护岸长2600余米。累计抛石33万余立方米,用去块石56万余吨;沉轻型柴排14块18000平方米,软排1块600平方米;沉棍3753只,用去树枝710余万公斤,芦柴8万捆;耗资1216余万元。

长青沙崩岸洲堤决口第一次发生在1983年11月22日,位于30 ~ 31号观测点间发生窝崩坍岸,洲堤坍入江中,决口宽41余米。1986年7月22日在28 ~ 29号观测点间发生第二次窝崩坍岸,洲堤坍入江中长达近60米(未全坍去,当时仅留内堤坡脚1.5米高的三角坡)。第三次(最大的一次)窝崩坍岸是1987年7月17日,在33 ~ 35号观测点间发生头二道洲堤坍入江中,坍口宽200米左右(逐渐扩大),坍失陆地面积(耕地和滩地)150余亩及房屋等(未有人员伤亡)。

由于江岸崩坍洲堤坍决,为确保安全实施了长青沙退建二道洲堤。1983年从原4号涵洞南侧(保坍不久第一次江滩地发生较大窝崩塘,即现自来水厂取水口附近)向东,转向东南至主洲堤实施第一次退建二道洲堤长

---

① 轻型柴排。用树枝和芦柴,由铁丝捆扎,每块长和宽约30 ~ 40米,将其沉入江底,再在其上抛石,可减少江水冲刷及泥沙掩没石头。

② 沉棍。用树枝和芦柴扎成平面,然后将石头包在中间卷成。每根沉棍直径约80 ~ 100厘米,长约20 ~ 30米不等,顺次滚入江底,达到改变江水流态,阻减流速,防止刷深,减缓崩岸的目的。

1100米,动土7.8万立方米。第二次退建洲堤在1986年,退建临时堤长410米,动土1万余立方米。1987年第三次退建二道洲堤长1700米,动土11.5万立方米。

二、又来沙西南侧江岸抛石护岸工程。

又来沙1992年筑堤围垦时堤外江滩地相当宽阔。如又来沙闸处主江堤至江边距离达370余米;又来沙闸向西北550米处(原长江镇又来沙拆船厂东侧围堰处)江岸边至堤外脚滩地宽700余米。由于双涧沙北水道演变及双涧沙夹槽淤涨消亡和北汊进口下移(至跃进沙与又来沙间),入北汊进口淤浅,水流不顺。进入中汊水量增大,主流直冲又来沙西南侧江岸,江岸不断崩坍后退,时至1995年上述两点间堤外滩地宽度不足100米,最深江底达负31米,快水靠边,深泓逼岸,窝条崩不断发生,已成陆面积大量坍失,即将危及主江堤的安全。因此,决定暂缓长青沙抛石护岸,紧急实施又来沙抛石护岸工程,在江苏省水利厅、南通市水利局的关心支持下,开始实施又来沙抛石护岸工程。

1995年,汛中长江大通站流量猛增至6万立方米/秒以上,历时28天,最大达7.55万立方米/秒,为新中国成立后长江第二大洪峰。又来沙不断发生窝条崩坍,江岸急剧后退,主汛期江滩地平均每天6米的坍速逼近主江堤,堤外青坎滩地最窄处只剩下23米。如皋市政府决定采取退堤保安全和抛石保坍并举的抢险方案。从7月3日至7月6日组织9000余民力在最危险堤段(又来沙闸向如皋港闸方向)抢筑二道江堤长760米,增强了安全度。同时,调集4个轮队和百余艘机船抢运块石抛护崩岸最严重地段,从而长江如皋中汊左岸又来沙抛石护岸工程全面启动。接着连年实施较大投入的抛石护岸工程。

1998年汛期,又来沙江岸先后发生6次范围不等的江岸崩坍,又来沙闸出口江中水流湍急,漩涡四起,浪花滚滚,预兆将会发生更大范围的窝崩坍,立即采取沉树近千株,达到改变流态,防止刷深,阻减流速,减缓崩岸,争取时间实施抛石护岸工程,避免了较大范围崩岸发生。

自1995年以后连续数年抛石护岸工程不断加固等,长江河势变化趋于稳定,崩岸现象得以基本控制。为沿江综合开发提供了较为稳定的河势和得天独厚的黄金岸线。

又来沙自1995年至2001年间已完成抛石工程量34万余立方米,用去块石58万余吨,耗资3300余万元,至2015年有护岸长3380余米。

三、江北抛石护坎工程。

长江如皋北汊为一凹岸段，受潮流和径流双重作用，目前为潮流控制的河段。所谓江北是指北汊北岸及原长青沙北渡口即现长青沙大桥两侧。20世纪70年代末至80年代初，从长江如皋中汊（又来沙与长青沙间）分流进入北汊的主流直冲江北沿岸，并沿岸下泄形成洗坍，由于北汊下游段平面形态呈喇叭状，入秋后易形成涌潮，从碾砣港出口贴北岸向上一路严重洗坍岸坎。如新跃涵洞西主江堤外原江滩地宽近70米，至20世纪90年代初期最窄处只剩下不足4米。因此从1982年起，先后断断续续，或多或少实施了抛石护坎工程，其范围从原长江镇200亩“金水牛”西中心沙渔场（老北汊内，现森林公园东北方）至碾砣港出口一线江岸。其中江北岸长青沙大桥东侧向西至原中心沙渔场抛石护坎段，现已被淤涨江滩覆盖失效。

抛石护坎主要地段：长青沙北渡口两侧；新跃涵洞两侧；碾砣港出口两侧；小天生港涵洞两侧；永平港口两侧等（各段点间多为不连续）。上述地段1999年以前是小规模抛石护坎，经费均属防汛应急补助小额经费等。只有1999年和2002年实施的工程为下达专项经费，较过去任何一年都多，抛石量大，抛护江岸最长，超过以前12年的总和。经历20余年中16余年次的抛石护坎工程，累计抛石13.0万立方米，用去块石21.6万吨，耗资1109万元。折算有效护坎长6620余米。稳定了江岸，保护了主江堤，保证了沿线人民群众安居乐业。

长江如皋段（中汊和北汊）抛石护岸、护坎工程自1980年至2002年累计抛石工程量为80余万立方米，用去块石近140余万吨；沉轻型柴排14块1.8万平方米，软体排1块600平方米，沉棍3753只；用去树枝710余万公斤，芦柴近8万捆；耗资5613万余元；有效保护江岸长达13.64公里。稳定了江岸，控制了河势，保护了耕地，安定了民心，为沿江综合开发，促进国民经济发展，构建和谐社会作出了应有的贡献。

表 3－1

长江如皋中汉历年抛石护岸(坎)情况表

序号	实施年度	工程地址	完成抛石工程		完成投资额(万元)					护岸长(米)		备注
			工程量(立方米)	块石(吨)	小计	中央	省	市	县	年增长	累计长	
1	1980	长青沙	19212	32660	46.1		35.6		11	1000	1000	保坍开始,从四号涵洞处沉柴排7块9900平方米,沉辊3753只,及平顺抛石
2	1981	长青沙	23741	40360	44.1		34.1		10	766	1766	沉柴排7块8100平方米,软体排1块600平方米,及平顺抛石护岸
3	1982	长青沙	35804	60867	51.8		35.8		16	380	2146	抛石范围扩大部分加固,19号点处发生保坍后第一次江滩大窝坍崩岸
4	1983	长青沙	30478	51813	34.64		24.64		10	480	2626	在窝坍后方退建堤长1100米(汛前),汛中在30号至31号点发生崩岸洲堤长一次坍缺口,抢险
5	1984	长青沙	37447	63660	70.2		53.1		17.1	300	2926	为确保安全,增设临时堤防长270米及抛石护岸
6	1985	长青沙	4125	7013	7		7			加固	2926	

续表 3-1

序号	实施年度	工程地址	完成抛石工程		完成投资额(万元)					护岸长(米)		备注
			工程量(立方米)	块石(吨)	小计	中央	省	市	县	年增长	累计长	
7	1986	长青沙	22598	38417	41.86		36.86		5	100	3026	29号点附近洲堤坍岸决堤，退建二道堤防长410米
8	1987	长青沙	49958	84928	130.5		104		26.5	150	3176	发生大面积坍岸，坍江面积150余亩，立即退建二道堤长1700米及抢险抛石
9	1988	长青沙	16150	27455	45.59		35.59		10	加固	3176	
10	1989	长青沙	10443	17753	40		30		10	加固	3176	
11	1991	长青沙	8215	13966	40		30		10	加固	3176	
12	1992	长青沙	14266	24252	73.5	24	23	26.5		180	3356	开始实施中央以工代赈经费工程
13	1993	长青沙	18424	31321	138	46	23	23	46	120	3476	
14	1994	长青沙	6709	11405	60	10	10	20	20	15	3491	
15	2001	长青沙	35355	60104	392		238.5	47.7	105.8	150	3641	护岸总长度内其中有约940米位于现北汊进口内，2015年有效护岸长度约为2701米
						426.69						
	小计		332925	565974	1215.8	90	294.5	107.2	297.4		3641	2015年有效长约2701米

续表3-1

序号	实施年度	工程地址	完成抛石工程		完成投资额(万元)					护岸长(米)		备 注
			工程量（立方米）	块石（吨）	小计	中央	省	市	县	年增长	累计长	
1	1995	又来沙	40547	68930	360		120	50	190	960	960	如皋港闸至又来沙闸口范围内抢险护岸
2	1996	又来沙	50765	86301	450	200	70	15	165	720	1680	四号港口至又来沙闸口范围内加固及抢护
3	1997	又来沙	30706	52200	287.5	130	127.5	30		400	2080	又来沙闸西侧及四号港口等抢护加固
4	1998	又来沙	63861	108564	600		180	60	360	300	2380	又来沙闸下游延伸及加固
5	1998	又来沙	31406	53390	300	100			200	160	2540	四号港口至大流槽加固及局部新增保坍
6	1998	又来沙	24920	42364	212.5		85	10.5	117	80	2620	又来沙险段加修和下延护岸等
7	1999	又来沙	55181	93808	598		299	60	239	500	3120	上下游已护岸两端延伸及局部加固
8	2001	又来沙	43154	73362	480		291	58.2	130.8	260	3380	大流口上新增护岸及部分加固
9	小计		340540	578919	3288	430	1172.5	283.7	1401.8		3380	现有效长3380米

长江如皋北汊历年抛石护岸(坎)情况表

表3－2

序号	实施年度	工程地址	完成抛石工程		完成投资额(万元)					护岸长(米)		备注
			工程量(立方米)	块石(吨)	小计	中央	省	市	县	年增长	累计长	
1	1982	北汊北岸	13057	22197	15		15			980	980	碾砣港闸出口至永平港口间北岸
2	1983	北汊北岸	5162	8775	5.86		5.86			1000	1980	上述范围内加修完善
3	1984	北汊北岸	11037	18763	22.9		22.9			860	2840	中心沙渔场至新跃涵洞护坎及加固
4	1989	北汊北岸	3048	5182	10		1.5	5	3.5	400	3240	永平港口两侧护坎及加固
5	1990	北汊北岸	1331	2263	4.5				4.5	210	3450	局部加固及新跃涵洞西侧抛石护坎
6	1991	北汊北岸	3546	6208	10.89		3.89	7		200	3650	新跃涵洞东抛石及局部加固
7	1992	北汊北岸	3900	6630	20		10	5	5	180	3830	原江防耐火材料厂外沿江护坎及局部加固
8	1993	北汊北岸	2533	4289	20		10		10	200	4030	过江码头至永平港西护坎及局部加固
9	1996	北汊北岸	1910	3247	16		4	4	8	140	4170	新跃涵洞东抛石及局部加固
10	1998	北汊北岸	3270	5559	30		15		15	350	4520	新跃涵洞东延伸护坎及局部加固

续表3-2

序号	实施年度	工程地址	完成抛石工程		完成投资额(万元)					护岸长(米)		备注
			工程量(立方米)	块石(吨)	小计	中央	省	市	县	年增长	累计长	
11	1999	北汊北岸	14118	24000	129		65		64	320	4840	长青沙北岸(码头)两侧及新跃涵洞两侧护坎及加固
12	2002	北汊北岸	53704	91297	700		477	86.9	136.1	1580	6420	长青沙原5号洞东过江至碾砣港出口两侧护坎及加固
13	2004	北汊北岸	7265	12351	95		95				6420	北汊北岸沿线加修(2002年~2004年5次经费一并使用加修)
14	零星	北汊北岸	3261	5544	30		30			200	6620	历年零星小额估算30万元抢护抛石护坎,有效长6.62公里(还有空白岸段)
	小计		127132	216125	1109.2		755.15	107.9	246.1		6620	

长江如皋段抛石护岸(坎)情况表

表3－3

序号	实施年度	工程地址	完成抛石工程		完成投资额(万元)					护岸长(米)		备注
			工程量(立方米)	块石(吨)	小计	中央	省	市	县	年增长	累计长	
1	2009	小天生港东		4600								
2	2009	长青沙西南侧		4200								
3	2010	长青沙西南侧		34360								
4	2010	新跃涵洞东侧		4658								
5	2011	长青沙西南侧	146921	24766								护岸长度1367米,其中加固899米,新建468米
6	2011	长青沙西南侧护坡										护岸长度150米

第四章 堤 防

第一节 海堤

捍海堰 民国《如皋县志》载:在县东北境沿海线上,连接各盐场,南接通州,北接东台。766年(唐大历元年),黜陟使李承实任淮南节度判官,心忧海潮涨漫至扬州的海陵(当时如皋属海陵)修筑成海堰,称捍海堰。宋开宝年间(969~976)海陵知州王文祐增修,因年深日久倒坍。

范公堤 民国《如皋县志》载:1023年(宋天圣元年),范仲淹任西溪盐监,建议发运使张伦奏请重新修筑捍海堰,以阻挡海潮。张伦转奏宋仁宗准旨,指定由范仲淹负责修筑。天圣三年(1025年),动员民夫开工筑堤,时值隆冬,雨雪连旬,潮势汹涌,民夫冻饿劳累死亡200余人。仁宗派两淮都转运使胡令仪至海边查看实情。胡令仪曾任如皋县令,对筑海堤的利害关系十分清楚,于是回奏建议继续施工。是时范仲淹因母亲病逝回家服丧,离任时写信给张伦坚定信心。张伦自请兼任泰州知州,以便指挥施工。北宋天圣五年(1027年)秋到天圣六年(1028)年春,堤堰全部竣工,全长71.5公里。堤基10米,堤面3.3米。如皋独当泰州东部,占全长十分之三。从此海潮不再内浸,沿海百姓为颂扬范仲淹功德,将这条新筑的海堤命名为“范公堤”。由于行政区划变化,该堤今已不在如皋境内。

第二节 江港洲堤

沿江江堤 魏、晋、南北朝时,江堤即江安、石庄间东西长20多公里的“老岸”。宋初,江岸线南移,临江面未修筑江堤。明永乐初至嘉靖年间,如皋江岸大坍,江岸后退20公里左右。明隆庆后,江沙复涨,沿江百姓为垦种沙滩,围田成圩,筑岸挡潮。清康熙后,江沙淤涨速度加快,至嘉庆时的170年间,随着围垦筑堤，江岸又推进15公里多。这些为垦种而筑成的堤岸，不成系统，亦无一定标准，均较矮小单薄。清同治后，如皋第二次大坍江，至民国25年(1936年)左右，坍势基本稳定，江岸线退至张黄港、尖口圩、新生港、周圩港(小圩桥)、宏然庙、长脚圩、老碾砣港口、平升圩、海坝港一线，沿着这条坍江边曾修筑过江堤，但堤线迂回弯曲，堤身矮小单薄，加之通江港众多，且均无涵洞控制，高潮进港，全靠港堤防护，如遇台风、大潮，即溃决成灾。

民国32年(1943年)在永安沙与新生港夹江之间打海坝，使永安沙并连北岸。至此，坍江边的老江堤与永安沙新江堤并连，由于永安沙江堤均是各案就各自滩地的地形构筑，标准参差不齐，方向有东有西，盘湾突角很多，堆土不严实，堤身标准一般顶高只有5.0米(废黄河基面，下同)，顶宽2.0米，外坡1∶2，内坡1∶1.5，决堤成灾，屡有发生。1949年如皋县江堤包括平西区(1954年划交南通县)在内，西起张黄港，东至天生港，全长60公里480米，通江港堤115公里317米。1949年农历七月十五，台风、暴雨、大潮同时袭击，江堤决口30处，港堤决口16处，决口总长2000米。

1950年春，中共如皋县委、县人民政府成立长江复堤工程总队部，下设平西、薛窑、江防、石庄4个复堤工程大队部，对全线加高加固，共完成土方93.55万立方米，初步整饬了江堤面貌。堤身标准：顶高5.5～6.0米，顶宽3米，外坡1∶3，内坡1∶2，内外青坎各20米宽。筑堤方法是：取土泥塘必须在20米的青坎以外，堤身进土之前，必须清基倒毛，进土时要踩坯进土，碎土硪实，碎土块不得大于10厘米，碎土时要去净杂质草根，层土层硪，每层土厚度不超过30厘米，硪土时必须压花套打，三遍一拭，七折硪实。硪具为定制小石磨，行硪时，举硪过头，落硪沉重。每层土硪实后，扦验合格，才能进第二层土。扦验，即以专制铁扦插入土层中，拔出后在扦眼中灌满水，一分钟内不漏光为合格，进第二层土时，必须将第一层土面拉毛以利两层土之间贴结密实。施工界址接头必须犬牙交搭，堤身符合标准后，必须在内外坡行硪一遍，尔后栽草或外坡草皮，内坡栽草，才能交验竣工。通过这次全面复堤，堤身质量有较大提高。

鉴于江港堤线长、堤身上木涵多，洞身短、洞坝窄，年久失修，渗水漏水严重，是堤身溃决的致命弱点。在统一规划调整水系的整治中，对沿江地区进行并港建闸。经过1955～1961年共7年的奋战，基本控制沿江港口，使江潮不能倒灌进港。原有通江港堤长115.317公里，缩短为控制物以外的江港衔接堤长28.139公里，其中主江堤15.236公里，港堤12.903公里，撤销江堤木涵23只，改进3只木涵为混凝土方涵。与此同时，结合江堤的坍涨进退，对坍江地段，能守则守，猛坍者则退建工程；涨滩地段，结合围垦，使江堤顺直，缩短堤线。1954年，除碾砣港口东岸（即原海坝港口）至天生港一段江堤8.079公里划交南通县、四号港至张黄港一段江堤2.731公里划交靖江县以外，碾砣港口西岸至张黄港一段江堤，原长49.475公里，经历年进退堤调整，缩短为15.236公里。

长青沙洲堤 1965年修筑，洲堤长9.33公里。1972年、1974年又相继向外扩建，洲堤长度增至14.64公里。构筑标准：顶高6.6米，顶宽2.5～3米，外坡1∶3，内坡1∶2.5。1980年入汛后，长青沙洲堤西江滩崩塌严重，当年8月对四号涵洞两侧江岸进行沉排、抛石、护坎工程。此后，逐年进行保塌护岸工程，至1990年共用去块石42.5万吨。

至2006年10月，全市堤防包含主江堤、港堤、洲堤三项，总长51.147公里（不计友谊沙为45.647公里）。堤顶高程，主江堤7.5米、港堤和洲堤7.0米；顶宽6米，坡比1∶3。

主江堤：省桩号292+049（如靖涵闸中心线）至307+623（碾砣港闸下游出口右岸），长15.574公里。

港堤长度：10.323公里，其中，焦港闸下游5.984公里（未定界，如皋以蔡家圩村耕地换靖江市西来村耕地，四号港西滩地换靖江市滩地而开挖焦港闸下游引河）。

永平闸下游2.211公里。

碾砣港闸下游长2.128公里（河东至通州市崔马圩涵洞北侧界柱）。

江堤现状 由于导流堤工程的实施，长青沙和泓北沙连成一片，加之长青沙闸退建，焦港闸退建，如皋港闸拆迁建成如皋港水利枢纽工程，港堤、洲堤均有所变化。至2015年年底，现有堤防总长度为77.978公里，其中主江堤15.574公里，港堤长29.24公里，洲堤长33.164公里。主江堤已达省标准要求，防洪标准50年一遇。主江堤典型断面为：堤顶高程9.26米，顶宽不少于6米，内坡坡比1∶2.5，外坡坡比1∶3。洲堤堤顶高程比主江堤降低0.5米，其断面标准同主江堤。江、港、洲堤内坡采用植物护坡，重要堤段外坡采用钢筋混凝土和灌砌块石护坡。

沿江堤防内外青坎地面高程4.26 ～ 4.76米，未被占用处都已栽种各种树木，达到防风消浪和保持水土的作用。

根据《江苏省水利工程管理条例》，堤防管理区已于1995年领取了国有土地使用证。管理区内被企业占用的范围都领取了占用证或签订临时占用协议。

全市堤防都修建了堤顶或堤内防汛专用通道。江港洲堤21座穿堤建筑物绝大部分已除险加固或拆除重建,达到百年一遇的防洪标准。只有少数小涵洞需拆除或重建。

勿容忽视,堤防上还存在着险工险段。长青沙西南侧,新跃涵洞两侧、如皋港港池口门段,小天生港涵洞两侧等险段存在着堤外滩地较窄,深泓逼岸,水下坡度陡峭、岸线坍塌,影响堤防安全,必须不断抛石护岸,促淤缓坡。

另外还有部分小型涵闸、涵洞仍采用手动人工控制,设备陈旧,远程控制手段单一,控制能力弱,极待更新。

第三节 江堤达标

1998年开始,落实中共江苏省委、省人民政府关于"用三年时间把江堤建成洪水冲不跨的钢铁长城"的要求,省江堤达标领导组副组长、水利厅副厅长蒋传丰1月6日到如皋,对如皋的江堤达标工作提出具体要求。2月16日市江堤达标建设指挥长、副市长徐天明部署江堤达标工作。

江堤达标工程包括堤防迎水坡护坡、填塘固基、修筑堤顶防汛公路三大项,实施时间自1998年起,主要工程于1999年年底结束。总投资1.3亿元,省拨资金5000万元左右,其余由如皋市财政及防洪保安资金解决。如皋市每个国家机关工作人员也参与捐资。

一、护坡

总长度23.777公里,达标计划内19.391公里。非达标计划4.386公里。达标计划内包括主江堤15.307公里、洲堤6.970公里,港堤1.5公里;非计划内包括如靖界江堤接长0.204公里、中汊出口导流堤1.4公里、长青沙东堰1.152公里,起步码头0.37公里,森林公园1.26公里。护坡所用材料分为三种:钢筋混凝土护坡15.603公里、浆灌砌石护坡6.151公里、干砌石护坡2.023公里。

二、填塘固基

江堤背水坡堤脚原有挂脚沟、雨水冲刷影响堤防稳固,现全部填平。完成土方33.53万立方米。以江北岸为主，顺堤长9.082公里，实施范围:四号港闸管理区西南两侧、如皋港闸西至起步码头东侧、新跃涵洞西至永平闸西侧、久隆闸至永平港口东侧、小天生港涵洞两侧、长青沙闸管区东至长青沙东南角，良种场引河段。

三、堤顶防汛公路

共实施12.56公里。路面结构除森林公园段为混凝土路面外，其余均为泥结碎石路面，也有少部分路段为混凝土异型块。路面宽度一般为4.5米。

2009年，南通市政府发文《市政府办公室关于加强江海堤防公路硬质化建设工作的通知》。据此如皋境内低标准的堤顶沙石路、异型块路、土路全部实施硬质化，改造成混凝土或沥清路面。长度31.643公里。路面宽度不低于4.5米。该工程2010年1月开工，6月完工，7月通过验收。

如皋市长江江堤堤身现状表

表 4－1

单位：米

名称	堤防起止点			设计洪水位	土堤堤身					挡浪墙		防洪墙		堤顶路面结构	堤外滩地宽度	堤防加固实施难度段		备注
	起点	终点	长度（米）		堤顶高程	堤顶宽度	堤身高度	迎水坡比	背水坡比	顶高程	高度	顶高程	净高			名称	原因	
主江堤			15574															
1	292+049	292+349	300	7	9.26	6	4.5	1∶3	1∶2.5					泥结碎石	300			
2	292+349	294+182	1833	7	9.26	6	4.5	1∶3	1∶2.5	9.11	0.6			水泥	50			
3	294+182	297+782	3600	7	9.06	6	4.5	1∶3	1∶2.5	9.11	0.6			混凝土预制块	50~100			
4	297+782	305+077	295	7	9.26	6	4.5	1∶3	1∶2.5	9.11	0.6			水泥	20~300			
5	305+077	307+623	2546	7	9.26	6	4.5	1∶3	1∶2.5	9.11	0.6			水泥	25~60			
港堤			29240															
1.四号港口	292+138		1160	6.5	6.96	6	2	1∶0	1∶2.5			8.76	1.8	泥结碎石		诚源	企业占用	港池两侧建直立墙
2.如皋港口	293+245	294+109	9324	6.5	8.76	6	2~4	1∶3	1∶2.5			8.76	1.2	泥结碎石	50	中心沙	如港公路	路面高低不一
3.永平港口			1084	6.5	8.76	5	4	1∶3	1∶2.5					水泥				
4.永平港口			665	6.5	8.76	3	4	1∶3	1∶2.5					泥面	20	蚕种场	公路占用	公路设在堤后

续表4-1

名称	堤防起止点			设计洪水位	土堤堤身					挡浪墙		防洪墙		堤顶路面结构	堤外滩地宽度	堤防加固实施难度段		备注
	起点	终点	长度（米）		堤顶高程	堤顶宽度	堤身高度	迎水坡比	背水坡比	顶高程	高度	顶高程	净高			名称	原因	
5.永平港口			495	6.5	8.76	5	4	1:3	1:2.5	8.61	0.6			水泥	20			
6.碾砣港口	307+623		2128	6.5	8.76	6	4	1:3	1:2.5	8.61	0.6			水泥	20			沿江公路桥下 不通
7.焦港口			8144	6.5	8.76	5~6	4	1:3	1:2.5			8.76	1.0	水泥	20	张黄港及朗庙	居民企业占用	中技管桩海顺粮库防洪墙总长约1公里
8.长青沙港口			1840	6.5	6.76	6	2	1:0	1:2.5			8.76	1.8	水泥			码头占用	码头
9.泓北沙港池			4400	6.5	8.76	6	4	1:3	1:2.5			8.76	1.8	泥面	40	森松瑞泰海通	企业占用	三企业占用堤防长度 1.1公里,占用段建防洪墙

表 4－2

如皋市长江江堤护坡及防渗情况表

序号	堤防起止点			护坡				填塘固基(背水侧)		护岸		备注
	起点	终点	长度(米)	迎水侧		背水侧		长度(米)	深度(米)	型式	长度(米)	
				型式	顶高程	型式	顶高程					
主江堤												
1	292+049	292+349	300	未护坡								
2	292+349	292+790	441	钢筋混凝土	8.51	草坡	9.26	400	1.5	抛石	200	
3	292+790	293+158	368	砌石	8.51	草坡	9.26			抛石	180	
4	293+158	293+455	297	钢筋混凝土	8.51	草坡	9.26			抛石	150	
5	293+455	294+182	727	暂未护坡								
6	294+182	295+231	1149	钢筋混凝土	8.51	草坡	9.26			抛石	1100	
7	295+231	295+262	31	隐于路下								焯晟大门前
8	295+262	295+388	126	砌石	8.51	草坡	9.26			抛石	50	
9	295+388	298+060	2672	钢筋混凝土	8.51	草坡	9.26	2000	1.5	抛石	2000	
10	298+060	292+026	66	隐于路下								垃圾场大门口
11	299+026	301+447	2421	钢筋混凝土	8.51	草坡	9.26					
12	301+447	301+589	142	隐于路下								长青沙大桥

续表 4－2

序号	堤防起止点			护坡				填塘固基(背水侧)		护岸		备注
				迎水侧		背水侧						
	起点	终点	长度(米)	型式	顶高程	型式	顶高程	长度(米)	深度(米)	型式	长度(米)	
13	301+589	303+162	1573	砌石	8.51	草坡	9.26	1500	1.5	抛石	700	
14	303+162	304+870	1708	钢筋混凝土	8.51	草坡	9.26	1000	1.5	抛石	500	
15	304+870	305+077	258	砌石	8.51	草坡	9.26					
16	305+077	305+258	191	钢筋混凝土	8.51	草坡	9.26					
17	305+268	305+418	150	砌石	8.51	草坡	9.26					
18	305+418	307+441	2023	钢筋混凝土	8.51	草坡	9.26	1500	1.5	抛石	1500	
19	307+441	307+623	182	暂未护坡								企业占用
港堤												
1. 四号港	292+138		1160	岸壁式码头	6.96		8.76			直立式	1100	
2. 永平港	305+077		767	钢筋混凝土	8.01	草坡	8.76					其余1477米未护坡
3. 碾砣港			665	钢筋混凝土	8.01	草坡	8.76					其余1463米未护坡
4. 长青沙港池			1840	岸壁式码头	6.96							
5. 泓北沙港池			1100	岸壁式码头	6.96							其余3300米未护坡
6. 焦港			8144	未护坡								

续表 4－2

序号	堤防起止点			护坡				填塘固基(背水侧)		护岸		备注
				迎水侧		背水侧						
	起点	终点	长度(米)	型式	顶高程	型式	顶高程	长度(米)	深度(米)	型式	长度(米)	
洲堤												
1. 长青沙洲堤	5+764	7+804	2040	钢筋混凝土	8.16	草坡	8.76			抛石	2000	
	7+804	9+418	1614	暂未护坡								企业占用
	9+418	10+046	628	砌石	8.16	草坡	8.76					
	10+046	11+018	972	钢筋混凝土	8.16	草坡	8.76					
	11+018	11+178	160	未护坡								大桥占用
	11+178	11+855	677	钢筋混凝土	8.16	草坡	8.76					
	11+855	16+095	4240	未护坡								
2.东大坝			980	砌石	8.76	草坡	8.76					
3.熔盛四号坞东			300	混凝土	8.76	混凝土	8.76			抛石	100	其余6133米未护坡
4.港务集团			1000	砌石	8.76	草坪砖	8.76			抛石	1000	
5.泓北沙			6370	未护坡								
6.友谊沙			8050	未护坡								

如皋市长江江堤穿堤建筑物情况表

表 4－3

序号	工程名称	所在位置	工程规模(米)	设计防洪标准	加固情况	存在问题
主江堤						
1	如靖界河涵洞	292+055	24.75	20年一遇	2001年重建	
2	又来沙小闸	295+295	22.5	30年一遇	1998年灌浆,2012年启闭机钢绳维修保养	止水老化
3	中心沙涵洞	299+495	4.8	20年一遇		八字墙裂缝 止水老化
4	江边涵洞	300+965	32.23	30年一遇	2004年重建	八字墙裂缝
5	新跃涵洞	302+935	32.23	30年一遇	2003年重建	八字墙裂缝
6	小天生港涵洞	306+317	4.8	20年一遇	1996年加固接长，2010年改造	止水老化
7	四号港闸	292+246	165	50年一遇	2012年重建	
8	如皋港枢纽	293+880		100年一遇	2012年重建	
9	永平闸	305+077	65.6	50年一遇	多次维修加固	
10	碾砣港闸	307+623		100年一遇	2009年扩孔加固	
11	焦港闸	焦港		100年一遇	2012年拆建	
港堤						
1	久隆闸	久隆港	20	30年一遇	多次维修加固	止水老化

续表 4－3

序号	工程名称	所在位置	工程规模(米)	设计防洪标准	加固情况	存在问题
2	菲厂涵洞	挂脚河	2.2	20年一遇		止水老化 丝杆弯曲
3	丝渔涵洞	丝渔河	20.6	20年一遇		止水老化 丝杆弯曲
4	如靖界河闸	如靖界河	24.75	20年一遇	2011年拆建	
5	大寨涵洞	大寨河	17.2	30年一遇	2010年两孔洞身加钢衬管	
6	戴案港闸	戴案港	45	20年一遇	2010年新建	
7	长青沙闸	青年港	引54排68	50年一遇	2008年拆建	
洲堤						
1	知青涵洞	6+594	1.3	20年一遇		止水老化
2	七号涵洞	11+498	2.2	20年一遇		八字墙裂缝
3	长青沙北闸	15+345	80	50年一遇	2013年新建	
4	泓北沙涵洞	0+450	10.4	20年一遇	2008年建钢管涵	

第五章 水工建筑

第一节 水 闸

通济闸 清乾隆《如皋县志》载:“运盐河至白蒲镇折而一百二十步有宋海运石闸故址。宋史河渠志:绍兴初,以金兵蹂践淮南,犹未退师,四年诏烧毁扬州湾头港闸、泰州姜堰、通州白蒲堰,即谓此闸也”。民国《如皋县志》载:通济闸,在白蒲,明初废。今镇北孤石峙立,俗称虎牢关,南登津桥,皆其旧址。清姚鹏春《白蒲镇志》载:“通济第一闸,宋时因海运建。元因之,明废,海运闸亦废。今北岸有立石、东岸有卧石,其遗址也。如皋县志·郑志,白蒲镇有海运石闸故址……通济第二闸,镇人就基建桥,按本名登,此误”。1969年冬,在疏浚通扬运河白蒲段裁弯取直、拓宽浚深时,孤石峙立的虎牢关通济闸故址,因在河床部位被挖去登津桥下闸底,又在出土填塞市河的积土部位被拆除推土填平。

丁堰闸 清乾隆《如皋县志》载:“运盐河……至丁堰,一水经堰闸东流,为诸场盐河之总口……”丁堰闸在丁堰镇南,临镇,串场河(现为如泰运河)进口处,石结构。于1959年冬疏浚如泰运河时拆除。

石础 清乾隆《如皋县志》载:1622年(明天启二年),如皋县令李衷纯,于龙游河下游距江口五里的明禧寺左方柳家闸建成石础,有蓄水、航运和灌溉的效益。后因江沙南涨、此石础距江口40余公里而失去作用。民国《如皋县志》载,清乾隆五十三年(1788年),如皋知县谭大经,移建础于近江扇面圩,但因闸上游支流分泄,未能发挥作用,当地人称之为西闸口。1956年拆除。

周圩闸 1924年建,原郭园乡张家圩,1961年建永平闸时拆除。

宏济闸 清光绪《通州直隶州志》载:“道光十八年,如皋知县范仕义浚龙游河,建宏济闸。”闸址在如城南郊龙游河上游接老通扬运河处。条石结构,闸身完好。民国11年(1922年)大修。中华人民共和国成立初,曾配修闸门启闭设备,但从未使用过。1987年改建成钢筋混凝土。2001年内外城河整治时拆除。

利民坝 民国《如皋县志》载:“利民坝,在车马湖李桥镇常平河,清光绪二十一年(1795年)通州知事汪树堂申请修筑,以蓄运河之水……二十七年、二十九年,宣统元年至三年,因淫雨水溢,坝脊太高,不及宣泄,坝内居民屡毁屡建。李训导有建涵坝之议,未果行。”此坝为木桩基础、条石结构的滚水坝。1925年建李桥闸(利民闸)后失去作用,于1971年拆除。

利民新闸(李桥闸) 1925年由清末状元张謇捐资,在下原李家桥建滚水坝一座,在坝南不远处的白李河上建一水闸,用来调节水位。1971年春由于兴修水利工程,水系变化后该闸及滚水坝失去作用,由如皋县水利工程队拆除。原址位于今下原镇白李村16组。

该闸建成时张謇题写“利民新闸”,立碑记之。上款“民国十四年乙丑冬月”,下款“州人南通张謇谨题及章戳”。碑由混凝土浇筑。碑高2.45米,宽0.95米,厚0.10米。该碑因多次拆迁,已有破损,尤为“謇”字只剩下一“口”。长期埋于地下,于2014年12月方出土。现保存在当地村民家中。

新生港船闸 民国11年如皋县水利会建,民国32年(1943年)新生港淤塞,即废。原址在龙游河桑木桥南3公里处,为龙游河入江口,于1967年冬开挖抽水站引河时拆除。

益民闸 位于下原响堂河上,1965年建成,引排兼顾,运行十多年后失去作用,益民闸旧貌仍存于下原镇藕池村7组。

如皋港闸 位于如皋港(原抽水站引河)入江处。闸址在又来沙。1991年1月6日开工,1992年5月20日竣工验收,6月10日拆坝放水。该闸设计流量50立方米/秒,排涝面积1367平方公里,灌溉面积112万亩。

如皋港闸 (1998年陈如林 摄)

闸体三孔,中孔为通航孔,孔宽均是10米。底板高程-2.0,底板厚度1.0米，闸面交通桥宽7米，荷载标准汽-20,挂-100，建成后运转正常、效益显著。

经十多年运行，闸体自然老化，根据省水利厅苏水建〔2002〕13号文的批复进行了除险加固，2002年10月16日开工，2003年3月31日竣工。核定经费251万元，列入国债项目，省补150万元，如皋市自筹101万元。

完成项目：挡潮墙裂缝封堵及垂直止水处理；通航孔闸墩用钢板进行防护；公路桥改造；桥台路基灌浆；启闭机房维修扩建；改造预备门；改造中孔启闭机；更换闸门吊点滑轮和主侧滚轮的轴套；水上混凝土环氧厚浆防护。

因如皋港引河综合开发整治规划的要求，在如皋港水利枢纽工程建成后，于2012年拆除。

如皋抽水站 位于原抽水站引河（现如皋港）原入江口处。站址在长江镇二案。1968年6月开工，1970年5月竣工。为补充高沙土地区的水源而建。装有46WZL160型污工泵10台，装机容量1200千瓦。抽引江水50个流量，受益面积90万亩。利用站身上游段出水管下层设有排涝孔，总过水断面为39平方米，最大排涝量为209立方米/秒，自引江水流量171立方米/秒。总投资136万元。

建成后由于长江北汊（天生港水道）不断淤塞，至1973年抽水站下游引河全部淤塞，引水功能全部丧失，但在特殊时期仍然能发挥作用。1992年6月下旬至7月底（持续37天高温不雨）的特大干旱时，抽水站开机540台时，抽引由如皋港闸引进的江水972万立方米，抗旱面积达5万多公顷。1995年特大洪涝期间开机强排，使长江、石庄等圩田地区灾情大大减轻。

如皋抽水站 （1970年 摄）

2012年5月，因如皋港水利枢纽工程建成，如皋抽水站被拆除。

抽水站船闸 位于长江镇二案抽水站南侧，是为发挥抽水站引河的通航效益而建，同时亦可引排，投资36万元。1969年3月开工，1970年5月竣工，闸室长100米、闸孔宽7米，底板高程-1.2米。

二案抽水站船闸 （1970年 摄）

1973年引河淤塞后，该闸停止通航。1991年如皋港辟口建闸后，又恢复正常通航。2004年12月至2005年5月又进行了大修，大修后运行正常，效益显著。2012年5月，因如皋港水利枢纽工程建成，失去作用被拆除。

司马港闸 位于如海运河与司马港交界处，闸址在磨头镇八角村。1966年6月建成。是座蓄水、通航的套闸。单孔，闸室长50米，闸底高程-0.5米，投资16.5万元，担负磨头、长庄、桃园、建设、马塘、丁西、奚斜、花园等地的农田排灌任务。建成后不久，因水系变化，未能发挥作用。于2012年年初拆除。

丝渔港闸 1955年建成，位于营防乡六号村内丝渔港入江口处，为引排水闸。底板高程-0.76米，闸孔净宽4.5米，最大设计过水流量为37立方米/秒。主要为营防、南通薛窑农场及江防等地万余亩农田排灌。由于长江变迁，港口淤塞，于1979年年底在其出口打上坝、筑堤，此闸已不发挥作用。闸内原港槽已被长江镇六号村、长江村平整为农田(此闸旧貌仍在)。

焦港闸 原焦港闸位于焦港河张黄港段。1956年10月17日开工，1957年7月21日浚工，总投资110万元。设计引潮流量131.6立方米/秒，最大排涝流量258立方米/秒，并可通航。如皋、海安两县受益。实际排涝面积372平方公里，灌溉面积39万亩。

该闸共7孔，中孔为通航孔，宽7米，其余6孔均为4米，底板高程-1.0米。初建时中孔和5号孔的闸门为铆接钢门，其余5孔为木质门。1963年起逐步更换为混凝土闸门、钢架、钢体网面闸门，1994年4月全换成焊接式钢闸门。

工程竣工时陈毅、郭沫若为焦港闸题词祝贺。

1957年建成的焦港闸

焦港闸经五十多年运行,工程严重老化,为提高防洪标准,消除隐患,扩大引排水功能,根据江苏省发展改革委员会和江苏省水利厅2010年2月苏发改规划发〔2010〕297号文、苏发改农经发〔2011〕915号文和苏发改农经发〔2011〕1624号文的批复,移址建新焦港闸。

新焦港闸共5孔,总净宽44米(其中中孔12米、其余4孔均为8米)闸底高程-2.5米。设计旬平均引水流量47立方米/秒,最大引潮流量497立方米/秒,最大排涝流量484立方米/秒。新建焦港闸工程等级为Ⅱ等。防洪标准按百年一遇长江高潮位设计,二百年一遇长江高潮位(5.65米)校核。抗震设防烈度为7度,框架抗震等级为四级。

新闸位于老闸上游1080米处。为此新建堤防1538米,其中东侧909米,西侧629米,堤顶高程6米,堤顶宽5米。堤防顶部设防浪墙,墙顶高程7米。

新闸工程总投资7677万元,其中省补3940万元,其余部分由地方政府筹措解决。工程于2011年11月30日开工,2012年6月19日通过江苏省水利厅组织的验收。

焦港闸迁建工程实施后,彻底解决了原闸"河大闸小"的问题,消除了事故隐患,引排能力提高到原闸的两倍,增加了向盐城、连云港地区的供水量。同时下游形成了千吨级的天然港池,增加可利用岸线2000余米。

碾砣港闸 位于如海运河入江处。闸址在营防乡长江村。1958年10月10日开工,1959年7月15日竣工。总投资235.8万元。设计最大排涝流量495立方米/秒,并可通航,如皋、海安两县受益,实际排涝面积160万亩,灌溉面积87万亩。

该闸共16孔,净宽66米,总长97米。东侧边孔为通航孔,宽6米,其余15孔为节制孔,每孔宽4米,闸底高程-1.5米。闸面公路桥宽4.5米。该闸建成后运行正常,逐年岁修。2002年,按省水利厅苏水计〔1999〕216号文的要求进行除险加固。2002年1月1日开工,2003年2月28日竣工。投资614万元,省补307万元,市县在防洪保安资金和财政中安排307万元。抗震按6度地震构造设防;防洪标准按百年一遇设计,按二百年一遇长江高潮位(5.69米)校核。

工程内容:1.护坡加固;2.更换16台套卷扬式启闭机及机房改建;3.更换通航孔上扉门及16孔闸门的主侧滚轮;4.闸墩、胸墙、工作桥、公路桥、检修便桥、门墙等修补加固;5.电气设备及配电房改建;6.消力池水下修补;7.增设水文设施和必要的管理设施。

1959年6月国家副主席宋庆龄为碾砣港题词:"碾砣港的建成是发展工农业生产,改善人民生活的重要保证。"国务院副总理陈毅的题词:"水利是万事之利"。农业部副部长刘瑞龙题词:"碾砣港建闸,兴利除害。发展生产,造福人民。"

遗憾的是,题词原件经多方查寻不知下落。

2009年,为适应经济形势发展的需要,实施通航孔扩建工程。改建后的通航孔宽度由6米增加到11米(因而原闸为16孔,改造后为15孔)。孔顶高程由6.8米增加到7.8米,通航船只吨位由200吨提高到2000吨。

该工程于2010年4月竣工。资金来源:如皋水务局系统职工自筹资金710万元。

碾砣港闸扩孔工程的实施,提升了如海运河的通航能力,把如海运河打造成天然的千吨级港池。

如皋港水利枢纽 位于如皋港区,下游连接如皋港引河(建成后的又来沙港池),具有防洪、挡潮、引水、排涝兼顾通航等功能,工程总造价1.2亿元。工程实施后,增加5000 ~ 10000吨级码头岸线5400米,1000吨级码头岸线3600米。

该工程位于新建的长江堤防上,在原如皋港闸上游3公里处。设计防洪标准为百年一遇,由节制闸和套闸(船闸)两部分组成,套闸主体结构为Ⅱ级水工建筑物,基本规格为16×180×2.5(口门宽×闸室长×门槛水深)米,闸室底板顶高程为-3.5米,闸室及上下闸首均采用钢筋混凝土坞式结构,上下游导航段各规格长70米,导航墙采用钢筋混凝土空箱臂式结构,靠船段各长150米,采用灌砌块石重力式结构,套闸及阀门启闭机均为液压直推式启闭机,闸门采用三角闸门;节制闸主体结构为Ⅱ级水工建筑物,共3孔,单孔净宽10米,总净宽30米,底板顶高程为-2.2米,工作闸门采用平面直升钢闸门，闸门顶高程3.3米，设计最大排涝流量463.7立方米/秒，设计平均引水流量50.6立方米/秒，抗震设防烈度为7度。主体水工结构包括闸室、消力池、翼墙、交通桥。闸室采用钢筋混凝土整体坞式结构，卷扬式启闭机控制操作。

节制闸公路桥为简支钢筋混凝土板梁结构，套闸公路桥为简支钢结构，桥面总宽均为8米，荷载等级：公路Ⅱ级。

本工程经江苏省水利厅苏水计〔2009〕118号文、南通市水利局通水利工〔2009〕79号文、如皋市人民政府皋政发〔2009〕16号文关于《如皋港引河综合整治开发项目总体规划的请示》的批复，于2010年5月30日正式开工，2012年5月25日竣工，5月27日验收。由如皋市政府于6月18日交如皋市水务局管理，具体由如皋港闸管理所和如皋市抽水站管理所共同管理。

永平闸 曾用名曙光闸，因江防当时名曙光公社。建于江防乡周圩港入江口处，1961年7月建成。闸孔净宽6米，底高程-2.0米，最大引排流量65立方米/秒，担负3万多亩农田的灌溉和4万多亩的排涝任务。原设管理站，管理永平闸和久隆闸。1999年11月调整属碾砣港闸管理。2011年8月经南通市水利局鉴定为四类闸，应予拆建。2013年年底完成拆建可行性方案编制。

戴案港闸 位于长江镇戴案港口，1971年建成。闸孔净宽4.5米，底板高程-0.5米，最大引水流量20立方米/秒。担负长江、张黄港及五七农场2.5万亩农田的引排任务。由于长江北汉淤浅致使戴案港口淤塞，1975年已不能直接通江，而通过抽水站引河及四号港沟通长江，对长江镇张黄港等地区1.3万亩低洼农田起着排涝作用。现因如皋港引河综合整治的需要，迁址扩建。

扩建工程经江苏省水利厅苏水计〔2009〕118号文、南通市水利局通水利工〔2009〕79号文和如皋市人民政府皋政发〔2009〕16号文关于《如皋港引河综合整治工程的请示》的批复。

如皋港水利枢纽戴案港闸工程位于如皋市长江镇（如皋港区）戴案港港池上游1750米处，该工程是如皋港引河综合整治项目的配套工程之一，总造价729.8898万元。

该工程为单孔净宽6米的排涝挡潮闸，具有引水、排涝、挡潮等功能，新闸防洪标准按百年一遇水位设计，二百年一遇水位校核，新闸下游末端接规划建设戴案港港池。

该工程主体结构为单孔闸，设计排涝流量48立方米/秒，设计引水流量20立方米/秒，闸孔净宽6米，Ⅱ级水工建筑物，抗震按7度设防，主体水工结构包括闸室、消力池、翼墙、交通桥，闸室采用钢筋混凝土U型结构，直升式

戴案港闸　（2015年4月陈圣银摄）

平板钢闸门，配QPQ2×125KN卷扬式启闭机。下游一、二、三、四级翼墙为钢筋混凝土空箱扶臂式挡土墙，墙底板下设水泥搅拌防渗桩，墙顶标高6.0米。上游一、二级翼墙为钢筋混凝土扶臂式挡土墙，顶标高3.80米，墙后填土至标高3.0米。闸上下游均设消力池，分别长14米、16米，上游连接段长24米，防冲槽深1米。下游灌砌石海漫长22.8米、干砌块石海漫长11.0米，防冲槽深1.50米。闸室上游侧设9米宽公路桥，荷载等级为公路Ⅱ级。

该工程2010年3月18日开工，2011年5月16日通过竣工验收。该闸由如皋港闸管理所和抽水站管理所共同管理。

四号港闸 位于张黄四号港入江口，1977年12月建成。闸孔净宽4.5米，底板高程-1.0米，最大引排流量40立方米/秒，投资12.45万元。担负着焦港以东、如皋抽水站以西圩田区4.134万亩农田的灌溉和30.44平方公里排涝任务。连年岁修，运行正常，效益良好。原单独建有管理站，1999年11月调整属焦港闸管理所管理。

四号港闸经几十年运行，2009年按照《水闸安全鉴定规定》(SL214-98)鉴定为四类水闸，须拆除重建。2009年11月6日如皋市政府第二十三次常务会议同意由如皋市水务局与如皋市诚源港口仓储有限公司合作建设新四号港闸。

迁建后的新闸在原闸址上游350米处，距长江口700米。迁建后的新闸工程功能为：防洪、挡潮、引水、排涝兼顾通航。

2010年9月7日，南通市水利局（通水利工[2010]51号文）批复同意四号港闸拆除重建。单孔净宽6米，闸底高程-1.0米。为了更好地发挥工程综合效益，更加有利于上游沿河腹地的开发利用，经如皋市政府和南通市水利局协商一致对设计方案进行调整，闸孔净宽为12米。闸底板高程为－3.0米。

工程于2011年2月10日正式开工。2011年10月11日由南通市水利局组织验收,投入试运行。

久隆闸　位于江防久隆港,原蚕种场涵洞东南侧。1981年7月建成,闸孔净宽4米,底板高程-1.0米。投资15.5万元。担负江防、营防及蚕种场1.5万亩农田的引排任务。原属永平闸管理,1999年11月调整后属碾砣港闸管理所管理。连年岁修,效益明显。

2011年8月经南通市水利局鉴定为四类闸,已完成拆建可行性方案编制。

如靖界河闸　位于如靖界河上,闸址在靖江市西来镇半岱村。

1958年7月开工,1959年3月竣工。总造价17.3万元。设计灌溉面积2.5万亩,排涝面积53.2平方公里。单孔闸,闸孔净宽5米,闸底板高程-1.0,交通桥总宽3.5米,净宽3.0米,设计荷载3吨牛车、拖2.6吨。

先后于1989年、1998年、2000年、2004年对原有设备不断进行过维修更新。

2007年8月1日,根据江苏省发展改革委员会〔2007〕827号文批复和省交通厅航道局(交航工〔2007〕202号文)批复界河闸因连申线焦港船闸工程的需要,必须移址新建。

新闸向上游移址1100米。工程位于如皋市江安镇朗庙村。

界河闸主要功能:防涝、挡潮、引水,排涝兼顾通航。是如靖界河入江口门的控制建筑物。

根据《堤防工程设计规范》(GB50286-98)和《水闸设计规范》(S1265-2001)的规定,工程主要建筑物级别为三级。工程按百年一遇高潮位(5.48米)设计,二百年一遇高潮位(5.65)校核对。公路桥设计荷载标准为公路Ⅱ级。

工程标准:单孔闸,闸门净宽6.0米,底板高程-1.0米。

工程于2010年4月15日开工,2010年12月30日竣工。总投资1249.49万元,其中省交通厅投资655万元。

运转正常,效益良好。

该闸主要为靖江排灌航运服务,由焦港闸管理所管理。

如靖界涵闸　位于四号港闸西侧192米如靖界河江堤上,建于2003年,规格为2×2米,罗杆启闭机。该涵闸由焦港闸管理所管理。

长青沙闸　位于长青沙青年港入江口,原长青沙三号涵洞东侧。1986年6月建成,闸孔净宽5米,底板高程-1.0米,投资32万元。担负长青沙1.6万亩农田的引排任务。

经十多年运行,设备自然老化,地基变化,造成闸基漏水。1998年经省

长青沙闸　　　　　（1998年摄）

水利厅专家组现场勘查，定性为险闸，省厅批准为拆建工程项目。南通市水利局于1999年10月批准实施。在原址内退210米建新闸，投资721万元。设计标准单孔6米，底板高程-1.0米。2001年5月开工，2002年3月竣工。因形势要求，2007年拆除，再建新闸。新闸投资763万元，单孔8米，2007年6月开工，2009年6月竣工。

该闸原设管理站，1999年11月调整归属如皋港闸管理所。

拉马河闸 位于拉马河南端，闸址：原黄市乡黄市村。1987年10月6日开工，1988年8月10日完工，投资79.29万元。单孔净宽8米，高5.7米，底板高程-1.5米，时居全县单孔闸之首，设计引水流量10立方米/秒，主要为解决如皋高沙土区西部水源不足的矛盾。

该闸的主管单位：建成时为江苏省灌溉动力管理一处。现为泰州引江河工程管理处。

又来沙闸 位于如皋港经济开发区中心河入江口，如皋港闸下游2公里处。主要为适应如皋港开发区辖区内引排通航而建。1991年12月开工，1993年6月竣工。单孔闸，宽4.5米，底板高程-0.5米，投资69万元。由如皋港经济开发区自行管理调度。目前运行情况良好。

长青沙北闸 位于长青沙青年港北端入江口，外通长江北汊。该闸主要功能为排涝。2012年7月18日开工，2013年6月30日竣工。单孔6米。造价2450万元。由长江镇（如皋港经济开发区管委会）建设，委托如皋市水务局管理。具体由如皋港闸管理所管理。

第二节　涵　洞

沿江圩区，高程较低，由于垦殖的时间和范围各自形成独立的引排水系。但范围都比较小，不需建造大型建筑物控制水位，所以都布设了相应的涵洞，直接通长江。

沿江涵洞情况表

表5－1

涵洞名称	建成时间(年)	规模		高程	设计排灌能力		引排流量(立方米/秒)		年引水量(亿立方米)
		孔数	净宽		灌(公顷)	排(平方公里)	引水流量	排水流量	
丝鱼涵洞	1963	1	3	–1.0	933	2.0	2.5	2.8	0.051
小天生港涵洞	1965	1	1.5	–0.5	347	0.65	1.6	1.8	0.038
大寨涵洞	1972	2	2	–0.56	567	1.2	2.6	2.8	0.034
新跃涵洞	1975	2	2	–1.0	1133	1.74	2.55	2.8	0.047
江边涵洞	1975	2	2	–1.0	1200	1.85	2.74	3.0	0.0552
养殖场涵洞	1978	1	1.5	–0.25	100	0.17	1.5	1.5	0.042
芦苇厂涵洞	1979	1	1	0.0	23	0.037	1.0	1.2	0.02

第六章 防汛防旱

第一节 机构变革

一、防汛

1951年成立如皋县防汛总队部,1974年改为防汛防旱指挥部。按上级要求防汛防旱指挥部应为常设机构,但在如皋一直是临时性的机构。每年4月到5月,常例召开全市水情测报工作会议和全市防汛防旱工作会议各一次。总结上一年度防汛防旱情况,预报当年汛情,明确防汛防旱工作目标任务和要求。并和各有关单位及乡镇签订责任状。防汛防旱指挥部由市(县)政府分管水利的副市(县)长任指挥长,有政府办公室、农村工作办公室、人武部、计经贸委、建设局、水务(利)局、财政局、农林局、交通局、电信局、供电局、民政局、农机局、气象局、卫生局、农业资源开发局等政府部门为成员单位。各单位分工明确,各司其责。市(县)防汛指挥部下设办公室,由市水务(利)局局长兼任办公室主任。办公室有专人二十四小时值班,及时掌握情况上传下达。正常防汛期定为每年的5月1日至10月15日。

防汛办公室的工作职责:

1.制订全市防汛排涝和防台风预案,提出防汛抗灾救灾所需经费物资方案;

2.负责部署防汛检查、防汛岁修和防汛准备;

3.根据雨情、水情、旱情、灾情及水情预报,做好水源的调度和抗旱、排涝工作;

4.制订沿江堤防水毁工程修复计划并督促实施。

二、防旱

根据江苏省防汛防旱指挥部苏防〔1998〕105号文和江苏省财政厅苏财农〔1998〕177号文的要求,如皋市政府发文(皋政发〔1998〕102号),批准建立如皋市抗旱服务队。在2000年、2001年、2005年的抗旱工作中发挥过重要作用。如皋市抗旱服务队是全国100个县级抗旱服务组织之一，建立后与如皋市水利疏浚工程公司合署办公，同一套领导班子。2007年转交给河道堤防管理所后，同样与河道堤防管理所同一套班子，且合署办公。

抗旱服务队设备：抽水泵类18台套、总装机318千瓦，抽水能力为5359立方米/小时，与泵类相配套的水管168米，有变压器22台，电缆3000米，90千瓦的电机组3台套，设备完好率保持在95%以上。2009年苏财农〔2009〕315号文拨款30万元，于3月1日至6月1日对抗旱设备进行了维修；苏财农〔2011〕11号文下达资金200.7万元（其中中央财政200万元，如皋配套0.7万元）增购抗旱设备。

第二节　防汛概述

为了切实做好防汛防旱工作，市政府分管副市长与南通市政府签订防汛防旱工作责任状。市政府也与沿江各乡镇、单位和市级机关部门签订防汛防旱工作责任状，每年不断。因内容基本相同，故各附一张样表于第十三章附录六。

沿江乡镇、单位根据各自的实际情况建立各自的防汛组织机构。乡镇建团部，按市防指模式，由镇区相关部门主要负责人参加，并做好相应的物资准备。整个汛期各单位都安排专人值班，二十四小时保持联络畅通，丝毫不敢懈怠。一旦出现险情全力以赴抢险保安。

第三节　水源调度

焦港闸、碾砣港闸、如皋港闸、如皋港水利枢纽、长青沙闸、四号港闸、如靖界河闸、永平闸由南通市防汛防旱指挥部下达调度指令；又来沙闸（只排不引）由如皋市长江镇（如皋港经济开发区）自行调度；拉马河闸（只引不排）由泰州引江河工程管理处调度；长青沙北闸、戴案港闸（只排不引）由如皋港水利枢纽调度。

引排水的总原则：接到指令，遇旱引水滴水必进；遇涝排水分秒必争。

第四节 抗灾救灾

如皋虽有化水害为水利的悠久历史，但由于过去历代兴修的水利设施严重老化，港口淤塞、堤防矮小曲折，汛期经常决口。内河水系紊乱，引排水不畅，因而旱灾、水灾、溃堤等自然灾害频发（详见第十三章附录三）。新中国成立后，如皋市（县）、乡（镇）各级党委和政府积极兴修水利设施，疏浚河道，畅通水系；并组织全市（县）人民抗灾、救灾、减灾。自1998年之后，虽旱、涝、风、潮等灾害频发，但都基本达到有灾无害。

一、水灾

清同治十年（1871年），大汛，“坍浚滨江田十六顷二十八亩八分九厘五毫，草滩民田四十五顷三十亩七分八厘。”

光绪二十七年（1901年）6月21日，台风大潮，江流汹涌。如皋长江边二百亩西北的周圩港口，港形弯曲，急流穿过港湾，切开二百亩，江岸大坍。至民国2年（1913年）坍至八字桥镇，历时12年，最宽处坍进约15里。

民国20年（1931年）7月3日，连日大雨，江河水位暴涨，永安沙坍坎，周圩闸被冲倒，禾苗淹没，房屋倒坍无数。

1949年7月18日、23日两次台风侵袭，江港堤岸决口44处，被淹农田17万亩，倒塌房屋104户。

8月9日，台风、暴雨、大潮同时袭击，江堤决口30处，港堤决口16处，决口总长度2000米，淹没沿江圩田95129亩，灾情严重。中共如皋县委、县政府成立复堤委员会，动员民力，抢修江堤，完成土方60万立方米，抢救受灾圩田66929亩。未能抢救而遭淹损的圩田28200亩。

1954年6～7月，全县遭受百年未遇暴雨，淹田16.3万亩，倒坍房屋1万多间，政府发放救济款74.1万元。

6月18日后，大汛潮位不断增高，至8月17日最高潮位达到4.907米，超过最高洪水位0.45米。全县动员民工20800人，进行江堤抢修加高，9月28日结束，共完成抢修土方5113万立方米，石方1218.3立方米。

1991年，百年一遇的特大洪涝灾害。6月13日至15日，连续50余小时降雨不停，全市70%以上面积受涝；5、6、7三个月共出现大降雨过程7次，5

次为暴雨和大暴雨，总降雨量923毫米，局部地区最高达1004毫米。5月18日至7月15日的58天中雨日44天，占76%。

6月14日的最大暴雨，正值农历5月初高潮位，长江上游洪峰压境，下游高潮顶托，涝水难排。沿江20多个村沦为一片汪洋。20万亩棉花田积水。其中4.2万亩棉花田积水48小时，1.1万亩棉田积水达60小时；46万亩玉米几乎绝收；全县倒塌房屋3097间，受损房屋7824间；倒毁二、三级河上的机耕桥、人行桥58座；倒毁电灌站5座、强排站4座、受损电灌站146座；307家企业停产或半停产。全市经济损失至少达1.6亿元。

如皋市委、市政府组织市机关、农口单位组成工作组深入灾区，调查灾情、指导抗灾，部署灾后补救措施。是年10月4日，召开如皋市抗洪、抗灾表彰大会。南通市政府表彰如皋市先进集体6个，记大功2人、记功10人，抗洪、抗灾积极分子19人。

二、旱灾

1959年7月中旬至8月24日，40天无雨，全县大旱。

1961年6月初至7月24日，50天无雨，严重干旱。

1975年7月29日起，40多天无雨，受旱面积35万亩。12月9日起至1976年2月中旬，两个月未下雨，受旱农田38万亩。

1992年6月24日至7月底，37天降雨51毫米，且天气持续高温，内河水位7月27日只有1.58米。全市372座车口打水极为困难。全市11.5万人参加抗旱，调动1951台套动力，保障38万亩晚稻及时栽插。

1993年6月3日至6月21日19天，降雨只有16.25毫米。低于2.0的内河水位达10天。最低水位（丁堍站）只有1.34米，全市受旱面积24.82万亩。29.3万亩中稻正值栽插秧，30.8万亩晚稻落谷。全市12.6万人，1750台套动力投入抗旱。

1994年，全年干旱少雨。长江径流较往年减少四成。潮位偏低。梅雨量仅有46毫米。整个汛期降雨量只有453毫米，大大小于历史最小降雨量641.3毫米。

1997年6月上旬起，干旱少雨。中稻栽插秧和晚稻落谷用水紧缺。计划栽插秧的28万亩中稻，12万亩未能栽插，已栽插的3.6万亩枯黄，10万亩玉米、1.5万亩棉花严重枯黄。旱情最严重的是东部地区（城东、城西、丁堍、磨头）。通扬运河北段（如城至柴湾）断流。横拉马河、白毛港等二级河道全部干涸,河床能够行走。全市920座车口打不到水。市乡(镇)各级领导组织群众疏通如海运河进水口门,挖掘二级河中间沟槽引水。

2005年以干旱天气为主。梅雨仅4天,6月26日入梅,6月29日出梅,平均雨量只有29毫米。中稻栽插秧、晚稻落谷期间用水十分紧缺。

附:1.如皋市防汛防旱指挥部成员单位职责(见附录四)

2.南通市政府与如皋市政府签订的防汛防旱工作责任状(见附录四)

3.如皋市政府与各镇签订防汛工作责任状(见附录四)

4.乡镇防汛领导机构成员名单(见附录四)

5.1990年以来防汛备用物资情况表(见表6–1)

表 6－1

1990 ~ 2015 年如皋市防汛准备情况表

年份		1990	1991	1992	1993	1994	1995	1996	1997	1998	1999	2000	2001	2002	2003	2004	2005
防汛组织	巡汛组	46个							56个			81个	81个	77个		56个	55个
		402人							606人			730人	730人	648人		308人	369人
	抢险组	114个							79个			80个	80个	81个	51个	37个	41个
		1520人							2105人			1581人	1588人	1680人	4136人	812人	627人
	预备组	102个							65个			65个	65个	87个		34个	23个
		1970人							1655人			1957人	1957人	1809人		2172人	1626人
防汛物资	编织袋（万只）			4	3.8					30	10	20	44.4	35	37.43	2	34
	木材（立方米）			5	5					15					17	9.5	19.5
	铁丝（吨）									0.5	0.5	0.595	0.408	0.94	0.615	0.65	0.615
	太平草（吨）			2.25	25					6	9		6.3		2.3		
	太平土（立方米）			2100	2000												
	土工布（平方米）									2万		1000	1000		1400	1200	2596
	毛竹（支）									690	3900	5600	2395	4950	300	1825	2598
	块石（吨）															50	
引水(亿立方米)		7.0202	5.18	7.9381	7.3664	11.76	8.14	9.605		6.5105	5.774	4.9	5.5556	5.23526	1.5	5.36	5.36
排水(亿立方米)		1.8826		1.3487	4.5821		1.73	2.084		1.9426	4.7201	1.07	0.444		4	1.36	1.36

续表 6－1

年份		2006	2007	2008	2009	2010	2011	2012	2013	2014	2015
防汛组织	组数(个)	108	35	21	20	20	20				
	人数(人)	2572	2500	1837	1677	1677	1677				
防汛物资	编织袋(万只)	18.7	18.03	18.03	10	8.6	7.93	6.145	7.406	0.7	8.667
	木材(立方米)	16.5	52	52	9.4	4.4	4.4	13.9	18.9		26.9
	铁丝(公斤)	500	345	690	135	75	73	1100	1510	1000	1520
	柴油(吨)		303	53	13	15	2	2	2		200
	土工布(万平方米)		0.45	1.28	1.608	1.33	1.168	0.9	1.104		1.28
	木棍(根)	180	2290	165	105	105	105	105	105		
	毛竹(支)	1000		5	505	5	5	5	5		8
	块石(吨)			2000	10000	10000	5000	9415	15415	5000	20000
	钢管材(公斤)									2500	
	救生绳(公斤)									100	
	救生衣(件)									500	
	投光灯(只)									2	
	便携式工作灯(只)									200	
	元钉(公斤)										10
引水(亿立方米)		6.7786	6.2594	5.3627	4.3397	7.7760	6.2659	8.0871	10.7	12.19	8.76
排水(亿立方米)		2.6451	2.8663	1.5738	2.8282	2.0438	5.1730	2.8530	1.6	3.44	4.23

第七章 水资源

水资源是人类社会生存和发展的必要条件，随着国民经济的发展，工农业生产和城乡人民生活对水资源要求的日益增加，能否合理开发、利用、保护水资源，将直接影响国民经济发展的各个方面，甚至全社会和人类历史的未来。

第一节 水系

如皋市河道分属长江流域和淮河流域，如泰运河（东、西段）、通扬运河（自丁埝 — 如城段）以北为淮河流域（斗南垦区），流域面积占全市总面积的12%；以南为长江流域（长江干流下游通扬水系的通南沿江区），流域面积占总面积的88%。

全市水系按地形分为高低两大水系。以336省道如皋段（原江平公路段）为界，江平公路以北地区为高水系，平均地面高程为5米，局部为6.2米；江平公路以南为低水系（沿江圩区），平均地面高程一般低于3米。

第二节 水资源量

如皋市水资源总量包括由本地降水所产生的地表径流量、降水入渗补给量，即地表水资源量与地下水资源量两者之和。

一、地表水

据1956年至2009年水文资料计算，全市多年平均降水总量为16.44亿立方米，其中：12.18亿立方米直接消耗于自然水体蒸发、地面积水蒸发、土壤蒸发和作物蒸发。形成的地表水资源量（径流量）4.26亿立方米。年平均地表径流深271.3毫米。径流系数0.26。

全市多年平均汛期径流量(5 ~ 9月)占全年总量的88.3%,其中7月份径流量占全年总量的29.4%,非汛期径流量很少,12月份径流量基本为零。径流的年际变化较大,全市年最大径深为680.2毫米,发生于1991年;年最小径深为12.6毫米,发生于1978年。

二、地下水

(一)浅层地下水资源

浅层地下水资源补给量主要包括降水入渗补给量和田间灌溉入渗补给量。如皋市多年平均降水入渗补给量为21620万立方米,田间灌溉入渗补给量为4837万立方米,浅层地下水资源量为26457万立方米。多年平均浅层地下水潜水蒸发量为15680万立方米,则浅层地下水可利用量为10777万立方米。

(二) 深层地下水资源

深层地下水为不可再生资源,为防止地质灾害的形成,国家控制开采。深层地下水原则上只用于生活用水和特种行业(对水质有特殊需求的企业)用水。

至2015年,开采深层地下水需经省级水行政主管部门批准。

如皋市2015年末有深井66眼,其中Ⅰ承压井8眼,Ⅲ承压井46眼,Ⅳ承压井12眼。年开采总量为332.86万立方米,地下水开采总量一直控制在省水利厅下达的指标以内。

上述66眼深井中,24眼深井为乡镇供水水厂的备用水源井,其中Ⅲ承压井19眼,Ⅳ承压井5眼。2015年度,乡镇自来水厂取用地下水23.8万立方米,工业企业自备水源开采地下水309.06万立方米。

三、引江水量

(一)沿江涵闸引水量

如皋市的引江水量主要是由焦港河、如海运河、通扬运河、如皋港分别通过焦港闸、碾砣港闸、九圩港闸、如皋港水利枢纽引长江水,输入如皋境内,补充本地水资源不足。

上述四条河道中,焦港河、如海运河、通扬运河为跨县界河道,根据2007年6月和2008年4月对三条河道的控制断面流量测验资料的成果分析,如皋市分得引水量比例分别为71.7%、61.5%、7.6%。根据近年引水资料分析计算，沿江七座小型涵闸多年平均引水量为0.55亿立方米，综合以上分配比例和小闸引水量，如皋市多年平均引江水量为7.22亿立方米。

（二）区域供水工程引水量

区域供水水源依托南通市西北片区域供水新建的长青沙水厂，以长江水为水源，向如皋、海安两地供水。该水厂近期2010年供水规模为20万立方米/每天，远期2020年为60万立方米/每天，其中近期2010年向如皋的供水规模为13.5万立方米/每天，远期为40万立方米/每天。

2014年，建设南通市西北片引江区域供水长青沙备用水源工程。该工程占地700余亩，其中水库占地480亩，设计有效库容150万立方米。按如皋、海安250万人日均用水30万立方米计算，应急供水天数为5天，水库循环规模10万立方米/每天，水源为长江水。备用水源工程于2015年2月9日正式投入运行。

长青沙备用水源和区域供水工程共同使用一个取水口，实行24小时实时监控，一旦长江水体受到污染，能在第一时间关闭取水口阀门，启用应急水源，实行零距离无缝对接。

2005年年末，区域供水工程在如皋市境内实现供水全覆盖。

四、水资源总量

如皋市水资源年平均总量，包括地表水与浅层地下水资源为5.34亿立方米。

如皋市总水资源量为13.05亿立方米（其中:本市水资源总量5.34亿立方米、区域供水工程引水量0.49亿立方米和入境水量按部分引用长江水量计算7.22亿立方米）。

第三节 水资源利用

一、可供利用的水资源量

可供水量是指水资源可持续利用下，区域可以供给的水量。

在总水资源量中有一部分因排涝降渍、保港冲淤、淋盐洗碱、串水换水而泄弃。实际可供水量为总水资源量（13.05亿立方米）减去泄弃水量（3.48亿立方米），因此可供水量为9.57亿立方米。

二、用水现状

如皋市总需水量主要包括工业用水、农业用水、生活用水(不计入生态环境用水、第三产业用水、航运用水等)。

以1998年、2007年两个典型年的水资源实际供需情况为例:

1998年如皋市用水量约6.2亿立方米,其中工业用水0.27亿立方米,农业用水5.48亿立方米,生活用水0.45亿立方米.人均综合用水量为423立方米/人,单位GDP用水量为934立方米/万元,城镇居民人均生活用水量为123升/天,农村人均生活用水量为69升/天。

2007年,全市用水量为8.488亿立方米,其中工业用水0.505亿立方米,农业用水5.9067亿立方米,生活用水0.55亿立方米,生态环境用水1.526亿立方米。人均综合用水量为601.6立方米/人,单位GDP用水量为391立方米/万元,城镇居民人均生活用水量为140升/天,农村人均生活用水量为73升/天。

从上述数据分析看,随着本市经济的快速发展,其用水量有所增加,不计入生态环境用水,2007年比1998年用水量上升了5.0%,但用水结构有了较大变化,主要是农业用水占总比例下降了8.3%,工业用水和生活用水有了较大的增长。

三、水质现状

(一)地表水质

长江干流如皋段总体水质良好,以Ⅱ ~ Ⅲ类水为主,受沿江工业园区排污影响,部分断面近岸100米内偶有Ⅳ类水检出,超标因子为氨氮、总磷;内河水质总体较差,引水河道焦港、如海运河上游引水口各断面水质以Ⅲ ~ Ⅳ类为主,下游断面水质以Ⅳ ~ Ⅴ类为主,水质变化趋势明显;如泰运河、通扬运河部分断面水质恶劣,其中水质最差河段为通扬运河柴湾-白蒲段,各断面水质长期为Ⅴ ~ 劣Ⅴ类;二级河道如皋港河直通长江,引水时期水质改善明显,为Ⅲ ~ Ⅳ类,其余时段为劣Ⅴ类,水质变化落差较大;丁堡河水质为Ⅳ ~ 劣Ⅴ类。内河超标因子主要为溶解氧、氨氮、总磷、COD。

近几年来,由于各级政府加大对水环境保护,地表水达标率有所上升。2014年至2015年如皋市水功能区水质达标情况祥见表7-1。

(二)饮用水源区水质

据水质监测资料统计：全市5个饮用水源区（长江如皋饮用水水源区、如泰运河如皋饮用水水源区、焦港如皋石庄饮用水源区、焦港如皋搬经饮用水水源区和如海运河如皋如城饮用水水源区），除长江如皋饮用水水源区水环境质量保持在Ⅱ、Ⅲ类水质外，其他内河4个饮用水水源区水质达标率：2005年为55.5%、2007年为25.0%，2009年为12.5%，水质达标率逐年下降，主要超标项目是高锰酸盐、氨氮和总磷。

2010年度，如皋市创建省级水资源管理示范县（市），为改善内河及饮用水源区水质，根据全市水体纳污能力和现状排污状况，编制了《如皋市排污口整治规划》，并积极组织实施。从2011年起，如皋市各引江口门加大引水力度，全年有水必进，并在年终进行考核。经监测，2011年内河饮用水源区水质达标率提高到80%。2013年全年引江水量达10.7亿立方米，是如皋市多年平均引水量的1.5倍，水质达标率达91%。

2014年，如皋市重点水功能区水质全年平均达标率为70%。2015年，如皋市重点水功能区水质年平均达标为93.9%。

如皋市2014年~2015年重点水功能区达标情况详见附表7-2。

（三）地下水水质

1. 浅层地下水

如皋市境内浅层地下水水质，西部地区较好，为矿化度小于1克/升的淡水，向东依次为微咸水、半咸水、咸水。近年来，随着经济的发展，企业废水排放与日俱增，农药化肥大量使用，浅水层地下水首当其冲遭受污染，至2015年，本市境内浅层地下水水质较差，不宜作为生活饮用水水源。

2. 深层地下水

如皋境内深层地下水分为Ⅰ ~ Ⅳ层承压水，第Ⅰ承压水分布广、厚度大，埋藏深度浅，水质较复杂。其中南部地区的江安、石庄、长青沙等为淡水带区，矿化度较低，其余区域为微咸水带，第Ⅱ承压水属微咸水质，氯离子和总硬度含量较高，Ⅰ、Ⅱ层承压水不宜作为生活用水水源；Ⅲ、Ⅳ承压水符合国家生活饮用水水源标准，水质优良。

四、水功能区达标情况

表 7－1

如皋市水功能区达标情况表

年度	期号	水功能区(个)	监测达标功能区(个)	达标率(%)	平均达标率(%)
2014	第一期	43	22	51.2%	57.4%
	第二期	43	25	58.1%	
	第三期	43	27	62.8%	
	第四期	43	25	58.1%	
	第五期	43	24	55.8%	
	第六期	43	25	58.1%	
2015	第一期	43	29	67.4%	72.1%
	第二期	43	27	62.8%	
	第三期	43	29	67.4%	
	第四期	43	32	74.4%	
	第五期	43	34	79.1%	
	第六期	43	35	81.4%	

2014 年如皋市省重点水功能区达标情况表

表 7－2

期号	功能区数量	达标(个)	达标率	平均达标率
第一期	5	1	20.0%	70.0%
第二期	5	4	80.0%	
第三期	5	4	80.0%	
第四期	5	4	80.0%	
第五期	5	4	80.0%	
第六期	5	4	80.0%	

说明：2014 年度重点水功能区总测次 30 次，达标次数 21 次，21/30=0.7×100=70%

2015 年如皋市省重点水功能区达标情况表

表 7－3

期号	功能区数量	达标(个)	达标率	平均达标率
第一期	5	4	80.0%	93.3%
第二期	5	4	80.0%	
第三期	5	5	100.0%	
第四期	5	5	100.0%	
第五期	5	5	100.0%	
第六期	5	5	100.0%	

说明：2015 年度重点水功能区总测次 30 次，达标次数 28 次，28/30=0.793.3×100=93.3%

表 7－4

如皋市省重点水功能区一览表

序号	重点水功能区名称	水环境功能区名称	功能区长度（公里）	河流	监控断面	2010年水质目标	2020年水质目标
1	长江如皋饮用水水源区	饮用水源保护区	4.5	长江	长青沙取水口	Ⅱ	Ⅱ
2	焦港如皋石庄饮用水水源、工业用水区	饮用水源保护区	6.7	焦港	石庄水厂	Ⅲ	Ⅲ
3	长江如皋长青沙工农业用水区	工业用水区	4.5	长江	周圩港	Ⅲ	Ⅲ
4	如泰运河如皋—如东工业、农业用水区	工业用水区	46.3	如泰运河	丁堰镇东	Ⅳ	Ⅲ
5	如海运河如皋如城饮用水水源区	饮用水源保护区	6.5	如海运河	十里墩水厂	Ⅲ	Ⅲ

第八章　农田水利

如皋地区是长江三角洲北岸扬泰古沙咀上最后形成的一列沙脊，在扬泰古沙咀的最东南边。沙脊呈东北、西南走向，斜亘于李堡、如皋、卢庄一线。沙脊北侧是沙脊之间的略低洼地，其南侧为长江河漫滩，东面和东南面是江海滩地的延伸部分。按地貌和土质的构成成份不同，分为四种不同类型的地区。

圩田地区　占全县总面积的11%，耕地面积13.8946万亩，地势低平，以黄泥土和黄泥夹沙土为主，为长江冲击而成，发育年幼，土质肥沃。但港汊多，迂廻弯曲，港口无控制物。决堤淹潮司空见惯，十年九涝，常达荒歉。现经整治，大为改观。

通扬运河区　占全县总面积的12%，耕地面积14.68万亩。以夹沙土、夹沙壤土为主，土质细小，含有机质，结构好、质地粘，在白蒲一带，土壤学家称为“白蒲粉沙壤”。

土地虽平整，河道亦较多，但弯弯曲曲深浅不一，坝头坝埂无数，没有通畅的入江入海通道。灌溉引不进水，大雨排不了涝。现随着河网化的建成，能灌能排。

九圩港垦区　在丁堰至雪岸一带。该地区占全县总面积的6%不到。为夹沙土带有黏性。土壤下层脱盐未净。干旱年份，内河水位低时含盐成份明显增多。

该地区因而以盐碱土为多。历史上地面略有起伏，弯曲断续的小沟和死沟呆塘较多，排灌都不畅。逢旱时水质极咸，土壤极易泛碱。故有“旱时白茫茫，涝时水汪汪”之顺口溜，庄稼难以立苗。现经整治，基本建成旱涝保收农田。

高沙土区　占全县总面积的71%。耕地面积86.95万亩。如海运河以东地区为一般沙土，车马湖一带为缠脚土分布。如海运河以西地区为板沙土。焦港两岸多泡沙土、飞沙土，土山和黄百户一带有零星碱土，土壤颗粒粗大，团粒结构差，地面起伏不平，田块零碎，不规则龟背田，塌洼斜坡地较多。土瘠地瘦,是水、肥、土流失严重的"三漏田"。死沟呆塘虽多,但沟河不通,不成水系,引不进,排不出,易涝易旱,而旱灾突出,十年九荒。故流传不少民谣:"龟背驼,荒沙荡,一朝大雨水汪汪,东倒西塌不象样,三天不雨起盐霜,日晒风吹沙灰扬。雨多排不出,天旱灌不上,年年有灾荒";"龟背驼,四角塌,高低相差二米八,站在田南头,望不到田北头,下起雨来,土肥水一齐往河里流"。"种一葫芦收一瓢,谢天谢地落草烧"。经过平整高沙土,建设河网化,现土壤大为改良。

如皋属于海洋性气候。年平均降雨量1081.2毫米。雨量比较丰沛。但旱年和水年的降雨量丰欠相差很大。如1954年降雨量为1472.5毫米,而1978年仅503.6毫米,雨量全年分布量亦不均匀。五、六、七、八、九5个月为汛期,雨量集中,多年汛期平均雨量为689.0毫米,约占多年平均雨量的64%。在汛期中台风、龙卷风经常侵袭。风(台)暴(雨)潮(高)三兄弟经常碰头,一齐为害。

由于地质形成不同,地下水位相差很大。一般圩田地区在地面以下0.8至1.0米,高田地区在地面以下3.0米至3.5米,地下水的流向大致是由北向南的流向。要控制适宜的地下水位,高田地区要适当抬高内河水位。而圩田地区则要降低内河水位。水系紊乱,高田、圩田水系不分,洪、涝、旱、渍、碱,交错危害。

为了生存和发展,如皋人民世世代代和水害作斗争,不同地区不同方式兴办农田水利。沿江地区逐年修建圩堤,建造涵闸。元代就在白蒲修通济闸;明正德十五年(1520年)如皋知县徐相建掘港减水闸;明万历四十二年(1615年)知县李建材议筑平桥坝、明天启元年(1621年)知县李衷纯在石庄镇南建石础、天启二年(1622年)李衷纯建塞牙桥。

1914年秋如皋成立水利会,修建沿江沿海涵洞4处,疏浚河道10余处,1928年成立的如皋县建设局也曾建闸1座,浚河6条。

新中国成立后,中国共产党为了发展经济,改善和提高人民的生产和生活条件,兴修水利,有计划地进行农田水利建设,大致分为四个时期:除害兴利,修复江港堤防和整治内部水系;河网化建设。全面规划,以干河为纲,综合治理形成河网;治水改土;灌区建设和重点工程建设。

第一节 除害兴利

1949年如皋刚解放,7月,即遭到台风、高潮、暴雨的同时袭击,江堤破决40余处,淹没圩田2.5万亩,全县受涝面积达70余万亩,灾情严重。县委成立复堤委员会,由县长庄振华带领干部群众数千人,亲临江边,抢修江堤,完成土方60万立方米。拉开了如皋建立新中国后治水的序幕。

1950年春,全面实施复堤工程,全线加高培厚,加固堤防,保障了沿江地区安全度汛。在此基础上,以后逐年进一步加高培厚,对险工险段,做了抛石和块石护坡工程,坍江地段,能守的则守,猛坍处则退,涨滩地段,结合围垦并堤,使江堤顺直,缩短防线。在全县水利规划调整水系的治理方案中,沿江进行并港建闸,防江潮倒灌,减轻了港堤的防洪任务,同时,消灭病涵,改木涵洞为混凝土涵,使防汛更臻安全。历经1954年、1962年1974年的强台风,暴雨和高潮位的同时袭击,除1954年江防四案大圩堤涵和平西区小李港朱家沃子窝(现属南通市通州区)港堤涵两处出决外,余均安全度汛,保障了沿江人民的生命财产和农副业生产的安全。

在沿江洪潮之害得到初步控制以后,内涝灾害成为主要矛盾。同时,发展灌溉的需要也日益迫切。于是着手兴修农田水利,以除害为中心的整治内部河道。1951年3月,疏浚了龙游河老头湾地段的淤塞浅段;同年12月,疏浚了龙游河上游自万元桥至如城段的淤塞浅段。

1953年全县发生了旱灾,受灾面积269951亩,占全县耕地面积的22%,受旱减产40%至60%;1954年,全县又发生了水灾,被淹面积613900.6亩,占耕地面积的50%,小溪河以北,全部淹没于水;小溪河以南高地,因水无出路,亦遍野皆水;圩田地区受江潮顶托,亦不能及时排出,受灾严重。于是1954年冬至1955年春开始了治涝工程:1954年12月14日丝渔港疏浚工程开工,至1955年2月28日竣工。1955年3月筹建丝渔港闸工程,5月19日开工,9月建成。至此,丝渔港流域的排灌防潮体系基本建成。

1955年3月10日,小李港疏浚工程开工,4月28日竣工。

1955年8月5日,如皋县防汛防旱总队编制了《如皋县今冬明春农田水利工作草案初稿》。

1955年冬,开始了整治高沙土地区的焦港流域工程,焦港开挖分三期进行。当年冬完成第一期工段,自张黄镇至赵家庄,长6.94公里,开挖土方100万立方米,1956年冬,完成第二期工段,自赵家庄至搬经,长22.5公里,开挖土方379.95万立方米,同时疏浚了焦港支河司马港,完成土方127.79万立方米,拉马河,完成土方82.23万立方米。当时称:"十万大军,鏖战百里战线"。1957年春,进行第三期的出江引河开挖,完成土方86.93万立方米。1957年冬,疏浚了焦港主要调节河道小溪河,完成土方147.32万立方米。同时,由地方自筹疏浚了长甸河工程,完成土方35万立方米。1956年冬季筹备,1957年7月建成7孔焦港大闸一座。焦港流域工程,总共投资经费317.05万元。其中焦港开挖(包括引河)129.78万元,新建焦港闸101.36万元,司马港疏浚19.73万元,小溪河疏浚54万元。工程实施后,对改善高沙土地区的排涝和发展引江灌溉,发挥了很大效益。这些工程的实施,改如皋历史上的淮河水系为主为长江水系为主。是历代封建王朝及国民党统治期间所不能办到的,充分显示了共产党组织和发动群众的非凡能力和号召力。

在整治焦港流域工程的同时,还兼顾了改造盐碱地和圩田地区的港口控制工程。1956年冬,完成南凌河第一期疏浚工程,自柴湾至雪岸镇,共挖土方109.8668万立方米;1957年春,完成第二期疏浚工程,自雪岸镇至如东苏家港,共完成土方70万立方米。一个冬春浚成南凌河,发挥了引淡排咸,洗盐淋碱的作用。1957年春,疏浚了四号港和久隆港,完成土方78528立方米,同年9月建成四号港和久隆港建2米×2米钢筋混凝土双孔方涵各一座,使四号港和久隆港两个单独排引于长江的灌溉区,发挥了防洪、排涝和灌溉的效益。

由于干河疏通,各区乡群众性的小型水利工程建设随之全面展开。共完成小型水利工程94条,土方93.8287万立方米。1956年冬,全县虽然组织了十万劳力上了焦港流域工程,白蒲区仍坚持开挖汶池河,完成了三分之二的工程量,计土方18.4432万立方米。江安区开挖十号港,完成土方6万立方米。1957年春,白蒲区继续完成汶池河三分之一的工程。江安区继续开挖十号港和郭圩支港,丁堰区开挖长夹河,城西区开挖北焦港和窑子河等共9条河道,渠道12处,圩堤2处,涵闸3处。

1955年4月,如皋县银行贷款给柴湾购买1台20马力船机,试行机灌,灌溉面积800亩,开创了如皋机器灌溉事业的先河。以后逐年发展,并培训机工。同时也结束了开河戽水必须向江南租机器和请机工的历史。

1950年至1957年,这个三年恢复时期和第一个五年计划时期的八年中,如皋在水利上主要做了修复江港堤防工程和兴修农田水利，整治内部水系的工作。1957年9月水利局报出的《建国以来水利工作的检查》中记载："一、正确执行了先排后灌，除害结合的原则，按计划完成了重点工程。"

排涝 分期疏浚了龙游河、周圩港、丝渔港、小李港、焦港、司马港、拉马河、南凌河及有关支河沟洫，完成土方16790059公立方米。国家投资2482704元。工程效益显著，改善排水面积1217314亩。

灌溉 修理李桥闸、周圩闸、新生船闸、宏济闸，新建丝渔闸、焦港闸、四号港涵闸、久隆港涵闸，新建桥梁20座，国家投资128万元。群众自办小型涵洞：水泥涵52座，木涵洞162座，修理水泥涵2座，木涵570座，改善灌溉面积71.7514万亩，扩大灌溉面积10.7万亩，旱改水面积1953年为11.4656万亩。1956年增加到24.2119万亩。

围垦 从1950年起，先后围垦滩地11处，计7555亩。

第二节 河网化建设

河网化建设是农田水利建设的最基础，也是最重要的工程。在除害兴利的三年恢复和第一个五年计划期间，实施的工程已为河网化建设打下了一定的基础。

1958年下半年，在"大跃进"的形势下，以大干一冬春，基本实现河网化的战斗口号，冬季部署河网化工程施工的有：一是如海运河，11月23日正式开工，设如海运河工程指挥部，专线领导施工。二是二级河14条，(冯港河、火箭河、白郭河、焦林河、射丁河、长甸河、红旗河、前进河、司马港、江防河、卫星河、新建河、如靖界河。三是新民河网化试点工程。秋季已开始动工。先后施工的建筑工程有：一是碾砣港闸，9月底开始筹备，10月10日正式动工，设碾砣港闸建闸工程处专线领导施工。二是如靖界河闸。三是永平潮力发电站；焦港、碾砣港闸附建水力发电站；如靖界河闸流速发电站；张黄港风力发电站；总共发电能力108千瓦。

自1958年至1970年，即第二个五年计划、三年调整和第三个五年计划这一时期的十三年中，如皋在水利上主要是做了逐步实施河网化建设规划的落实和发展机电灌溉事业的工作。虽然60年代初期，中国遭受严重自然灾害，如皋在党的"小型为主，配套为主，社队自办为主"治水方针指引下，农田水利工作上，仍取得了良好的效果。勿容讳言，1966年至1970年的“三五”期间，亦是“文化大革命”的前五年，由于造反派的夺权，水利工作受到严重的挫折。

如皋的地理、地质状况，决定了如皋的水利建设，特别是河道整治工作，不可能一劳永逸，而是一项长期、艰巨、周而复始的任务。为保证水利工程正常发挥效益，在河网化基本形成后，反复整治各级河道成了全市人民的冬春必修课。多年来，全市水利工程年总动土量都在1400万立方米以上。其中一、二级河道由如皋市(县)水务(利)局统一筹划组织，三级河以下工程由镇村自行组织实施，市(县)每年组织督查组逐镇、逐村检查验收。有些重要项目还请南通市水利局组织专家进行规划论证。

1965年，入夏后55天没有下过透雨，6月上中旬，正是水稻移栽需水量较多的时候，全县351座机电灌车口，有89座被迫停车。有107座水源断断续续，机器开开停停。全县已栽水稻18万亩，有2.9万多亩无水灌溉，另有3.5万多亩水稻等水栽插，大面积旱作物无水抗旱。捞浅、引水、抗旱、救苗刻不容缓。全县在41个公社内拉出10万民工，突击两天半，完成土方31.29万立方米，疏通了如海运河、通扬运河、小溪河、司马港、南凌河等5条干支河浅段。经过这次捞浅，碾砣港闸进水量陡增，每潮增加41万立方米，小溪河水位由0.7米上升到1.39米，取得了抗旱斗争胜利。1966年，继续对如海运河、小溪河、南凌河、通扬运河实施捞浅。

1966年～1967年，为解决如海运河部分河段淤浅，对之进行疏浚，共挖土414.35万立方米。这次疏浚，注重水土保持，两岸堤身覆盖5厘米厚黄土，在沿河两岸青坎上，设置截水埂和下水道，控制流沙下河。全线河堤造林，保堤护坎，做到“河成、堤成、路成、绿化成”。计植树200多万株，造林8000亩，建桑园2500亩。在护管上建立了专人管理和群众护管相结合的体制，明确责任和报酬，树木成活率95%以上，造成96华里长、两岸各50米宽的葱郁林带。

1966年至1967年年底止，全县还疏浚小型河道517条，完成土方1840万立方米。

如海运河开凿后，碾砣港闸下游因受江潮夹沙进出，造成引河淤积，到1968年10月间，引河段淤高2米以上，引排流量大减，影响船只通行，故于1968年冬和1969年春，组织民力3万人，捞浅土方77万立方米。后相继采取加大上、下游水位差，开闸放水，冲淤保港措施。据统计从1970年2月6日到

3月25日，开闸放水冲淤33次，总排水量3958.72万立方米，共冲走淤沙14万立方米，使引河段河底高程达到-1.3米。以后又总结了大引大排、随排随补的经验，沿用至今，港未淤塞，闸身安全。由于江沙北移，港口又辅以绞吸式挖泥船挖淤与开闸放水冲淤相结合，使港口功能更有保证。

1967年～1968年，对司马港东西段进行捞浅。拉马河疏浚工程完成土方221.36万立方米。使江水畅通至西部高沙土地区。

1969年春，整治疏浚通扬运河白蒲镇段和林梓镇段，对之裁弯取直，拓宽浚深。同年冬，放弃通扬运河自丁堰、东陈至如城历史上弯曲淤塞的河段，改自丁堡河（丁北羊庄处）至如城直线开挖，并按同一标准，自如城向西疏浚小溪河东段至十里墩通如海运河，自如城向北疏浚通扬运河至柴湾。

1970年，在长江镇二案新建抽水站一座，并在内河侧开挖引河穿过立新河连接司马港（后因长江北泓两段突然猛涨，港口全部淤塞，致使抽水站仅使用三年）。

1968年～1970年间，还疏浚捞浅了焦港、跃进河、立新河、青年港、长甸河、龙游河、大明河、白李河、石庄前河、郭园后大河。

中共十一届三中全会以后，如皋河道整治进入改革、创新、发展的新阶段。1978年后，以恢复和提高干河标准、增强灌排能力为目标，先后开挖疏浚新姚河、丁石河、如皋港，捞浅、疏浚了南凌河、通扬运河、白毛港、周圩港、大明河、胜利河、杨马河、大寨河、石庄前河、拉马河、司马港等。其中新姚河由如皋、如东两县于1978年共同开挖，为根治两县边界地区的水涝、旱灾、渍害和钉螺之患创造了条件。1979年两县又共同开挖丁石河。

如泰运河西段，长17.6公里，它沟通如海运河、焦港、拉马河等南北走向的引江干河，担负沿线13.3万亩农田灌溉、排涝任务，是贯穿如皋西北部高沙土地区的一条调度水源、航运交通的骨干河道。1989年11月，全县37个乡镇，集结5万民工，对如泰运河西段实施疏浚。此次工程施工采用泥浆泵吹填新工艺，节省大量劳力，施工进展加快，整个工程完成土方319万立方米，用工143万个。

为解决长江北汊淤浅和引河水源不足的矛盾，如皋县委、县政府决定启动如皋港辟口建闸和抽水站引河疏浚工程，直接从长江中汊引水。1990年冬，组织10万民工，262台泥浆泵进行施工。整个工程分五期实施，1994年竣工。总投资3670万元，动土538万立方米。1992年5月，建成如皋港闸，进一步改善了排灌条件。

疏浚河道的方式,1987年之前全部采用打坝戽水,人力挑抬。1987年开始逐步推广泥浆泵施工。疏浚司马港、如泰运河、如皋港辟港就是人机结合施工的。2005年疏浚如海运河时,为了不影响通航,又采用挖泥船及泥浆泵水下清淤。现在一、二级河道疏浚基本上都采用水下清淤,这样既减轻了劳动强度,又不影响河道其他功能的发挥,但三级河以下工程仍以打坝戽水施工为主,因为可以更好地掌握施工质量,让群众眼见为实,更加放心。

如皋在发展机电灌溉事业中,领导机构,曾几经更易,与水利局时分时合。

1958年春,如皋县在水利局下设机电灌溉公司,具体领导机电灌溉工程的建设,并举办机电工训练班,以适应机电灌溉事业发展的需要。1961年县成立农机局,与水利局分开,具体领导国营电灌站及各公社机电灌溉站,指导电灌站管理工作,县办机电灌溉训练班,加强对机电工的培训及负责柴油机订货分配等工作。1962年,农机局改成机电灌溉管理所,与水利局合并。1964年改成农机公司,与水利局分开。"文化大革命"中,统并县革命委员会农水组,由农水委员会领导,1971年重新成立县农机局,与水电局分开办公。

为了更好地规划建设电灌工程,1962年由工业、水利、农机、物资等部门组成电灌办公室,以加强发展电灌事业。

河网化的建成和迅速发展的机电灌溉事业为如皋的治沙改土提供了必要的条件。

第三节 治沙改土

明天启年间(1621~1627年),如皋知县李衷纯称:"皋地高亢,介通泰间,形如覆釜,运河带水,建瓴而下驶不复留,多仰澤于天雨。"全县农田除东部通扬运河地区和沿江圩田地区地势平坦、土地肥沃外,中西部高沙土地区农田大部分呈"龟背驼"、"锅底凹"形,高低相差悬殊。据1970年调查,车马湖公社1.99万亩土地90%以上是"驼峰"和"龟背"田,有的高低相差3.3米。据第二次土壤普查统计,全县高沙土面积为651572.4亩,占耕地面积的53.12%。高沙土布及全县42个乡镇591个村,其中高沙土占耕地面积50%以上的有27个乡镇501个村。全县高沙土既相对集中于老岸地区,又与其他土壤交错分布。主要分布在小溪河以南,石庄前河(横拉马河)、336省道如皋段(原江平公路如皋段)以北,通扬运河以西地区。

如皋县高沙土为江海冲积物与江海冲积浅湖相沉积物的石灰母质,经过长期垦植利用,在旱耕熟化条件下形成的土壤。土质沙,养分含量低、耕作层浅,有效土层薄,土体构型不良;土壤通透性强,漏水漏肥严重;土壤含胶体物质少,保肥性弱。表现在农业生产上是施肥多而肥效差,成本高而产量低。

20世纪50年代中期起,城西乡开始进行小块土地平整,兴建电灌站,改种扩种水稻,同时提倡秸秆还田,种植绿肥,使土壤理化性状有所改善。后总结为城西改土模式,称一平、二水、三绿配套。即平整土地,旱作物改水作物,种植绿肥。据测定,每500公斤绿肥,可使20公分土层增加有机质0.5%~0.8%。1970年7月,如皋县革命委员会提出“一年削平高沙土,二年实现旱改水,三年建成大寨县”的要求。开展了战高沙的群众运动。县委书记张鸣担任总指挥,县委副书记唐如浴、陆万璋和县委常委、县革命委员会副主任许吉甫担任副总指挥。总指挥部办公室设在吴窑公社。各公社也相应建立改造高沙土指挥部分部,大队则建立领导组,由“一、二把手”亲自挂帅。采取集中力量打歼灭战和常年平整相结合的办法。调动东部地区和沿江非高沙土地区十多个公社的大量民力展开会战。高潮时期工地保持民力30万人左右,县级机关和工厂也抽调了不少干部和职工参加平田整地。

1959年冬,城西人民公社开始平整高沙

当年,如皋全县48个公社,3个镇,128万人,耕地面积134万亩,解放前高沙土不平整面积有70多万亩,解放后,部分平整,改制耕作,不平整面积有所减少。根据实地查勘,有24个公社(有磨头区的大明、桃园、磨头、场南、场北5个公社,搬经区的搬经、加力、常青、夏堡、高明5个公社,薛窑区的郭园、下原、车马湖、九华4个公社,石庄区的石北、高井、吴窑3个公社,江安区的江安、胜利、黄市、新建4个公社,城西区的何庄、袁桥2个公社,白蒲区的花园公社)445个大队,4369个生产队的起伏地龟背田330663.6亩地需要平整。同时还必须开河填废沟、筑渠、建灌区、造桥涵,根据全面规划,综合治理的要求,需做土方8473.07万立方米;开三级河85条,土方2061.8万立方米;四级河1261条,土方2587.7万立方米;干渠105条,土方443.27万立方米;支渠1178条,土方714.15万立方米;新建电灌车口119座;造桥2476座,造涵洞3731座,总土方14048.99万立方米。任务相当艰巨,决定先做土方,再搞建筑物配套工程。全年分六个战役具体安排。六个战役是春播战役、夏收夏种战役、栽插三熟制战役、秋收秋种战役、冬季战役、下一年春季战役。具体任务落实到生产队和田块。采取留茬平整、换茬平整、抽行平整和移苗平整,做到平田与旱改水结合,当年平整,当年受益。

一年战绩:平田24.84万亩,土方6721.8万方米。开三级河55条,四级河539条,土方897.5万立方米。修渠576条,土方968.28万立方米,填废沟增地14000多亩,水稻面积由1970年的41万亩,增加到64万亩,粮食亩产1046斤,皮棉亩产100.5斤。粮食总产比1970年增加107000斤多,皮棉增产一成以上,旱涝保收农田面积增加15万亩。

1972年乘胜前进,继续大战,平整土地11.81万亩,动土450万立方米,开挖三级河道32条,四级河道283条,丰产沟3055条,修筑渠道763条,共计动土3346万立方米。二年完成了削高沙的规划任务。

1973年、1974年两年中,在继续整修的基础上,同时完成了建筑配套工程任务。平田47902亩,疏浚三级河95条,四级河1790条,丰产沟18549条,修筑农渠5309条,完成总土方5724.3万立方米,填废河增地1.5万亩,新建农桥97座,涵洞3807座,下水道6147座,完成石方36250立方米,混凝土14310立方米。电灌车口调整新建,亦按规划完成119座。高沙土地区旱涝保收农田面积增加到28万亩。

1971年春,高明人民公社平整高沙土现场

平整土地和河网化的建成,虽然改变了地形地貌,但不能改变土壤结构。于是如皋人民又开始探索改良土质的多种有效措施。

70年代中期,吴窑公社在平整土地的基础上,提出"一绿、二红、三黑、四配套、五还田"的改土措施,即大种绿肥,用大江带来的红淤泥掺沙,多施草塘泥、农家杂肥,内外三沟配套改善田间水系,作物秸秆还田。全县推广吴窑改土模式后土壤明显改良。经测定,红淤泥含有机质1.42%,含氮0.068%,速效磷31PPM,速效钾168PPM,高于全县土壤平均数。另据对司马港测定,每立方米江水中含红淤泥1.3公斤,一季水稻每亩灌水600立方米,可积红淤泥780公斤,若持之以恒,经年积累,可望高沙土逐步质变。

1978年起至80年代初,推广丁西改土与耕作制度改革相结合模式。全县逐步形成"两旱一水、两育配套、粮棉轮作、两年五熟、用养结合"的耕作栽培体系,并注重抓好玉米秸秆还田养地。1981年 ~ 1990年还田面积205.6万亩,有效提高了土壤有机质含量的稳定性,保持土壤的生态平衡。

1990年,全县展开"修复沟渠路、改造低产田、建设丰产方和吨粮田"的总体战,出动民工1.3万人次,动土量达1300万立方米。当年,按照省和南通市下达《如皋综合改良高沙土实验区》项目的要求,在6个高沙土乡镇中建立了两个综合改良高沙土实验区(村)、5个辐射点(村)。经过三年综合改良后,实验区10322亩耕地,平均粮食亩产达731.3公斤,比实施综合改良前增产25.5%。1991年,如皋经历了百年未遇的特大雨涝灾害,大灾后反思,针对雨涝灾害暴露出来的矛盾,在秋播前,以"统一规划、综合治理、先急后缓、分级包干、统分结合、提高效益"为原则,以建设吨粮田为目标,以整治灌排系统为重点,以完善小型农田水利配套为主要内容,继续奋战高沙土,平整土地。当年秋冬,共削平高沙土16067亩,填平死沟呆塘424个,新增耕地1078.3亩,疏浚二、三级河32条,四级河884条,丰产沟8800多条,整治干、支渠5217条,沟渠道路建设和平整土地累计动土2000多万立方米。

90年代以后,全市实施农业综合开发,大搞以防渗渠为标志的农田基本建设,实行沟、渠、田、林、路综合治理,并高标准地治沙改土。秸秆还田成为培肥改土的有效途径,第一年机械直耕秸秆还田面积平均在22万亩以上。测土配方施肥走进如皋农家,1992年应用面积92.9万亩,占播种面积的42%。1995年起实施补钾补硅工程,1997年全市施用各种含钾肥料达77万亩,补硅66万亩。1998年全市推广多效硅肥1800吨,名列全省第一。

自新中国成立以来,全县群众自发地平整土地,直到1998年,共平整土地106.42万亩，其中1971年、1972年为高潮期共平田36.65万亩。至此，基本上实现了削平高沙土，实现旱改水的目标。

1998年，全省高沙土综合开发计划工作会议在如皋召开。如皋市委、市政府从市情出发，提出了在20世纪内彻底削平高沙土的奋斗口号，规划用三年时间全面改造历史上遗留下来的10万余亩高沙土，用8年时间治理改造62.5万亩高沙土，达到农业综合开发一流水平。年内，全市又平整土地4.3万亩。

由于上级财政支持，各地干群努力，到2005年达到了预定目标。

第四节 灌区建设

如皋虽濒临长江，但因降雨时空不均，人均水资源量只有895.6立方米，仅为全国平均水平的36.25%。全市的农田灌溉用水量占总用水量的83%。而农田灌溉管理粗放，水稻亩均用水量为1500立方米左右，远远超过了全省850立方米的平均水平，“两稻”移栽期缺水尤为严重，灌溉保证率不足80%。因此加强灌区建设，推广节水灌溉，对充分发挥有限水资源的作用，促进农业增效、农民增收、为通南高沙土地区实现农业现代化和农村现代化，树立典型积累经验显得十分重要。

1996年如皋经国务院批准，被确定为全国300个节水增产重点县之一。经国家发展计划委员会与水利部批准立项，建设灌溉示范区。从此如皋市灌溉史发生了一次历史性的大变革，掀开了节水灌溉的新篇章。

磨头天阳节水灌溉示范区

1997年由国家发展计划委员会、水利部批准实施。位于磨头镇天阳村。1998年1月开工，1999年11月竣工。总面积2000亩。其中核心区650亩，辐射区1350亩。

总投资410.2万元。其中水源工程78.02万元，渠道工程63.36万元，排水工程26.16万元，田间及道路工程138.75万元，管理设施95.86万元，工程运行费用8.05万元。

工程效益：节水154.7万立方米，节电38.7万千瓦时，省地18.23亩，省工3.27万元，实行旱改水135亩，粮食增产加上产业结构调整年增收可达61.5万元。

搬东节水增效灌溉示范区

1998年获国家发展计划委员会、水利部批准立项。位于具有代表性的西部高沙土地区的搬经镇。总面积1850亩，其中纯粮食区1550亩，商品蔬菜区300亩。以150亩固定式微、喷灌溉蔬菜区作为“核心区”重点建设，另外为幅射区。1998年年初至1999年年底时经两年完成该工程。共动土7.45万立方米，完成混凝土方1598立方米。总投资301.05万元，其中国家补助100万元，省水利厅补助8万元，市财政补助142万元，搬经镇自筹51.05万元。

工程项目：水源工程34.49万元，喷灌工程21.62万元，微灌工程12.07万元，渠道防渗89.75万元，管理设施13.80万元，排水工程53.83万元，基础设施70.87万元，项目运行4.62万元。

工程效益：年节水129.5万立方米，节电2.91万千瓦时，省地26.16亩，省工3430个，增粮7.75万公斤，经济作物增收62万元，总效益可达77.22万元。投资回收年限不到5年。

在经济效益凸现的同时还产生了积极的社会效益，为周边地区的农业结构调整树立了一个典范，一个学科学用技术的热潮从此而逐步兴起，推动了节水型农业的发展。

如海灌区续建配套与节水改造工程

如海灌区总面积417.9平方公里，耕地面积39.25万亩，实际灌溉面积30.50万亩，贯穿如皋南北，受益12个镇，是如皋唯一大型灌区。市政府特别重视，组建了“如皋市如海灌区续建配套与节水改造工程建设工程处”，专门负责该工程施工管理。该工程分期逐步实施。2000年11月国家发展计划委员会和水利部正式批准立项。原计划总投资4419.25万元，其中国家补助1750万元、省级补助965万元、如皋市配套1709.25万元。实施四期后，又不断增加投资，扩展实施范围和项目，到目前已实施十二期工程。批复总投资21825万元。

一期工程。该工程经国家发展计划委员会与水利部批准立项，以计投资〔2000〕2173号文下达项目建设任务。2001年3月省计经委和水利厅以苏计农经发〔2001〕197号文批准如海灌区2000年度工程建设内容。2001年4月20日动工，2002年5月竣工。分布于如城、袁桥、柴湾、磨头、皋南、吴窑六镇。总投资1282.8万元，中央补助500万元，省级配套250万元，如皋市配套532.8万元。

工程实绩：完成混凝土14081.6立方米、砖石方4246.2立方米，动土69.74万立方米，疏浚立新干渠4.5公里、新建袁桥镇三联泵站和皋南镇前进泵站、新建防渗明渠63.35公里和地下暗渠6.25公里及配套建筑物650座、引进和改装量水设施。

工程效益：年节水54.6万元，增地180亩(19.8万元)、省工31万元，增产272.74万元，总效益可年增378.14万元。

二期工程。2001年12月28日苏计农经发〔2001〕1383号文批准了该工程的实施。2002年5月10日开工，2003年5月下旬竣工。工程位于九华、郭园、柴湾、下原4镇。

工程投资：876.4万元。其中：国家国债资金350万元、省级防保资金175万元、南通财政补助90万元、市级财政补助96.86万元，镇村自筹39万元、农民投劳折资125.54万元。

工程项目：新建泵站一座，新建防渗渠27.75公里，渠系配套建筑物249座，如海总干渠朱庄湾整治工程。共完成混凝土方4971.5立方米、砖石方13150.7立方米、动土48.86万立方米。

工程效益：新增有效灌溉面积560亩、改善灌溉面积6.24万亩，新增排涝面积950亩，改善排涝面积4.5万亩，增加节水灌溉面积0.76万亩。

据测算年节水18.69万元、节地5.36万元、省工10.88万元、增产增收189.65万元、年效益可达224.58万元，另外还有减少农药化肥流失、水土保持、美化环境等生态效益。

三期工程。苏发改农经发〔2004〕100号批准该工程。2004年4月8日开工，2005年6月10日竣工。完成混凝土方9720立方米、砖石方560立方米、动土81.5万立方米。

工程投资：1250万元，其中中央补助500万元，省级配套250万元，市县配套500万元。

工程项目：跃进河干渠整治11.9公里；拆建李桥泵站、改造合力泵站；新建防渗渠61.52公里，配套建筑物465座；推广计量供水设施29套；对“大型灌区改造技术研究与推广”课题进行总结鉴定。

工程效益：节水工程面积达2.1万亩、年节水228.9万立米，增加耕地163亩，省工1.47万个、年增粮654万公斤，年增收418.96万元。

四期工程。该工程经国家发展计划委员会、水利部以计投资〔2004〕1490号文下达项目。2005年4月10日开工至2006年6月10日竣工。

总投资1010.25万元,国家补助400万元,省级补助200万元,市县配套410.25万元。

工程项目:如海总干渠清淤7.7公里;改建马桥泵站,拆建天河桥及孙岱两座泵站;新建防渗渠47.97公里及配套建筑物598座;在马桥、天河两泵站安装插入式管道流量计表。完成土方76.8万立方米,混凝土方9280立方米,砖石方260立方米。

工程效益:年节水104.64万立方米、增加耕地127亩,省工0.67万个,增粮475万公斤。总效益可达296.3万元。

2005年6月,如海灌区2004年度续建配套与节水改造主体工程完成投入使用。项目总投资1000万元,其中国家补助400万元,省补200万元,地方配套400万元。

2006年6月如海灌区续建配套与节水改造主体工程投入使用。项目总投资1625万元,其中国家补助650万元,省补325万元,地方配套650万元。

五期工程。2007年7月,总投资1625万元的如海灌区第五期续建配套与节水改造主体工程完成并投入使用。工程内容以进一步完善前四期工程为主。

六期工程。2008年5月8日,开工实施如海灌区第六期续建配套与节水改造工程,2008年12月底完工,2011年11月8日通过竣工验收。工程位于九华、郭园、白蒲、桃园、吴窑、磨头及下原镇。工程总投资1819.55万元,其中国家补助600万元,省级补助400万元,地方配套819.55万元。

工程项目:如海总干渠及支渠清淤5.905公里;新建泵站7座,改造泵站1座;新建防渗渠53.655公里及配套渠系建筑物1021座;节水生态型灌区研究。

改善节水灌溉面积20808亩。

七期工程。2009年3月15日,如海灌区七期续建配套与节水改造工程开工建设,2010年5月底完工,2011年11月8日竣工验收。工程总投资1497.54万元,其中国家补助500万元,省级补助340万元,地方配套657.54万元。工程实施地点为袁桥、九华、柴湾、桃园、磨头镇。

工程项目:疏浚东司马港干渠7.2公里;新建提水泵站3座;新建防渗渠道36.89公里及渠系配套建筑物396座;如海总干渠渠首下游护岸及碾砣港闸自动化控制工程。

改善节水灌溉面积11600亩。

八期工程。2009年11月如海灌区八期续建配套与节水改造工程开工，2010年4月底完工，2011年11月8日竣工验收。工程总投资1202.17万元，其中国家投资400万元，省级补助267万元，地方配套535.17万元。工程位于桃园、磨头、吴窑、郭园及袁桥镇。

工程内容：支渠疏浚14.62公里；新建泵站2座，改造泵站2座；建防渗渠34.502公里及渠系配套建筑物1189座；碾砣港上游西侧护坡，碾砣港闸闸门防腐维修，水土保持4万平方米。

改善节水灌溉面积8960亩。

九期工程。2010年11月15日如海灌区九期续建配套与节水改造工程开工，2011年5月30日完工，2012年11月8日竣工验收。该工程总投资1797.91万元，其中国家补助600万元，省级补助400万元，地方配套797.91万元。项目实施地点位于如城、郭园、九华、柴湾、吴窑、袁桥、下原等镇。

工程项目：支渠疏浚10.982公里；新建泵站7座，改造泵站2座；新建防渗渠35.389公里及渠系配套建筑物714座；如海灌区安全引水可靠性研究，如海灌区管理所办公室维修180平方米，碾砣港闸上游护坡维修1公里，渠道两侧绿化4万平方米。

改善节水灌溉面积15010亩。

十期工程。2011年继续实施如海灌区第十期工程。该工程2011年10月15日动工，2012年3月31日完工。完成衬砌防渗渠54.751公里，铺设管道120.403公里，新建硬质排水沟1.252公里；支渠配套建筑物2707座；拆建、新建泵站7座，维修泵站2座；疏浚支渠38.23公里；碾砣港闸上游护坡维修310米，农建港闸维修加固、渠道绿化4万平方米。工程总投资3000万元，其中：中央补助1000万元；省级补助800万元；地方配套1200万元。

十一期工程。2013年完成如海灌区第十一期工程。3月12日动工，6月30日完工。完成衬砌防渗渠道100.32公里，配套建筑物3426座，拆建泵站13座。总投资4500万元，其中：中央补助1500万元，省级补助1200万元，地方配套1800万元。

十二期工程。2014年完成如海灌区2013年续建配套与节水改造第十二期工程。2014年3月1日开工，2014年10月31日完工。完成改造泵站13座，衬砌沟渠55.723公里，各种配套建筑物515座，总投资2025万元，受益面积1.283万亩。项目实施地点在石庄镇、吴窑镇、长江镇、下原镇、磨头镇、九华镇、如城街道和城北街道。

焦港灌区节水配套改造工程

2009年11月,焦港灌区节水配套改造工程开工建设。2011年4月30日竣工。总投资2104.97万元,其中中央财政补助800万元,省级补助1080万元,地方配套224.97万元。项目实施地点在江安、高明、石庄、搬经、常青等焦港沿线镇。

主要工程:水源工程疏浚如皋港17.11公里,新建泵站5座,改造泵站2座,修建防渗渠48.288公里,渠系建筑物1517座;焦港闸新购启闭机2台,新建灌区管理用房342平方米,添置农民用水户协会办公设备、水土保持及灌溉水利用系数测定设备。

建立7个分灌区,改善灌溉面积17200亩。

通扬中型灌区节水配套改造项目。2015年3月中旬通扬中型灌区开工建设。(2016年6月30日完工)通扬灌区位于我市东部地区、涉及东陈、丁堰、白蒲、九华、城南街道5个镇(街道),共36个行政村。灌区总面积52.07万亩,耕地面积29.84万亩,设计灌溉面积26.0万亩。本期主要建设地点:城南街道、东陈镇、白蒲镇、丁堰镇。主要建设内容:拆建泵站19座、改造泵站2座;衬砌渠道79.3公里、暗渠(含管道)2.981km;配套渠系建筑物1184座;以及配备量水设施、工程管护设施和实施水土保持工程等。项目总投资2196.57万元,其中中央财政资金补助1000万元,省级财政资金补助968万元,地方配套228.57万元。工程实施后,改善灌溉面积5.02万亩;新增节水灌溉面积4.42万亩,年节水330.73万立方米。

第五节 重点项目工程

农村饮水安全工程。

自2008年起连续五年分期实施,至2012年12月30日止,全市实现安全饮水集中供水全覆盖。共铺设管网1174.58公里。新建增压站3座,清水池4座,完成投资总额14785.72万元,其中中央补助3904万元,省级补助5681万元,地方配套5200.72万元。受益人口26.8688万人,并同步完成了110多万人的水源置换。其中2011年重点实施了农村学校饮水安全工程,受益师生7.8135万人。总投资2345.26万元。其中中央财政投资761万元,省级投资613万元,地方配套971.26万元。铺设管道73.414公里。

中央财政小型农田水利重点县项目

由苏财农〔2009〕253号、苏水农〔2009〕53号文下达2009年度项目资金2853.58万元，其中：中央850万元，省级850万元，县级1153.58万元。于2010年1月30日开工，2010年5月31日通过省级竣工验收。

由通水利农〔2010〕73号文下达2010年度项目资金3022.55万元，其中：中央850万元，省级1450万元，县级722.55万元。2010年12月10日开工，2011年5月31日通过省级竣工验收。

由通水利农〔2011〕23号文下达2011年度项目资金2995.51万元，其中中央财政850万元，省级1450万元，县级695.51万元。2011年7月30日开工，2011年11月30日通过省级竣工验收。

由通水利农〔2012〕11号文下达2011年度中央财政第一批小型农田水利重点县奖补资金项目401.16万元，其中中央财政200万元，省级200万元，县级1.16万元。2012年3月30日开工，2012年8月31日竣工。

由通水利农〔2013〕7号文下达2012年小型农田水利重点县奖励资金项目72.23万元，其中省级70万元，县级配套2.23万元。2013年4月6日开工，2013年6月30日竣工。

2014年8月23日在白蒲镇开工建设的如皋市2013年小型农田水利重点县奖补工程，完成衬砌沟渠12.074公里、配套建筑物706座，总投资200万元，受益面积2850亩。

2015年小型农田水利重点县项目。2015年10月23日开工，2016年3月底完工。建设地点在长江、石庄、江安。工程总投资3500.03万元。项目内容：拆(新)建泵站18座，新建防渗渠65.6公里、硬质排水沟10.6公里，配套渠系建筑物1036座；发展高效节水灌溉面积830亩，疏浚河道34.56公里；配备量水设施、自动化控制系统；实施水土保持工程和开展灌溉水利用系数测定等。工程实施后，项目区新增高效节水灌溉面积0.08万亩，改善灌溉面积2.1万亩，年提高粮食生产能力63万公斤，新增经济作物效益154.24万元。

新增千亿斤粮食产能规划田间工程

2009年11月20日，开工建设2010年新增千亿斤粮食产能规划田间工程，2011年4月30日竣工。项目总投资1000万元，其中中央财政投入800万元，省级投入200万元。项目实施地点在桃园、磨头、吴窑、郭园等镇。

工程内容：新建防渗渠33.495公里，渠系配套建筑物426座。其中：涵洞19座，节制闸19座、分水闸56座，跨渠桥332座；拆建泵站6座；渠道绿化3.1

万平方米。

项目效益:增加灌溉面积0.1万亩,改善灌溉面积0.95万亩,增加供水能力1000万立方米,年节水100万立方米,新增粮食生产能力246.87万公斤。

2011年度新增千亿斤粮食产能规划田间工程于2012年5月10日开工,2012年12月31日竣工。项目地址在搬经镇、高明镇、石庄镇。工程总投资1000万元,其中中央财政补助800万元,省级补助200万元。

项目建设内容:拆建泵站2座;新建防渗渠道39.96公里;新建节制闸、分水闸114座;新建涵洞1142座,维修排水涵洞9座;跨渠桥124座、窨井10座;新建滴灌区730亩,配套新建泵站1座;新建砂石路3082米,新建硬质路1300米;水土保持项目。

项目效益:工程实施后,可增加灌溉面积0.1万亩,改善灌溉面积2万亩;可改造中低产田0.5万亩;增加供水能力1400万立方米,年均节水600万立方米;新增粮食生产能力155.5万公斤。

2015年新增千亿斤粮食产能规划田间工程。该项目于2015年10月28日开工,2016年3月31日完工。项目建设地点:城南街道、城北街道、吴窑镇及下原镇。工程总投资3000万元,其中:中央财政资金2400万元,地方配套资金600万元。建设内容:拆建泵站12座,维修泵站4座;新建防渗渠道66.367公里;新建配套建筑物3180座;破路恢复混凝土量147立方米;新建水泥路11.468公里;水土保持项目。工程实施后增加灌溉面积2万亩,年增加粮食产量100万公斤,增加农业产值310万元;节省用工效益189.2万元;每年可节水450万立方米,产生间接效益45万元。

2012年高效节水灌溉试点县项目。由通水利农〔2013〕9号文下达资金5838.69万元,其中中央财政1500万元,省级2000万元,县级配套2338.69万元,工程于2013年3月19日开工,2013年6月30日竣工。

2013年高效节水灌溉试点县项目。2014年4月1日开工,2014年10月完工。建设地点在长江镇、丁埝镇、如城镇。工程总投资5838.8万元。项目内容:泵站23座,衬砌沟渠55.723公里,配套建筑物1584座。受益面积2.8万亩,发展高效节水灌溉面积2.1万亩。

2014年高效节水灌溉试点县项目。2015年2月15日开工,2015年6月底完工,建设地点在磨头、如城、城北、城南、九华、白蒲。工程总投资5839.1万元。项目内容:实施高效节水灌溉面积2.1万亩;新建提水泵站21座,铺设管道674.47公里,新建蓄水池1座;新建硬质排水沟60.87公里,配套建筑物

839座;磨头镇项目区内实施温室大棚智能化控制灌溉工程等。

如皋市2013年中小河流治理重点县综合整治和水系连通试点工程一期工程。该工程分为高明江安、常青磨头、郭园吴窑3个项目区,项目实施后,将改善除涝面积48.39万亩,改善灌排面积29.95万亩,受益村庄50个,受益人口30.48万人,社会经济效益显著。

一期工程共涉及整治河道57条。其中清淤河道48条,清淤河道长度130.50千米,清淤土方量251.66万立方米;清障及拆除阻水建筑物29处,河道坡面清杂面积69.91万平方米。植物护坡119.33万平方米,建筑物护岸长度5772米,新(拆)建及维修涵闸23座,建造桥梁13座。工程总投资7185.87万元。工程于2014年11月通过完工验收。

如皋市2014年中小河流治理重点县综合整治和水系连通试点项目二期工程。该工程位于如城镇、白蒲镇境内,实施如城、林梓白蒲2个项目区。

该期工程共涉及整治河道30条,清淤河道长度117千米,清淤土方量170万立方米;植物护坡32.7万平方米;建筑物护岸长度5974米;新(拆)建及维修涵洞57座;拆坝建桥6座;拆建节制闸4座;新建闸站1座。除涝收益面积16.43万亩,改善灌排面积16.43万亩,受益村庄54个,受益人口31.2万人。社会经济效益显著。

工程总工期8个月。工程于2015年10月12日开工,2016年5月底前完工验收。

第九章 水利管理

中华人民共和国成立前的历朝历代陆续兴建了不少水利工程，但关于水利管理方面的实例无记载查勘。

新中国成立后，中共如皋市(县)委、政府组织动员人民兴修了大量的水利设施。这些都是国家和人民群众的集体财富，也是抵御自然灾害、促进社会经济发展，改善生产条件，提高人民生活水平的物质保障。如何管好用好这些工程设施，充分发挥综合效益，则是各级政府尤其是水利部门必须抓实抓好的一项重要工作。

随着社会事业的不断发展，水利建设工程设施的不断拓展，人们对水利管理的认识也不断提高，管理组织不断建立健全，法律法规和管理措施不断深化。至2015年，基本形成了较为完整的分类管理系统。

第一节 水利法制建设

一、规范性文件

随着水利工程设施的不断兴建，市(县)政府及水利部门也日益认识到水利管理的重要性，修订和颁发了一系列水利管理规范性文件。

1961年9月，如皋县人民委员会印发《关于沿江水闸明确管理区范围的通知》，确定涵闸管理的范围和责任。

1974年1月，如皋县革命委员会发布《关于焦港工程管理工作的通知》，自县至社队，层层建立管理组织。县成立治淮小组，编制5人，专职管理焦港河道，有专业管理队伍、专兼职共440人。

1974年5月，如皋县革命委员会颁布《关于加强堤防管理的意见》。

1982年7月，如皋县政府颁发《关于严禁在河坡河堤上砍伐树草种植庄稼的意见》。

1987年4月7日，如皋县政府依据《江苏省水利工程管理条例》和上级的有关法规,结合如皋的实际情况颁布了《如皋县水利工程管理实施细则》,全县的水利工程管理工作有了一个比较完整、全面的规范性文件。

1988年,根据江苏省水利厅(苏水计〔1987〕009号)文件精神,如皋县政府印发《关于划分拉马河闸管理区范围的通知》。

1997年10月13日如皋市人民政府颁发了《如皋市河道管理实施细则》。该细则明确市人民政府水行政主管部门是本行政区域内的河道主管机关,并规定了管理河道的主要职责。

2001年5月,为贯彻落实上级文件精神,做好全市农村税费改革,如皋市政府办公室印发《关于将水利工程水费由事业性收费转为经营性收费》的通知。

2001年8月3日,如皋市政府印发《如皋市河道采砂收费管理实施细则》。

2001年皋水发[2001]80号文印发《如皋市凿井管理暂行实施细则》,为合理开发利用和保护地下水资源,规范全市凿井管理提供了依据。

2005年7月18日,经如皋市十四届政府第二十五次常务会议讨论通过《如皋市城市地下水资源管理暂行办法》,以《如皋市人民政府令》(第19号)公布,并于2005年8月1日起施行。为规范如城地区地下水整治工作,同年6月6日,如皋市人民政府还发布了《关于加强城市规划建成区地下水资源管理的通告》。

2011年8月26日,如皋市政府印发《如皋市水利工程管理实施办法》。原《如皋县水利工程管理实施细则》废止。

二、法制宣传

1988年开始建立水法宣传周制度,运用电视宣传片、宣传车、广场宣传、宣传标语、召开座谈会、举办水法制讲座、法制培训班等多种形式有计划地宣传水法律法规。1994年开始,结合“世界水日”、“中国水周”、“全国法制宣传日”、“节水宣传日”进行普法宣传。平时在查处违章水事行为时,以案释法,开展宣传教育,使水法知识逐步家喻户晓。

第二节 水利行政审批

1988年,如皋开始实行水行政审批。主要审批项目为:在水利工程管理范围内占用土地兴建工程设施和建筑物。20世纪90年代,随着国家水法制建设的不断完善,水行政审批事项不断增加,至2002年水行政审批事项达11项:1.取水许可;2.在江河、湖泊新建、改建或扩大排污口;3.河道堤防占用;4.河道采砂;5.建设项目水资源论证;6.占用农业灌溉水源、灌排工程设施;7.水利工程开工审批;8.水利基建项目初步设计文件审批;9.建设项目水土保持方案审批;10.江河故道、旧堤、原有水利工程设施填堵、占用、拆毁审批;11.护堤护岸林木采伐审核同意。

2002年6月,水务局在市行政审批中心设立窗口,窗口工作人员1人,负责受理和办理水务局行政审批事项。

2004年《中华人民共和国行政许可法》实施后,为规范水行政许可行为,水务局先后制定了《如皋市水务局行政许可实施办法》《如皋市水务局行政许可监督制度》《如皋市水务局行政许可过错责任追究制度》《如皋市水务局行政许可听证制度》和《重大决策行为规程》等相应的配套制度。对行政许可事项及依据、条件、办理程序、期限、材料目录和收费标准等,在办公场所和窗口进行公示。

2006年,水务局根据水行政许可实施一年多的情况,重新修定了操作性强、透明度高的操作规程,明确了许可各个环节的标准、条件、责任、权利等,以最大限度地减少审批人员自由裁量权和审批的随意性。

2008年6月,按照如皋市委、市政府全面清理、核查行政许可事项的要求,对水务局正在实施的11项许可事项,进行了逐项清理。清理后保留的水行政许可事项8项,全部进入市行政服务中心水务局窗口集中办理。具体事项名称:1.建设项目水资源论证报告书(表)审批;2. 取水许可;3.在江河新建、改建或扩大排污口许可;4.市管水利工程管理范围内新建、扩建、改建工程及设施、活动许可;5.河道采砂(取土)审批、审核;6.占用农业灌溉水源、灌排工程设施审批;7.水利工程开工审批;8.江河故道、旧堤、原有水利工程设施填堵、占用、拆毁审批。

2008年,水务局增设行政许可(服务)科,挂靠水政水资源科。负责受理和办理水务局所有行政许可事项，作为水务局的一个对外窗口，移入如皋市行政服务中心办公，接受水务局和“中心”双重领导和管理，在“中心”考核。行政许可科设定2人，原水政水资源科在中心的工作人员1人，从水务局工程管理科抽调1人负责行政许可科的日常工作。

行政许可科主要职责：负责受理和办理水务局所有行政许可事项。具体包括：1.如皋市水务局受理、审批事项；2.水务局窗口受理、审核、上报（南通市水利局、省水利厅）事项；3.按规定由上级水行政主管部门受理，征求所在地水行政主管部门意见事项。

水务局窗口许可权限：窗口独立完成行政许可事项的受理、办理（现场查勘、拟文、盖章）和送达等工作。凡窗口受理的事项（受理—审批事项，受理—审核—上报事项），由进入“中心”的带班分管领导签署行政许可决定书或审核意见；关系到社会公共安全和国家安全的须经水务局党组集体讨论决定或按规定由上级水行政主管部门受理，征求所在地水行政主管部门意见的事项，由局主要领导签署意见。

许可事项收费标准：按国家标准取下限收取。（详见表9-1、表9-2）

2009年，如皋市政府推进行政权力网上公开透明运行工作，水行政审批事项再次调整，其中行政许可类事项6项：1.取水许可；2.占用农业灌溉水源、灌排工程设施；3.在江河新建、改建或扩大排污口许可；4.水利工程开工审批；5.市管水利工程管理范围内新建、扩建、改建工程及设施、活动许可；6.河道采砂（取土）审批、审核。非许可类事项3项：1.设立水利旅游项目审批；2.江河故道、旧堤、原有水利工程设施填堵、占用、拆毁审批；3.建设项目水资源论证报告书（表）审批。

2010年9月，水行政许可实行网上运行。

2012年，非许可类事项增加二项：1.水利基建项目初步设计文件审批；2.开发建设项目水土保持方案审批。调整后非许可类事项为5项。

水规费征收项目和标准

表 9－1

项目	类别	计量单位	征收标准	备注
水资源费（含南水北调基金 0.07 元/吨）	地表水	元/立方米	乡镇供水企业非农居民生活用水 0.20 元,城区 供水 0.12 元,其他行业 0.2 元	水资源费专用票据
	地下水	元/立方米	洗浴、洗车、饮料、矿泉水等行业：城区 2.07 元,其他地区 1.67 元。其他行业:0.92 元	
	对超计划用水部分累进加价征收	超计划 5%以上 10%以下	加收 1 倍水资源费	
		超计划 10%以上 20%以下	加收 2 倍水资源费	
		超计划 20%以上 30%以下	加收 3 倍水资源费	
		超计划 30%以上	加收 5 倍水资源费	
水利工程水费	稻麦田经济作物	元/亩·年	7.00	水利工程水费票据
	旱 田	元/亩·年	1.00	
	消耗水(工业)	分/立方米	9.00	
	循环水(工业)	分/立方米	2.25	
	贯流水(工业)	分/立方米	3.6	
	水产养殖	元/亩	池塘养殖:25	
			湖荡河沟:7.5	

续表 9－1

项目	类别	计量单位	征收标准	备注
水利工程水费	市政公用水厂	分/立方米	4.00	水利工程水费票据
	其他	成本核算	产值1‰	
河道堤防占用补偿费	兴建建筑物、设施和停放、堆放物料等	元/平方米/月	0.5～1.0	行政事业服务票据
	占用内河河道岸线	元/米/月	3.0～5.0	
	占用长江岸线	元/米/月	4.0～8.0	
	占用河道、湖泊湖荡、水库等从事旅游、娱乐	元/平方米/月	0.2～0.8	
	设置鱼网、鱼簖等捕鱼设施	元/张(道、处)/月	10～50	
河道采砂管理费	河道采砂、取土	产地销售价	5–10%	

2015年江苏省水资源费调整情况一览表

表9-2

单位：元/立方米

类别				调整标准	备注
地表水	公共供水水厂			0.2	自备水源中经供水行政主管部门批准承担公共供水任务的部分，按公共供水水厂的水资源费标准执行
地表水	自备水源	高耗水工业行业		0.3	高耗水工业行业包括纺织印染、造纸、冶金、化工、火电、建材、机械、食品（除酿酒）等八大工业行业
地表水	自备水源	特种行业		0.4	特种行业包括洗车、洗浴、高尔夫球场、游泳池、饮料、纯净水、酿酒等行业，下同
地表水	自备水源	其他各类用水		0.23	农业灌溉用水暂缓征收水资源费
地下水	浅层地下水		苏锡常地区	2.7	
地下水	浅层地下水		其他地区	1.2	
地下水	区域供水未到地区乡及乡以下公共供水水厂			0.4	
地下水	其他公共供水水厂			0.8	
地下水	其他深层地下水	非超采区	地表水源水厂管网到达地区	2	
地下水	其他深层地下水	非超采区	地表水源水厂管网未到达地区	1.8	
地下水	其他深层地下水	非超采区	特种行业	4	
地下水	其他深层地下水	一般超采区	地表水源水厂管网到达地区	3	
地下水	其他深层地下水	一般超采区	地表水源水厂管网未到达地区	2.7	
地下水	其他深层地下水	一般超采区	特种行业	6	

续表 9－2

类别				调整标准	备注
地下水	其他深层地下水	严重超采区(含禁采区保留井)	地表水源水厂管网到达地区	4	
			地表水源水厂管网未到达地区	3.6	
			特种行业	8	
	矿泉水			10	不含矿产资源补偿费
	地热水		洗浴、酒店、疗养等商业经营类		
			农业、种植、水产养殖等生产类		
其他特殊用水	再生水			免征	
	矿坑排水、建筑疏干排水			见备注	按当地相应地下水水资源费标准减半征收
	水力发电			0.003元/千瓦时	按实际发电量征收
	抽水蓄能电站			0.3	暂免征收水资源费
	地源热泵	闭式地表水源热泵		见备注具体征收标准按当地相应水资源费标准征收	按实际补充的地表水水量征收
		开式地表水源热泵			按实际取用地表水水量的3%征收
		地下水源热泵	全部回灌的		按实际取用地下水水量减半征收
			未全部回灌的		限期关停,关停前按实际取用地下水水量征收
		污水源热泵、地埋管土壤源热泵			免收水资源费

说明:1.本表地下水标准为最低标准,如当地现行标准高于本标准的按当地现行标准执行。

2.区域供水实行同网同价,对全部取水按规定标准征收水资源费。

3.公共供水水厂同时取用地表水和地下水的,按不同种类用水的取水量和规定标准分别缴纳水资源费。

4.乡及乡以下公共供水水厂供农民生活用水部分,定额内(70升/人日)用水暂免征水资源费,超定额用水部分按标准征收水资源费。

5.省级以上节水型载体计划内用水按规定标准的80%征收水资源费,计划外用水按规定征收水资源费;经省水行政主管部门认定的省级以上农业产业化龙头企业直接用于农业生产的用水,按省政府相关规定执行。以上二项优惠政策不能同时享受,只能选择享受其中一项。

第三节 涵闸管理

管理机构：中华人民共和国成立后，涵闸属水利部门管理。1956年11月如皋水利局设有工务股。50年代后期，随着一批中小型水闸的兴建，于1957年7月建立南通专署焦港闸管理所，1959年7月建立南通专署碾砣港闸管理所，1961～1962年期间，将碾砣港闸管理所、焦港闸管理所分别下放如皋县，改称如皋县碾砣港闸管理所和如皋县焦港闸管理所。1961年9月，如皋县人民委员会印发"关于沿江水闸明确管理区范围的通知"，确定了涵闸管理范围，明确管理责任。1962年9月，如皋县人民委员会将原属公社管理的小型涵闸的业务，分别交由碾砣港、焦港两个中心闸管所托管。东平水闸、永平闸、久隆涵闸、丝渔港闸交由碾砣港闸管理所托管；界河闸、四号港涵闸、新生船闸交由焦港闸管理所托管。1984年体制改革，中型闸站建立管理所，小型闸站建立管理站。建闸管所的有焦港闸管理所、碾砣港闸管理所、抽水站管理所。建管理站的有永平闸管理站、司马港闸管理站、四号港闸管理站、长青沙闸管理站。如皋港辟港建闸后，1992年5月建立如皋港闸管理所。1999年1月长青沙闸并入如皋港闸、四号港闸并入焦港闸、永平闸并入碾砣港闸。2012年，如皋港闸、抽水站、抽水站船闸拆除后，因工程管理需要，如皋港闸管理所与抽水站管理所共同管理新建的如皋港水利枢纽工程及长青沙北闸。

沿江闸站均为水务局直属事业单位，业务上与工程管理科联系较多。闸站的主要任务是：遵照水利主管部门的指示进行正确的启闭、操作运用、调度水情；进行引水、排涝、排咸、保港清淤；对闸站闸身及启闭设备等进行正常的岁修养护，保证涵闸运行完好；对闸管区的工程设施的管理；管理区的植树绿化。

管理区范围：皋政发〔1987〕40号文《如皋县水利工程管理实施细则》第三章第六条第三款明确规定：县管闸站碾砣港闸、如皋抽水站上下游各500米，焦港闸上、下游各300米，永平闸上、下游各150米、四号港闸闸内300米，闸外至入江口，长青沙闸、久隆闸内河侧各150米，闸外至入江港口，如皋港闸上游至长江镇水利站，距闸身3000米，下游至入江口。上述范围内的河床、水面、青坎、堤身、道路、开除面积的积土区和已划归管理用的土地均属闸站的管理区范围。属乡(镇)管理涵闸站的小型涵闸上下游各30～50米范围内的河床、水面、河口以外3～5米,以及已划归管理用的土地都属涵闸管理区范围。

第四节 堤防管理

管理机构:1951年成立县防汛总队部,1974年改为防汛防旱指挥部,与此同时,成立县防汛总队部沿江办事处,作为沿江堤防管理和防汛管理的机构。

1984年10月建立县堤防管理所,为水利局的直属事业单位。编制6人,专职管理沿江江港洲堤。2002年9月1日市编委(皋编〔2002〕50号文)明确为市河道堤防管理所,编制10人,为社会公益型全民事业单位,相当股级建制。职责范围也扩大了。除江港洲堤的管理外还对全市长江岸线及水下变化情况进行动态观测,发现异常情况及时报告,拟定抢险方案,并具体组织实施抢险;指导沿江各镇、各相关单位防护堤防险工险段;指导一、二级骨干河道的保护。

管理范围:江港洲堤的堤身,堤内有挂脚沟的以沟(包括整个河面)为界,无挂脚沟的至堤脚外15米的土地,以及外堤脚外40米的滩地。

如皋市长江堤防管理情况表

表 9－3

序号	堤防起止点			管理单位	堤防管理范围		堤防占用情况				堤顶道路	
	起点	终点	长度(米)		背水坡堤脚外管理宽度(米)	滩地占用段保留管理宽度小于10米的长度(米)	占用段名称	企业占用长度(米)	居民占用长度(米)	其他(米)	不畅类型	长度(米)
主江堤												
1	292+049	292+138	89	堤防所	15	80	诚源	80		9		
2	292+138	292+568	430	堤防所	5	30	远邦	420		10		
3	292+568	293+245	677	堤防所	5		诚晖	677				
4	293+245	294+109	864	堤防所	5		堤防所	864				
5	294+109	294+422	313	堤防所	15	30	焯晟	300		13		
6	294+422	295+245	823	堤防所	5		东方	569		254		
7	295+245	295+987	742	堤防所	20		阳鸿	600		142		
8	295+987	297+052	1065	堤防所	20					1065		
9	297+052	297+252	200	堤防所	20	12	中铁山桥	200				
10	297+252	297+452	200	堤防所	20		国鼎	200				
11	297+452	298+118	666	堤防所	20	180	华泰	666				
12	298+118	299+465	1347	堤防所	20	530	垃圾处理中心	547		800		
13	299+465	299+505	40	堤防所	20		堤防所	40				
14	299+505	299+684	179	堤防所	20		如海通钢板	179				
15	299+684	300+590	906	堤防所	20		堤防所	906				

续表 9－3

序号	堤防起止点			管理单位	堤防管理范围		堤防占用情况				堤顶道路	
	起点	终点	长度(米)		背水坡堤脚外管理宽度(米)	滩地占用段保留管理宽度小于10米的长度(米)	占用段名称	企业占用长度(米)	居民占用长度(米)	其他(米)	不畅类型	长度(米)
16	300+590	301+158	568	堤防所	5	300	通宝	437		131		
17	301+158	301+336	178	堤防所	20	85	长江船厂	178				
18	301+336	301+503	167	堤防所	20	100	通城	122		45		
19	301+503	301+563	60	堤防所	20	40	长青沙大桥	40		20		
20	301+563	302+110	547	堤防所	30		堤防所			547		
21	302+110	302+310	200	堤防所	30	180	顺龙建材码头	200				
22	302+310	302+410	100	堤防所	30	80	如皋市江边建材经营部	100				
23	302+410	302+960	550	堤防所	30		堤防所			550		
24	302+960	303+060	100	堤防所	5		明鑫养殖场	100				
25	303+060	303+123	63	堤防所		60	跃新码头	63				
26	303+123	303+452	329	堤防所	30	280	成祥码头	329				
27	303+452	303+553	101	堤防所	30	80	华灿	101				
28	303+553	303+705	152	堤防所	20		如皋市立新船舶修造厂	152				
29	303+705	304+022	317	堤防所	30		如皋市港建砼有限公司	317				

续表 9－3

序号	堤防起止点			管理单位	堤防管理范围		堤防占用情况				堤顶道路	
	起点	终点	长度(米)		背水坡堤脚外管理宽度(米)	滩地占用段保留管理宽度小于10米的长度(米)	占用段名称	企业占用长度（米）	居民占用长度（米）	其他（米）	不畅类型	长度（米）
30	304+022	304+322	300	堤防所	30	150	如皋市水利建筑工程有限公司	300				
31	304+322	304+352	30	堤防所	20		南通通海船舶	30				
32	304+352	304+402	50	堤防所	20		如皋市长江镇千千建材经营部	50				
33	304+402	304+702	300	堤防所	20	250	驰宇钢管	300				
34	304+702	304+875	173	堤防所	20	75	南通新诚船舶修造厂	173				
35	304+875	305+077	202	堤防所	30		广厦建材	202				
36	305+077	305+448	371	堤防所	15		堤防所			371		
37	305+448	305+788	340	堤防所	15		昌泰矿渣微粉	340				
38	305+788	305+999	211	堤防所	15		盛奇船舶	211				
39	305+999	307+500	1501	堤防所	15		堤防所			1501		
40	307+500	307+623	123	堤防所	5	100	三中不锈钢	123				
港堤												
1.四号港	292+138		1160	焦港闸管理所	0	1000	诚源港口	1132			开闸口	50

续表 9－3

序号	堤防起止点			管理单位	堤防管理范围		堤防占用情况				堤顶道路	
	起点	终点	长度（米）		背水坡堤脚外管理宽度(米)	滩地占用段保留管理宽度小于10米的长度(米)	占用段名称	企业占用长度（米）	居民占用长度（米）	其他（米）	不畅类型	长度（米）
2.焦港口			8144	焦港闸管理所	0	7500	中枝管桩	400				
3.如皋港口	293+245	294+109	9324	如皋港闸管所	0～20	900	头案村			1700	防汛辅道	1500
							蒲港村			1700		
			1084	碾砣港闸管所	0～20	300	永平闸村	200	50	834		
4.永平港口	永平闸	久隆闸	665	碾砣港闸管所	0	600	闸管区			665	防汛辅道	660
	久隆闸	永平港口	495	碾砣港闸管所	20		闸管区			480		
5.碾砣港口	307+623		2128	碾砣港闸管所	0～20	500	江北船舶快修	300				
							碾砣港砖瓦厂	200				
							闸管区	1400	80	120		
6.长青沙港池			1840	堤防所	6	1800	港务集团	560			设门、闸口	250
					6		江南德两瑞斯	150				
					6		港投公司	1060		80		

续表 9－3

序号	堤防起止点			管理单位	堤防管理范围		堤防占用情况				堤顶道路	
	起点	终点	长度（米）		背水坡堤脚外管理宽度(米)	滩地占用段保留管理宽度小于10米的长度(米)	占用段名称	企业占用长度（米）	居民占用长度（米）	其他（米）	不畅类型	长度（米）
7.泓北沙港池			4400	堤防所	6～20		熔盛	400				
						400	森松	400			门、闸口	400
						300	海通	300				300
						400	瑞泰	500				400
							港投公司	2800				
洲堤												
1	泓北沙港池	四号坞	1669	堤防所	5		熔盛	1669			防汛辅道	500
2	0+000	4+230	4230	堤防所	0	2500	熔盛	4230			闸口、船坞	1000
3	4+230	4+434	204	堤防所	0～10	150	皋张汽度	204				
4	4+434	5+764	1330	堤防所	10	1300	港务集团	1330			闸口	1000
5	5+764	5+844	80	堤防所			堤防所	80				
6	5+844	6+000	156	堤防所	10		南京航道局	156				
7	6+000	8+370	2370	堤防所	20		鹏鹞水务	2370				
8	8+370	8+670	300	堤防所	20		通茂船舶	300				

第五节 河道管理

管理范围 皋政发〔1987〕40号文和皋政发〔1997〕178号文《如皋市河道管理实施细则》规定:一、二级河道的河床、水面、青坎、堤身、配套建筑物和已开除面积的土地(含积土堆)都属于一、二级河道的管理区范围。三、四级河道的河床、水面以及河口外有截水埂、挡水堤或机耕路(含埂、堤、路本身)的以此为界,没有的以三级河河口向外3~5米、四级河河口向外2~4米的范围均属三、四级河的管理区范围。

管理队伍 基本上按群专结合的形式,根据不同的历史时期和工程类别采取专职管理队伍与当地社队(村组)联合管理。

1962年如海运河疏浚后,政府采取县、社合作造林的办法,搞好两岸植树造林,河坡栽柳,紫穗槐、杞柳、仙棵等亲水性树草,青坎栽植胡桑,河堤上面栽刺槐。沿线建立52个专业队,1000多人,对如海运河实行专职常年护理,同时充分发动沿线广大群众管理保堤护堤。

如海河沿线两岸34公里长的河坡河岸河堤植树180万棵意杨和刺槐;栽草8万多穴。每年控制水土流失效果很好,沿途群众也增加了收入。但由于形势的发展,只剩下小溪河以北的区区几华里,依然郁郁葱葱。

1973年12月,焦港整治工程竣工后,如皋县革命委员会于1974年1月发布《关于加强焦港工程管理工作的通知》,从县到社队,层层建立管理组织。县成立治淮小组,配备5人,专职管理焦港河道,有群、专结合的管理队伍440人,并发动群众订立管理焦港工程的制度。

在总结河道管理工作经验教训的基础上,1982年7月如皋县政府颁发了《关于严禁在河坡河堤上砍伐树草种植庄稼的意见》,要求各地建立公社、大队、生产队三级管理,在抓好工程建设的同时,抓好树草管理、水土保持工作,坚持工程措施、生物措施、管理措施三管齐下。

1978年南凌河二次疏浚后,城东区区委于1983年1月成立南凌河管理委员会,抽调39人组建南凌河工程管理站。负责沿河线两岸上植树栽草、稳定河床、控制水土流失的工作。该站遵循建管并重的原则,采取专业管理与群众管理相结合的方法,先后与沿河19个村民委员会和20多个企事业单位签订河道维护承包合同,与沿线3115户农民签订管理合同,规定沿岸堤坡只准栽树长草，不准随意垦伐，河坡、河堤上柴草和修剪树枝的收入归管理户，同时鼓励农民利用积土堆栽桑养蚕，从而控制了水土流失，又提高了农民收入。该站的工作成绩显著，多次在省水利工作会议上作介绍，且多次受省水利厅表彰。但随着政治体制和经济体制的变革，该站于2004年2月划归雪岸水利站。

1984年4月，如皋县水利部门组织有关工程技术人员对县骨干河道进行全面勘查。1986～1990年根据江苏省水利厅统一部署，全县开展了农田水利工程普查工作，摸清河道基本情况，在一、二级河道上每隔一公里处埋设里程桩，为今后的规划、计划和管理提供了方便。

1993年，如皋港疏浚在土方工程进行的同时，会同石庄区工委与沿线乡镇、村组签订《如皋港工程管理绿化协议书》《如皋港二案大桥至立新河段工程绿化管理奖惩办法》。组织群众植树种草、固土护坡。

新疏浚的河道全部采用植树栽草来固土护坡。在土方工程施工的同时，着手植树栽草工作，做到沟河和岸坡同治。特别是河坡，采用乔木灌木结合树草搭配，在树草品种上选择速生、再生能力强，根系发达的品种。河坡上层以耐旱能力强的树种为主。例如堤身种植意杨、刺槐；河坡上部以仙棵、红草、芒棵、芦竹、柳条为主，近水面处植芦柴、蒿瓜、蒲草。特别是正常水位线上下，栽种5到8行蒿瓜和蒲草，当年即能成活，第二年旺发，河坡即能形成削弱波浪冲击的一道防线，水下发达的根系，构成密集的网络，防止河坡流沙坍塌。在护坡固土的同时，还增加了沿线居民的收入。

根据〔1987〕40号文的规定，总结历史上河道管理的经验，如皋市的一、二级河道管理工作基本采取的是专业管理和群众管理相结合的方式。根据“南通市水利工程管理实施办法”（通政发〔1987〕68号文）的要求，一级河属南通市管理，故在一级河道管理区内的相关行为必须报南通市级水行政主管部门审批。2004年以前由如皋水务（利）局水政水资源科审核转报，2005年起由局工程管理科审核转报。

进入21世纪，河道管理紧密配合新农村建设，保证已经疏浚整治的河道达到水质达标，水系畅通，引排水功能提升的既定目标，着力在建立长效管理机制上下功夫，实施清管并重，一清就管。及时、分级落实管理目标责任制。

河道环境整治达标后，长效管理是关键。2007年以来，如皋市水务局着重抓了以下几个环节：

一是明确了管护责任主体。全市一、二、三级河道统一由所在地乡镇水

对全市14个镇(区、街道)332个村居暗访、考核。月度行程达5000公里。

"七位一体"工作

在"四位一体"的基础上,如皋市委、市政府积极探索农村环境管理体制的进一步改革,2015年增加农作物秸秆综合利用、畜禽粪便结合利用、违章建房三项形成新的"七位一体"管护模式。该项工作由水务局牵头负责。2014年投入647万元新增垃圾运输车13辆、压榨机12台。2015年的工作重点是垃圾桶(池)的更新改造及一、二级河道的机械化保洁。购置6条大型、15条中型机械保洁船,对全市的一、二级河道和可通航的三级河道实施常态化保洁。

河道整治,河坡绿化一步到位,做到水体畅通、"库容"增加、水质改善,即"水畅、水清、水美"。2015年主要抓清除违章网具和拆坝建桥。全年共拆除坝头坝埂770个、建桥181座、建涵234个。

第六节 水资源管理

1988年,《中华人民共和国水法》明确了水资源管理体制和水资源管理的内容,并明确国务院水行政主管部门负责全国水资源的统一管理工作,确立了水行政主管部门在水资源管理中的法律地位。

水资源管理工作虽然起步较晚,但比较规范,成效也比较显著。

一、建立专职管理机构

1988年如皋县水利局增设水政水资源管理股;1992年建立如皋市水利工程收费站;1995年建立水费水资源管理所,为水务局下属事业单位,同时撤消水利工程收费站,并将其人员编制及职能划归水费水资源管理所,专司水资源管理工作。

二、水功能区划分

水功能区划是结合水资源综合规划和经济社会发展要求,对不同水域规定其在国民经济、社会发展、自然保护等方面满足的水质功能要求,并提出水质保护目标。因此,水功能区划是水资源保护和河道水体污染治理的重要依据。

2003年省政府批准的《江苏省地表水(环境)功能区划》中,如皋市共区划了38个水功能区,涉及境内24条大小河流,除长江如皋段外还包括内河4条一级河道、19条二级河道。

2007年3月,江苏省人民政府批准了长江如皋段水(环境)功能区调整,将原长江如皋饮用水源区(长江如皋段四号港至周圩港)调整为长江如皋港工农业用水区、长江如皋饮用水源区、长江如皋长青沙工农业用水区3个水功能区,如皋市境内合计区划水功能区为40个。

在如皋市区划的36个内河水功能区,均为一级区划的开发利用区,其中又进行二级区划为4个饮用水源区、25个工农业用水区、2个景观娱乐用水区和5个过渡区。

36个内河水功能区中,2010年水质目标区划Ⅲ类水的有27个,Ⅳ类水的有9个,2020年水质目标全部为Ⅲ类水。

三、水质监测

自1998年起,如皋市水务(利)局组织对全市境内主要河道(如海运河、焦港、通扬运河、如皋港、如泰运河)和深层地下水进行水质监测。河道监测断面9个,深层地下水监测点2个(如皋无线电厂、蒲西泰尔特染整厂),并编制《水质简报》。地表水监测频次4次/年,地下水监测频次1~2次/年。

2003年地表水监测调整为7条河道12个测点。

2004年按照省水利厅《关于开展重点水功能区监测和通报工作的通知》要求,地表水监测调整为按划分的水功能区实施监测,监测频次从每季一次增加至每年6次,监测断面增加至16个,同时编制《如皋市水功能区水质通报》。

2007年7月起在长江北汊段增设4个监测点,合计监测总长度达240多公里。

为充分了解如皋市地表水环境质量现状,如皋水务局于2007-2008年对本市境内各级河道开展了多次水质水量同步调查监测。监测涉及境内30条大小河流,包括4条一级河道、20条二级河道、6条三级河道;75个监测断面,累计监测493站次。

至2013年,如皋市现有的43个水功能区(其中3个为边界功能区,含保留区1个,过渡区6个,饮用水源区5个,工农业用水区29个,2个景观娱乐、排污控制区),已全部开展常规例行监测,监测断面48个。监测频次:重点水

如皋市地表水（环境）功能区划表

表9－4

（2007.3）

编号	河流名称	水功能区名称	范围		长度（公里）	水质目标	
			起始断面	终止断面		2015年	2020年
1	长江	长江如皋营防保留区	如皋市周圩港	通州新捕鱼港	9.25	Ⅱ	Ⅱ
		长江如皋港工业用水区	四号港	天生港水道入口上游2公里	3.17	Ⅲ	Ⅱ
		长江如皋饮用水水源区	天生港水道入口上游2公里	天生港水道入口下游2.5公里	4.5	Ⅱ	Ⅱ
		长江长青沙工业农业用水区	天生港水道入口下游2.5公里	周圩港	4.5	Ⅲ	Ⅲ
2	焦港	焦港焦港闸过渡区	长江边	焦港闸	3.3	Ⅲ	Ⅲ
		焦港如皋石庄饮用水水源、工业用水区	焦港闸	石庄前河	6.7	Ⅲ	Ⅲ
		焦港如皋石庄工业、农业用水区	石庄前河	大寨河口	13.9	Ⅲ	Ⅲ
		焦港如皋搬经饮用水水源、工业用水区	大寨河口	如泰运河	5.1	Ⅲ	Ⅲ
		焦港海安工业、农业用水区	如泰运河	如皋海安交界	6.5	Ⅲ	Ⅲ
3	如海运河	如皋薛窑磨头工业、农业用水区	碾砣港闸	大明河口	31	Ⅲ	Ⅲ
		大明过渡区	大明河口	邓 里	1	Ⅲ	Ⅲ
		如城饮用水源区	邓 里	塌 港	6.5	Ⅲ	Ⅲ

续表 9－4

编号	河流名称	水功能区名称	范围		长度（公里）	水质目标	
			起始断面	终止断面		2015年	2020年
3	如海运河	袁桥过渡区	埸港	如皋海安交界	4.9	Ⅲ	Ⅲ
4	如泰运河	如皋工业、农业用水区	沈巷	何庄西	16	Ⅲ	Ⅲ
		如皋何庄过渡区	何庄西	何庄	1	Ⅲ	Ⅲ
		如皋饮用水源区	何庄	城西	5.4	Ⅲ	Ⅲ
		如皋邓元过渡区	城西	邓元	2	Ⅳ	Ⅲ
		如皋—如东工业农业用水区	东陈	如东交界	10	Ⅳ	Ⅲ
5	通扬运河	如皋柴湾工业、农业用水区	立发	鹿门	11.1	Ⅳ	Ⅲ
		如城景观娱乐、排污控制区	鹿门	东陈	11.4	Ⅳ	Ⅲ
		丁堰—白蒲、通州平潮工业、农业用水区	东陈	如皋通州交界	31	Ⅳ	Ⅲ
6	丁堡河	丁堡河东陈农业用水区	通扬运河	如皋海安交界	12.6	Ⅳ	Ⅲ
7	白茅港	白茅港柴湾工业、农业用水区	通扬运河	如海运河	7.94	Ⅳ	Ⅲ
8	南凌河	南凌河雪岸工业、农业用水区	通扬运河	如东如皋交界	16.5	Ⅳ	Ⅲ
9	大寨河	大寨河场北农业用水区	如海运河	拉马河	17.05	Ⅲ	Ⅲ
10	大明河	大明河大明工业用水区	通扬运河	如海运河	13.95	Ⅲ	Ⅲ
11	龙游河	龙游河如城工业用水区	如皋县城	吴窑	27.8	Ⅲ	Ⅲ

续表 9－4

编号	河流名称	水功能区名称	范围		长度（公里）	水质目标	
			起始断面	终止断面		2015年	2020年
12	拉马河	拉马河高明农业用水区	如泰运河	夏仕港	18	Ⅲ	Ⅲ
13	胜利河	胜利河高明工业用水区	焦 港	拉马河	5.75	Ⅳ	Ⅲ
14	司马港	司马港磨头农业用水区	焦 港	通扬运河	28.7	Ⅲ	Ⅲ
15	立新河	立新河下原农业用水区	如海运河	红旗河	23.13	Ⅲ	Ⅲ
16	石庄前河	石庄前河石庄农业用水区	抽水站引河	拉马河	13.17	Ⅲ	Ⅲ
17	如皋港	如皋港石庄、长江工业、农业用水区	司马港	江边又来沙	22.1	Ⅲ	Ⅲ
18	周圩港	周圩港长江农业用水区	长江永平闸	江平公路北500米	8.91	Ⅲ	Ⅲ
19	跃进河	跃进河林梓农业用水区	通扬运河	如海运河	15.38	Ⅲ	Ⅲ
20	白李河	白李河白蒲工业用水区	通扬运河	如海运河	15.5	Ⅳ	Ⅲ
21	如靖界河	如靖界河黄市工业用水区	焦 港	夏仕港	11.3	Ⅲ	Ⅲ
22	扬马河	杨马河桃园工业、农业用水区	龙游河	东司马港	5.56	Ⅲ	Ⅲ
23	丁石河	丁石河东陈农业用水区	如泰运河	南凌河	9.18	Ⅲ	Ⅲ
24	新姚河	新姚河林梓渔业用水区	通扬运河	如东县界	7.25	Ⅲ	Ⅲ

功能区为1次/月，其余为1次/2月。共计监测功能区河长约613.22公里，其中保留区河长9.25公里，过渡区河长16.2公里，饮用水源区河长28.2公里，工农业用水区河长538.67公里，2个景观娱乐、排污控制区河长20.9公里。

四、水平衡测试

为了加强企业用水管理水平，水资源管理所(节约用水办公室)，从1998年开始开展企业水平衡测试工作，2007年后每年都选择多家企业开展水平衡测试。从工作计划的制定，到企业节水管理员的业务培训指导，水资源管理所都派员参与，同时，还委托江苏省水资源管理协会节水分会具体实施，出具水平衡测试报告，对企业用水提出合理化建议。

五、执行科学严格的管理措施。

（一）严把取水许可关。从1998年开始，对每一项取水申请，坚持现场察看，填写查勘记录；审批前，与省市业务部门进行认真的水资源论证。审批时对照水资源保护规划，全面了解生产过程及退水情况，在落实节水措施后，予以审批。取水工程竣工时组织验收，出具验收报告。取用深层地下水一律报省水利厅审批。全市取水总量严格控制在当年取水计划以内。多年来，全市非农业取水户发证率达100%。企业用水户，在取水口安装水表，装表率达到100%（农业取水除外）。所有非农业取水户审批取水量、年度下达计划水量、年度实际用水量等资料全部实行信息化管理。

（二）征收水规费。随着经济发展和水资源管理工作的的深入开展，如皋水资源管理和水规费征收呈现日趋规范、相互促进的良好局面。有明细的水规费征收项目及标准。2008年水资源费（含南水北调基金）征收额为343.67万元，2009年为377.28万元，2010年为544.38万元（含往年水资源费补缴63.55万元），2011年为547万元，2012年为562.48万元，2013年度，征收水资源费（含南水北调基金）723万元；河道堤防占用补偿费220.48万元；水利工程水费593.72万元(其中工业61.5万元,农业水费532.22万元)。

2014年，共征收各类水规费1819.7万元，其中水资源费490.56万元，南水北调基金214.09万元，河道占用补偿费264.17万元，水利工程水费850.88万元(其中农业水费675.82万元)。

2015年，共征收各类水规费1892.54万元，其中水资源费835.42万元，河道堤防工程占用补偿费287.85万元，水利工程水费769.27万元(其中农业水费674.23万元)。

根据(财综〔2014〕68号)和(苏财综〔2015〕8号)规定,自2014年9月15日起,在全省范围内取消南水北调工程基金,并利用腾出来的水价空间同步调增水资源费征收标准。故2015年度征收水规费中,没有南水北调基金,水资源费按新标准征收,苏价工〔2015〕43号、皋价发〔2015〕98号关于调整后的水资源费征收标准见附表9-2。

(三)做好水源区保护:2008年完成了饮用水源区和重点水功能区的确界立牌工作;在区域供水覆盖运行后,将原有水厂作为备用水源地,提高了供水保障能力。

(四)规范入河排污口设置许可。如皋市区域内企业入河排污口设置,过去一直未进行专项许可。自2008年起,对在河道设置排放口的项目,要求在环评时履行前置审查程序,即取得水务部门的审查同意后,再由其他相关部门审批。水务部门在受理企业入河排污口申请后,详细认真审核其工艺流程,分析排污后对受纳水体的影响,提出相应对策,完善应急预案。项目实施后,对其排污情况实行跟踪监测,督促企业规范生产和排污,努力控制排污对河道水质的影响。

(五)实施对企业退水水质进行监测。对企业入河排污口进行退水水质监测,并将常规性监测与突击性监测相结合。对将污水处理设施惜本不用,直排入河造成污染事故的,列入黑名单,作为重点监管对象。

(六)做好地下水资源的保护。全市地下水管理多年来一直坚持"五个一"(一井一表、一井一牌、一井一卡、一井一证、一井一档)的管理模式,对所凿深井从选址、开钻、电测、管材质量验收等重要工序严格把关,始终坚持建设、施工和水务监管三方的现场监督,形成了一整套完整、严格的监管制度。对在用的地下水井,用户安装承压井计量设施,并保证其正常运转。从2007年起,推广应用了远程智能监控管理系统,实行了按计划取水、先付费后用水。2009年又将远程智能水表系统升级为GPRS系统,至2015年已安装并正常运行的有47个测站49个点。2010年,全市的水资源管理信息化系统与省厅联网,省级水行政主管部门可对用户的取用水行为进行实时监控。

1999年开始,一直坚持每年两次的地下水静态水位监测,逐年对比及时发现问题,有效地控制了地下水的无序开采。2013年9月封停全市自来水厂地下水井24口。及时对废弃井按规程封填,并予以影像和文字记录存入档案。

(七)创建江苏省水资源管理示范县(市)。2010年7月,如皋市被确定为江苏省首批水资源管理示范县建设试点市。试点建设期间，如皋按照《江苏省水资源管理规范化建设指导意见》及考核标准、《如皋市水资源管理示范县建设实施方案》重点围绕取水许可监督管理、节水型社会建设、生态环境保护以及能力建设等内容，着力强化队伍建设、完善管理制度、提升业务水平、加强基础研究、推广示范工程，严格落实水资源管理制度，全面提升水资源管理能力，有效实现水资源从单一水量管理到水量、水质、水生态环境综合管理的全方位转变。2011年12月，如皋市创建江苏省水资源管理示范县（市）工作顺利通过省水利厅、财政厅组织的专家组的考核验收。

（八）建设节水技改示范项目。2007年起，如皋市开始实施节水技改示范项目，至2013年，全市共有14家企业实施了节水技改项目。示范项目根据企业生产经营特点，制定节水方案，组织实施。如：江苏南天化肥有限公司的碳化冷却水，技改前每小时耗水180吨，使用后直接排入河道，不仅大量浪费水资源,而且一旦设备发生泄漏，就可能给水资源造成污染。改为全闭路循环后，每小时只需要补充40吨冷却水，不但节约了水资源，同时避免了设备损坏造成事故性排放，减少了水污染，保护了水资源。如皋市恒祥化工有限责任公司由于原来工艺流程长，产出比为57:1，污染严重，先后投资530万元对整个工艺进行了改造，从根本上解决污染物的排放问题，同样的设备，同样的水资源的消耗，不同的控制方法，产品产量扩大了一倍，年节水量约8万吨，重复利用率达73%，污染物年排放量减少近25%。2013年如皋市日鑫电子有限公司通过新上马的节水新设施，每年可节约水资源12.4万吨，节约水费、电费、化剂等材料耗用费及设备维护费45.2万元，达到了节能减排、降本增效的效果。

（九）创建节水型试点单位。2007 ~ 2013年，在如城6个社区（秀水、孔庙、蒲行、长巷、陆桥、宏坝社区）、2个学校（如皋市新民中学、如城实验小学）开展了创建节水型单位工作，组建了节水领导小组及公众节水工作网络，并结合各自情况，制定了一些行之有效的节水制度。通过宣传和制度的实施，营造出节水工作氛围，增强了全民节水意识，取得了预期的成效。

六、节水灌溉

如海灌区改造项目通过对灌区骨干工程的完善配套，推广节水灌溉技术，改革灌区管理体制，成立了农民用水户协会，既增强了灌区输配水能力，又减少了水的疏漏流失，提高了灌溉水利用效率。一至八期工程实施后，新增有效灌溉面积1.586万亩,改善灌溉面积62.4 8万亩,增加节水灌溉面积1 3.05万亩,年综合亩均灌溉效益596.0元,灌区年灌溉效益18417.26万元,渠系水利用系数由原来的0.55提高到0.65,年节水7920万方。至2013年,如海灌区续建配套与节水改造工程已实施十二期工程。

2009年11月 ~ 2011年4月,实施焦港灌区节水配套改造工程。

第七节 执法管理

如皋市水务(利)局一直重视水利执法管理。历史上查处违反水法规的行为由工程管理科(股)负责。1988年水利局增设水政水资源管理股专司水利执法管理。

1995年,如皋市水利局组建水政监察大队。具体负责各种水事违章违规案件的查处,维护水利工程设施的完整,充分发挥水利工程效益。现如皋市水政监察大队为公益型全民事业单位,编制8人。下辖六个水政监察中队,有专职水政监察员11人,兼职水政监察员38人。在如皋市便民服务中心有固定办公场所,长青沙(河道堤防管理所办公楼)设水政执法基地。配备有摄象机、录音笔、望远镜、数码相机、专用车辆和巡逻艇等专用执法装备。初步建立了一支专兼职相结合的水政监察队伍。执法保障不断加强,执法力度不断加大,执法效能显著增强。维护了良好的水事秩序。

如皋水政监察大队成立后,坚持水政执法巡查,及时发现违反水法规的行为,及时予以制止和查处纠正。结合实际情况开展专项检查。根据需要联合公安、交通、海事、航道及相邻市县有关部门在长江如皋水域及内河一、二级河道进行巡查,严厉打击非法采砂、毁堤取土、填河及未经许可擅自占用河堤等违反水法规的行为。

1993年,进行了一次跨县区的集中执法行动。在公安、航道等部门及邻近县区乡镇的支持下,拆除堤防、河道、闸管区等水利工程管理区的违章建筑58户,计79.5间;平毁小土窑140余座;拆除阻水碍行渔具400多处。

1993年8月4日,在如皋市公安部门和南通县五接乡合成圩村干部的配合下,强行拆除了万国忠在碾砣港闸管区内的违章房,拔掉了一颗拖延了四年之久的"钉子户",其他几户受到教育,立即自行拆除了违章建筑。

1995年,如皋水利局查处石桥明在焦港河堤葛市乡北元村段违章建筑。因当事人社会能量较大,惊动了省纪委。水务部门以水法为准绳,几经行政复议,坚决拆除了违章建筑物。

该案于1995年10月17日以水罚字第002号作出违反水法规行政处罚决定通知书,1995年10月30日立案查处,1996年2月8日以皋水发〔1996〕47号文作出处罚决定书,南通市水利局以〔1996〕通水政复议决字第01号作出复议决定书,如皋市人民法院1996年9月25日以〔1996〕皋行判字第22号作出一审行政判决书,1996年12月13日南通市中级人民法院以〔1996〕通行终字第103号作出终审判决书,如皋市水利局于1997年2月4日以皋水发〔1997〕22号文申请如皋市人民法院强制执行。

1995年10月18日,由如皋市政府综合治理调查组牵头,葛市乡政府出动干群100多人强制拆除了葛市乡北元村石桥明在焦港河堤违章建吊机码头。1997年7月30日由如皋市政府、市政法委牵头,公安、检察院、法院共100多名干警和水政监察人员,在葛市乡300多名干群的配合下,强制拆除了葛市乡北元村石桥明在焦港河岸的违章建房和其他设施。

2008年4月14日至21日,组织了为期一周的代号"猎鹰行动"的长江河道采砂整治行动;6月17、18日,根据省水利厅、公安厅统一部署,联合如皋公安局水警大队对长江如皋段水域进行了"集中严打"非法采砂专项行动,出动车船艇5辆艘次,人员30人次。有力地打击了水事违法行为,构建了和谐的水事秩序,为经济建设和社会发展提供了良好的水环境。

2009年4月30日至7月16日间,国鼎(南通)管柱有限公司在距长江如皋中汉又来沙中心闸下游约2000米处建造码头,未按江苏省水利厅行政许可决定书(苏水厅〔2008〕220号)的要求实施,码头前沿伸出长江水道111米,超出76米。发现后责令其改正,并处罚款2万元。

2009年度,开展一、二级河道执法大检查专项活动。本次活动投入资金10万元,派出车辆615次,行程4718公里,检查项目1144个,填写登记表1094份,查清了本市一、二级河道管理状况,建立了较为全面的河道管理及执法资料库。本次活动,检查发现涉河违章项目16个,立案查处案件5起,罚款3.7万元。

2010年6月至10月,开展为期4个月的骨干河道取土专项整治活动。随着城镇化建设进程的加快,制砖、场地平整等需要大量的土资源,河道内无序取土的现象时有发生,不规范的取土导致河坡倒塌,河床破坏,影响河道安全。通过整治,要求做到"四个明确"、实现"五个规范",即明确时限、范围、方法、数量。规范许可审批、规范现场管理、规范规费征收、规范监管巡查、规范执法程序。开展专项活动以来共建立了2条挖泥船、10台泥浆泵的基本资料，查处非法取土13起，征收河道采砂管理费8.2万元。

2011年，进行水资源管理执法大检查。一是进行全市取用水单位集中调查，统计全市地下水取水口134个，地表水取水口41个。对检查中发现的计量设施运行不正常、水资源费缴纳不足额等问题，由水费水资源管理所进行了督促整改。二是强化如城地区地下水整治。7月18日和8月5日，水政大队联合市经济开发区管委会、工商、税务等部门组织了50多人的联合执法队伍。开展了肠衣城内外肠衣生产企业的专项整治行动，现场取缔独管井13眼。同时立案查处了天龙畜产品有限公司等三家企业未经许可擅自凿井取水的行为。

2012年6月14日，如皋市水政监察大队巡查时发现，常青镇立新河南岸金凤桥东侧35米处的码头，没有审批手续正在运行。6月15日，如皋市水务局批准立案调查。6月18日如皋市水政监察大队派员到现场查勘取证。金国成接受了水政监察大队的调查询问。金国成说明了在立新河河道范围内建码头的事实经过。经查明：2008年11月8日金国成与郭年祥、张兰中签订财产转让协议，一次性向郭、张购入该码头和配套设施，金国成为该码头和配套设施的所有人。该码头和东西料池沿河长16米，码头前沿入河口线以内6米，并安装一台3吨转盘吊机，用于砂石材料的上卸。该行为违反了《江苏省水利工程管理条例》的规定。2012年6月28日下发《如皋市水务局水行政处罚事先告知书》和《如皋市水务局责令限期改正水事违法行为通知书》，7月6日下发《如皋市水务局行政处罚决定书》。对金国成处以罚款6000元的行政处罚。7月9日金国成缴纳了罚款，并补办了有关手续。

2012年8月24日，如皋市水政监察大队联合长航公安如皋港派出所对长江水域如皋段进行巡查时，发现徐凯东未经水行政主管部门批准擅自在弘北沙港池外侧采砂。当日如皋市水务局批准立案调查，对船主徐凯东作了询问笔录，吸砂船（中南吸186号）采砂动力260马力，运砂船舶（皖灵璧885号）装运吨位900吨，已从长江河道中采了800吨砂，准备送往上海。徐凯东承认了在长江河道中非法采砂的违法事实。该行为违反了《长江河道采砂管理条例》的有关规定。8月24日如皋市水政监察大队向徐凯东发出了《责令停止水事违法行为通知书》和《证据先行登记保存通知书》，8月29日下发《如皋市水务局水行政处罚事先告知书》，8月31日下发《如皋市水务局行政处罚决定书》《证据先行登记保存处理决定书》。徐凯东于9月3日缴纳罚款10万元。同日，如皋市水政监察大队没收了吸砂船的采砂机具，并于9月4日销毁。

2013年9月3日，如皋市水政监察大队巡查发现如皋市桃林自来水有限公司擅自取水。水政大队9月6日对该公司取水情况进行了初步核实，9月12日经水务局批准立案，9月13日进行调查询问及现场查勘。经查，如皋市桃林自来水有限公司于2013年5月起未经批准取用地下水（井深330米）用于增压补水，取水能力10吨/小时，该行为违反了《中华人民共和国水法》的相关规定。如皋市水政监察大队于9月22日送达《如皋市水务局行政处罚告知书》和《如皋市水务局限期补办行政许可手续的通知书》。如皋水务局于2013年9月28日受理了该公司提交的取水许可申请，9月30日送达《如皋市水务局行政处罚决定书》，对如皋市桃林自来水有限公司作出处以罚款2万元的行政处罚。该公司在法定期限内未向如皋市人民政府或南通市水利局申请行政复议，也未向人民法院提起行政诉讼，如皋市水务局于2014年1月17日向该公司送达《如皋市水务局行政强制执行事先催告书》催告该公司限期缴纳罚款，但该公司在期限内仍未缴纳罚款，2014年2月11日，如皋市水务局申请如皋市人民法院强制执行。2月18日如皋市人民法院作出了准予强制执行的行政裁定书。如皋市桃林自来水有限公司最终于2014年2月28日缴纳罚款2万元。

为满足生产需要，南通皋鑫科技开发有限公司擅自凿井一眼。2013年5月8日接群众举报，5月9日派人前往该公司进行查实，该行为违反了《中华人民共和国水法》第四十八条的规定。如皋市水务局执法领导组集体讨论，发出了《行政处罚告知书》和《限期改正水事违法行为通知书》，要求其在15日内补办行政许可手续，该公司表示接受处理，并提交了取水许可申请材料。2013年6月6日根据《中华人民共和国水法》第六十九条的规定作出行政处罚决定，对其作出罚款4万元的行政处罚，该公司于6月18日缴纳了罚款。

2014年5月8日，如皋市行政执法大队巡查发现张宏斌在西司马港北岸磨头镇高庄居14组段河道管理范围内建房，该行为涉嫌违反了《江苏省水利工程管理条例》第八条第六项的规定，当即向其送达了《责令停止水事违法行为通知书》，后经如皋市水行政主管部门立案批准后，派员到现场进行了查勘取证，当事人张宏斌承认了违法事实。查实后，经水务局执法领导组集体讨论，发出了《行政处罚告知书》和《限期改正水事违法行为通知书》，责令其拆除所建房屋，恢复工程原状。当事人提交了书面检查，作出承诺表示接受处理。根据《江苏省水利工程管理条例》第三十条的规定，作出了罚款4000元的行政处罚，张宏斌于2014年6月12日主动缴纳了罚款。

2015年4月中旬，运用执法艇对全市所有骨干河道进行全面巡查。由如皋市防汛指挥部发布清障通知。动用车(船)30次，出动人员65人次，张贴宣传标语20条，及时处理违法占用河道行为12起、清理网簖81口。同时还联合长航公安如皋港派出所、如皋海事局建立信息互联机制，坚持每周至少一次的江面巡查、出动车船76辆(艘)次，制止采砂苗头5次。

水利管理工作是一项必须持之以恒的的正常工作，不能有丝毫的松懈和间歇。不时还会出现一些单位、部门只顾眼前利益，违反水法规的行为，这要求市、镇(区)各级领导，特别是水利部门的领导要学习水法规，宣传水法规并身体力行执行水法规。

在水利工程管理方面，还存在着重建轻管的倾向。违法取土、非法建筑、垦坡种植等行为时有发生，这就要求水行政部门加强宣传教育，不断提高全民的水法制意识；强化监督检查，完善管理制度，及时制止违章违法行为。

到2015年止，水利管理方面还是多龙治水。区域供水和城市防洪及污水处理由住建局负责；污水排放由环保局负责；水源区管理由水务部门负责。而要改多龙治水为水务一体化并不是水务部门能单独处理的，必须由市政府牵头，才能形成比较规范的管理体系。

第八节 建设管理

自新中国成立之后方有资料显示水利建设管理工作的梗概。

管理机构

1949年7月18日、23日两次台风侵袭，江港堤岸决口44处。中共如皋县委、如皋县政府成立复堤委员会。

1951年2月12日，疏浚龙游河老头湾段，邹义良任疏浚总队长。

1958年11月23日如海运河工程正式开工，设如海运河工程指挥部，专线领导施工。

以后，水利工程项目建设，从多方面的资料反映基本上形成一个模式：工程项目立项批准后，均建立相应的工程指挥部，指挥部由工程主办部门的负责人任总指挥，加上人武、计划、公安、交通、物资、水利、农机和工程涉及的乡镇负责人组成。所需工程技术人员、财务人员、文档及后勤人员在全县范围内抽调。工程竣工后各回原单位。（因而对资料的收集存档有很大的影响。宋庆龄为碾砣港闸的题词以及陈毅等领导的题词原件至今下落不明。陈毅、郭沫若为焦港闸的题词和信函被借调的徐良泉老师保管了37年后才捐出。）

焦港闸（含焦港整治工程）、碾砣港闸（含如海运河开挖）、如皋二案抽水站（含抽水站引河）三大工程由南通专员公署负责建设。

1962年以后的通扬运河疏浚工程、如泰运河疏浚工程、东司马港疏浚工程、如皋港辟港建闸工程、江堤达标工程等由如皋县（市）负责施工。县（市）政府有关领导任总指挥（一般由分管农水的副县长或人大常委会副主任担任），其他人员也是在全县各相关单位抽调。

1990年起，所有水利工程，包括基本建设、河道疏浚和灌区建设等工程指挥部的人员基本上都是水利系统内部调整。

在项目实施过程中，全面推行规范化管理，严格按照基建程序落实项目法人制、招投标制、监理制、公示制、合同管理制、财务报账制、决算审计制、竣工验收制。并坚决执行"廉政准入制"为前提。

在质量管理方面，公开择优选择施工企业，组织技术培训、细化质保措施，同时专人进行质量跟踪，严把原材料和设备质量关。

预立项管理

根据全市性经济建设发展的相应的长远规划，市水利部门结合农委、农发、国土等部门的规划编制预立项规划。（相对比较长的一段时间，对全市的水利工程设施建设区域性整治）和农田水利、水资源管理利用等方面的工程进行具体项目安排上报省、中央有关部门争取立项。基础工程设施（区域性整治）方面3000万元以下的项目报省水利厅审定。3000万元以上项目报省经济和发展委员会审定。

概预算管理

水利工程立项后均按照省水利部门编制的预算定额执行。若需要变更必须报相关部门批准。例如四号港迁建工程,为了更好地发挥效益,如皋市政府认为有必要调整预算,后经与南通市水利局协商一致后方进行调整。

招投标管理

1997年11月17日,省水利厅公布《江苏省水利工程施工招投标实施办法(试行)》。如皋市财政局提出了更具体的标准:工程施工20万元以上、设计、监理5万元以上的项目都要执行招投标制度。招投标一般有两种形式:公开招标、邀请招标。根据投资额度多少以及工程缓急程度确定。招投标工作基本都委托招标代理进行。工程评标委员会到相应的评标专家库中随机抽取评标人员,确保评标工作公平和公正。评标时有纪检、财政、审计部门人员参与监督。

监理管理

自1996年8月23日水利部公布《水利工程建设监理规定》之后,全市水利工程均聘请有资质的南京苏富特、南通通源、盐城盐利通等监理公司进行监理。

监理对工程进度、投资、质量、安全等内容进行全方位的有效控制。监理人员参与图纸交底会,提出监理意见,审查施工单位提交的进度计划,并进行监督实施。监理在现场巡视检查,对工程的隐蔽部位、关键部位、关键程序进行全过程的跟踪。重点是施工人员是否按照规程、图纸、工艺进行施工,是否严格执行三级验收制度,发现问题及时口头或书面通知施工单位改正。

监理还负责要求施工单位在工程施工中使用的主要材料实行进场报审制度,钢筋、水泥、砂石等均按要求送检。

监理工程师定期复核施工单位上报的完成工程量,并及时向业主单位报告工程的质量和进度。

2006年12月以后,完全执行水利部《水利工程建设监理规定》。监理工作更加正规化、常态化。

第九节 财务管理

资金来源

新中国成立前历史资料有载:水利工程多由知县或乡绅豪富捐资。汉代(公元前179年-公元前141年),吴王刘濞因运盐凿通扬运河。唐大历元年(776年)黜陟史李承实任淮南节度制官,心忧海潮涨漫海陵,修筑捍海堰;宋代天圣元年(1025年)范仲淹建议发运使张伦奏请修筑捍海堰,宋仁宗准奏,指定由范仲淹负责修筑范公堤。明代成化(1481年)知县胡昂浚县治西南小沟与运盐河连成环抱县衙的玉带河;正德十五年(1520年)知县徐相建掘港城水闸;明天启二年(1622年)县令李衷纯于龙游河下游距长江口五里的明禧寺左方柳家闸建成石础,有蓄水、航运和灌溉的效益;清代乾隆十二年(1747年)知县郑见龙建李家堡西永兴闸;道光十八年(1839年)知县范仕义浚龙游河建宏济闸;民国11年(1922年)如皋水利会建新生港船闸,1925年张謇捐资在下原李家桥建滚水坝一座及坝南不远处白李河上建利民新闸。

新中国成立后,水利建设资金贯彻"自筹为主、国家投资或贷款为辅"的原则,江堤修筑、治坍护坡、并港建闸及骨干河道开挖疏浚等大中型工程,工程建筑物设施主要由省、南通市、如皋市三级财政拨款,农民主要以劳力投入为主,同时受益地区采取多层次、多渠道的集资办法。乡、村自筹解决小型工程。

1965年10月8日,经江苏省人民委员会批准,南通地区实行统筹水利经费,以县为单位,按田亩统筹主要用于县办或两县以上大中型水利工程。

1985年起,根据国务院《水利工程水费核定、计收和管理办法》,按省及南通市有关文件征收水费,以后又陆续开征河道堤防占用补偿费、河道采砂管理费、水资源费。1991年起农业水费由农民负担,按农户的承包面积分旱田和水田担负。工业、水产养殖、商业特殊行业等亦征收水资源费。这些费用也都用于水利工程建设。

1989年起,征收农业发展基金,其中一部分用于水利建设(2000年停止征收)。

1992年起,征收防洪保安基金。其中一部分也用于水利工程,所收的各项费用都专户存储、专款专用。使用时由水利部门提出项目预算,经主管部门和市(县)领导批准后使用。

1996年经国务院批准,如皋市被确定为全国300个节水增产重点县之一。自此灌溉示范区工程,灌区建设、农村饮水安全工程,中央财政小型农田水利重点县项目工程等一系列重点工程都是由中央财政、江苏省财政、南通市财政和如皋市财政共同投资完成的。

进入21世纪,水利资金投资渠道有了新的扩展。2009年实施碾砣港闸通航孔扩建工程,由水利系统职工集资710万元;

2009年,由市水务局和如皋市诚源港口仓储有限公司合资建四号港闸;诚源公司出资300万元,水务局已于2013、2014、2015年分三年还清。2010年开工建设的如皋港水利枢纽工程,造价1.2亿元,主要由如皋港经济开发区承担(其中省水利厅补助2800万元)

至2015年止,如皋市已经形成了上级补助和市(县)级财政投入为主,群众筹资投劳为辅的资金筹集机制。同时积极整合农业综合开发、商品粮基地、土地整理、万顷良田、高标准粮田建设、财政支持现代农业项目等涉及农林水利建设资金,统筹安排、集中使用。形成齐抓共管、整体推动的水利建设资金投入机制。一是加大市级财政投入力度、市级财政确保当年可用财力的2% ~ 4%用于水利工程建设。从土地出让金中提取10%用于水利工程建设。二是鼓励社会投资投劳,积极支持村级水利工程建设。

资金管理

如皋市水务局财务审计科负责全市水利系统财务会计工作。根据上级文件规定提出有关水利价格收费、税收、信贷、投入及筹资等方面的意见,负责全市各类水利资金的计划、使用、管理及监督。同时组织全市水务系统内部审计工作。对一些较大的工程项目,派出工程会计,负责该工程的资金管理和使用,进行决算、审计。

2010年水利专项资金明细表

表9－5

单位:万元

序号	文号	文件名称	项目名称	总投资计划	资金落实						备注
					合计	中央	省	市	市县	自筹	
1	苏财农〔2010〕134		中央应急度汛	80.00	80.00	80.00					
2	苏财农〔2010〕121		省级应急度汛	45.00	45.00		45.00				
3	苏财农〔2010〕132		养护	80.20	80.20		80.20				
4	苏财农〔2010〕114		水土保持	10.00	10.00		10.00				
5	苏财农〔2010〕218		河道砂石资源	250.00	250.00		250.00				
6	苏财农〔2010〕240		水利科技	25.00	25.00		25.00				
7	苏财农〔2010〕246		第四批重点工程（如泰运河）	607.00	550.00	164.00	83.00		303.00		
			长青沙抛石	2112.00	1800.00		900.00		900.00		
8	苏财农〔2010〕191		伤残民工	2.00	2.00		2.00				
9	苏财农〔2010〕135		大型灌区	1800.00	1800.00	600.00	400.00		800.00		
10	苏财农〔2010〕137		饮水安全(三期)	2528.00	2528.00		1720.00		808.00		
11	苏财农〔2010〕65		河道疏浚	1207.00	2707.00		1207.00		1500.00		
12	苏财农〔2010〕209		小型农田水利	3051.90	3051.90	850.00	1450.00		751.90		
13	苏财农〔2010〕219		水资源费	92.00	92.00		92.00				
14	苏财农〔2010〕194		小型农田水利	2970.00	2970.00	850.00	1450.00		670.00		
合计				14860.10	15991.10	2544.00	7714.20		5732.90		

2011年水利专项资金明细表

表9－6　　单位:万元

序号	文号	文件名称	项目名称	总投资计划	资金落实						备注
					合计	中央	省	市	市县	自筹	
1	苏财农〔2011〕7	2011水利重点县投资计划	重点县	2997.00	2997.00	850.00	1450.00		670.00	27.00	
2	苏财农〔2011〕11	2011中央特大抗旱补助	抗旱补助	200.00	200.00	200.00					
3	苏财农〔2011〕24	2011省级基础设施专项	河道	1054.00	2254.00		1054.00		1200.00		县255村庄799
4	苏财农〔2011〕25	伤残民工	伤残民工	2.00	2.00		2.00				
5	苏财农〔2011〕40	2011年第一批水利重点	灌区十期	3000.00	3000.00	1000.00	667.00		1333.00		
6	苏财农〔2011〕81	饮水安全2011第一批	饮水安全三期	2552.00	103.00	79.00			24.00		已下2449万元
7	通财农〔2011〕6	2010年引江考核补助	考核补助	12.00	12.00			12.00			
8	苏财农〔2011〕89	省级维修养护	维修养护	156.00	156.00		156.00				
9	苏财农〔2011〕98	2011长江河道砂石资源	砂石资源	160.00	160.00		160.00				
10	苏财农〔2011〕108	水利重点2011第二批投资计划	长青沙西南抛石	2088.00	288.00		144.00		144.00		已下1800
			如海灌区	0.00			133.00		（133.00）		已下3000
11	苏财农〔2011〕147	中央水利建设基金	应急度汛	85.00	85.00	85.00					

续表 9－6

序号	文号	文件名称	项目名称	总投资计划	资金落实						备注
					合计	中央	省	市	市县	自筹	
12	苏财农〔2011〕162	省科技项目		50.00	50.00		50.00				
13	苏财农〔2011〕165	2011年农村饮水安全1.4万人	1.4万人	691.00	464.00		241.00		223.00		
		农村学术饮水安全	农村学术	2356.00	1595.00		613.00		982.00		
14	苏财农〔2011〕184	关于下达省水利工程2011年第三批投资计划的通知	焦港闸工程	7677.00	6000.00		3000.00		3000.00		总投7677
			碾砣港闸下游整治	1713.00	1713.00		685.00		1082.00		
15	苏财农〔2011〕190	2010年度水资源管理“以奖代补”		5.00	5.00		5.00				
16	苏财农〔2011〕198	2011年第二批省级基础设施专项	河道	262.00	262.00		262.00				县63村庄199
17	苏财农〔2011〕199	2011年省级第一批全国水利普查	水利普查	15.00	15.00		15.00				
18	苏财农〔2011〕242	2011年河道管理费	管理费	9.00	9.00		9.00				
19	苏财农〔2011〕249	2011年小型农田重点县奖励	奖励	406.79	406.79	200.00	200.00			6.79	
20	苏财农〔2011〕249	2011年农村河道管护奖	管护奖	71.00	71.00		71.00				

续表 9－6

序号	文号	文件名称	项目名称	总投资计划	资金落实						备注
					合计	中央	省	市	市县	自筹	
21	苏财农〔2011〕252	2011年第二批农村水利补助	农村水利补助	32.00	32.00		32.00				
22	苏财农〔2011〕260	四号港拆建省补助资金	拆建	2965.00	2965.00		550.00		2415.00		
23	苏财农〔2011〕261	焦港闸拆建	焦港闸拆建		731.00		731.00				
24	苏发〔2011〕1766	新增粮食产能规划投资计划	500亿公斤	1000.00	1000.00	800.00	200.00				
		合 计		29558.79	24575.79	3214.00	10430.00	12.00	10886.00	33.79	

2012年水利专项资金明细表

表9－7

单位:万元

序号	文号	文件名称	项目名称	总投资计划	资金落实 合计	中央	省	市	市县	自筹	备注
1	苏财农(2012)28	2012年伤残民工	伤残民工	2.00	2.00		2.00				
2	苏财农(2012)50	2012下达县乡河道疏浚	河道疏浚	214.00	214.00		214.00				
3	通财农(2012)13	下达2011年引江调水考核补助经费	引江调水	18.00	18.00			18.00			
4	通财农(2012)20	下达2011年达标乡镇环境长效奖补资金	长效管理	40.00	40.00			40.00			
5	苏财农(2012)62	农村饮水安全	学校	2356.00	761.00	761.00					
			2012	2451.00	1697.00	360.00	556.00		781.00		
			2011年1.4万人	227.00	227.00	227.00					691.00
6	苏财农(2012)81	2012村庄河塘	村庄河塘	798.00	1798.00		798.00		1000.00		
7	苏财农(2012)90	2012砂石资源	砂石资源	115.00	115.00		115.00				基地90 管理25
	苏财农(2012)91	省级水利工程维修养护经费	维修养护	172.00	172.00		172.00				养护9 维修163
8	苏财农(2012)115	省级应急度汛	应急度汛	60.00	60.00		60.00				碾砣港

续表 9－7

序号	文号	文件名称	项目名称	总投资计划	资金落实						备注
					合计	中央	省	市	市县	自筹	
9	苏财农(2012)118	2012年第二批水利重点	枢纽	7200.00	7200.00		2880.00		4320.00		
			如泰河	39.00	39.00		39.00				2009年
10	苏财农(2012)163	省科技项目	科技项目	35.00	35.00		35.00				
11	苏财农(2012)186	中央特大防汛经费	特大防汛	80.00	80.00	80.00					
12	苏财农(2012)189	2012小型重点县奖励	重点县奖励	70.00	70.00		70.00				
13	苏财农(2012)190	第二批2012县乡河道疏浚	村庄河塘	254.00	254.00		254.00				
14	苏财农(2012)191	2012第四批重点县	重点县	5839.71	5839.71	1500.00	2000.00		2339.71		
15	苏财农(2012)198	2012第三批投资计划	如海灌区	4500.00	4500.00	1500.00	1200.00		1800.00		
16	苏财农(2012)200	2012年河道管理费	管理费	8.00	8.00		8.00				
17	苏财农(2012)203	2012水资源费	水资源	64.00	64.00		64.00				
18	苏财农(2012)213	省级河道管护奖	奖补资金	69.00	69.00		69.00				
19	苏财农(2012)232	水土保持	水土保持		15.00		15.00				
20	苏财农(2012)238	2012年第二批农村水利补助经费	江安镇	8.00	8.00		8.00				
21	苏财农(2012)289	2012年中央特大防汛	焦港	60.00	60.00	60.00					
合计				24679.7	23345.7	4488.00	8559.00	58.00	10240.71	0	

2013年水利专项资金明细表

表 9-8 单位:万元

序号	文号	文件名称	项目名称	总投资计划	资金落实						备注
					合计	中央	省	市	市县	自筹	
1	通财农(2013)25	2012年达标乡镇环境长效奖补资金	长效管理		200.00			200.00			120+80
2	通财农(2013)27	下达2012年引江调水考核补助经费	引江调水		18.00			18.00			
3	苏财农(2013)41	2013年伤残民工	伤残民工		2.00		2.00				
4	苏财农(2013)59	2013年省第一批水利重点工程	如海河整治		4154.00		1187.00		2967.00		
5	苏财农(2013)72	省级河道	省级河道		1960.00		960.00		1000.00		县乡160+村庄800
6	苏财农(2013)78	省级防汛经费	防汛经费		70.00		70.00				小天生港
7	苏财农(2013)76	2013农村饮水安全中央预内	饮水安全		773.00	773.00					
8	苏财农(2013)110	省级维修养护及湖泊	维修养护		254.00		254.00				养护9
9	苏财农(2013)117	长江砂石资源	砂石资源		50.00		50.00				执法30装备17培训3
10	苏财农(2013)106	2013第三、四批重点县	重点县		5838.80	1500.00	2000.00		2338.80		
11	苏财农(2013)108	中央特大防汛经费	特大防汛		200.00	200.00					长青西南
12	苏财农(2013)129	2013年水资源费	水资源费		115.50		115.50				

续表 9－8

序号	文号	文件名称	项目名称	总投资计划	资金落实						备注
					合计	中央	省	市	市县	自筹	
13	苏财农(2013)150	2013年第三批投资计划	如海灌区		2025.00	675.00	540.00		810.00		
14	苏财农(2013)183	省级河道	省级河道		240.00		240.00				
15	苏财农(2013)184	省级河道管护奖	奖补资金		70.00		70.00				
16	苏财农(2013)185	省级河道	管理费		8.00		8.00				
17	苏财农(2013)186;230	中小河流中央补助	中央补助		7000.00	2800.00	1400.00		2800.00		
18	苏财农(2013)191	小型重点县奖励	奖补资金		200.00		200.00				
19	苏财农(2013)214	2013年中央特大防汛补助	中央补助		70.00	70.00					焦港
20	苏财农(2013)219	2013年农水补助	小农水		10.00		10.00				伴今群岸社区
21	苏财农(2013)228	2013年中央土地收益	中央补助		260.00	260.00					
22	苏财农(2013)230	省水利重点工程第四批	如海河整治		1188.00	1188.00					
23	苏财农(2013255)	2014河道整治			640.00		640.00				2014年
合 计					25346.30	7466.00	7746.50	218.00	9915.80		

2014年水利专项资金明细表

表9-9　　单位:万元

序号	文号	文件名称	项目名称	总投资计划	资金落实						备注
					合计	中央	省	市	市县	自筹	
1	通农环(2014)1	2013年达标乡镇环境长效奖补资金	长效管理		100.00			100.00			
2	通财农(2014)15	下达2013年引江调水考核补助经费	引江调水		18.00			18.00			下
3	通财农(2014)18	2014第四、五批重点县	重点县		1500.00	1500.00					
4	通财农(2014)44	2014年伤残民工	伤残民工		2.00		2.00				
5	通财农(2014)51	省级河道管护	河道管护		75.60		75.60				下
6	通财农(2014)62	2014河道整治	河道整治		3020.00		560.00		960.00	1500.00	2013年下640
7	通财农(2014)73	省级防汛经费	防汛经费		100.00		100.00				
8	通财农(2014)78	省级维修养护及湖泊	维修养护		158.00		158.00				如靖40、碾砣40、堤顶20、如皋港40、江堤监10
9	通财农(2014)103	水资源费	水资源费		30.00		30.00				
10	通财农(2014)105	长江砂石资源	砂石资源		103.00		103.00				70+30+3

续表 9－9

序号	文号	文件名称	项目名称	总投资计划	资金落实						备注
					合计	中央	省	市	市县	自筹	
11	通财农(2014)108	2014年重点县省补	重点县		4339.00		2000.00		2339.00		
		小型重点县奖励	奖补资金		300.00		300.00				
		小农水补助	小农水		10.00		10.00				吴窑平田
		小型农田工程管护	工程管护		30.00		30.00				
12	通财农(2014)109	省级河道管护奖	奖补资金		75.00		75.00				
13	通财农(2014)110	省级河道	管理费		8.00		8.00				
14	通财农(2014)129	省级防汛经费	防汛经费		85.00		85.00				碾
15	通财农(2014)152	中央水土保持	水土保持		367.00	167.00			200.00		
16	通财农(2014)172	中央农田水利建设项目	农田水利建设		300.00	300.00					中央统筹出让
17	通财农(2014)182	第四批水利建设投资计划	基建、水土保持		2353.00		353.00			2000.00	长青沙北闸220、水土保持133
18	通财农(2014)204	2015河道资金	河道整治		640.00		640.00				
19	通财农发(2014)71	中型灌区	通扬		780.00	400.00	380.00				
合 计					14393.60	2367.00	4909.60	118.00	3499.00	3500.00	

2015年水利专项资金明细表

表9－10　　　　单位:万元

序号	文号	文件名称	项目名称	总投资计划	资金落实						备注
					合计	中央	省	市	市县	自筹	
1	通财农(2015)1	下达2014年引洒调水考核补助经费	引江调水		18.00			18.00			
2	苏财农(2015)29	省级维修养护项目	维修养护		85.30		85.30				一、二级河67.3;18
3	苏财农(2015)63	自主移民	自主移民		2.04		2.04				
4	苏财农(2015)74	长江砂石资源	砂石资源		63.00		63.00				执法补助30;执法船30;宣3
5	苏财农(2015)77	省级防汛经费	防汛经费		155.00		155.00				焦港下游道路70;防汛物资仓库修复75
6	苏财农(2015)88	省级维修养护项目	维修养护		170.00		170.00				碾砣69;如靖54;标准化10;江堤丝鱼、大27;标设10
7	苏财农(2015)102	2015河道整治	河道整治		248.00		248.00				214年下640万元;800河道;80长效;8管理费
8	苏财农(2015)103	水资源费	水资源费		65.00		65.00				非应急深井封填15;省级示范区50
9	苏财农(2015)118	2015小型重点县2820	重点县		2100.00	800.00	1300.00				
			重点县奖励		300.00		300.00				

续表 9－10

序号	文号	文件名称	项目名称	总投资计划	资金落实						备注
					合计	中央	省	市	市县	自筹	
9	苏财农(2015)118	2015小型重点县2820	专项工程		20.00		20.00				伴今二个社区各10
			维修养护		400.00	400.00					
10	苏财农(2015)117	重点县绩效考评	绩效考评奖励		300.00		300.00				
11	苏财农(2015)143	中央特大防汛抗旱	中央		110.00		110.00				
12	通财农(2015)6	2014年环境长效奖补资金	长效管理		100.00			100.00			
13	苏发改投(2015)617	2015水利基本建设第四批	中小河流		3000.00	1000.00			2000.00		
14	苏发改投(2015)1074	2015水利基本建设第六批	中小河流		2000.00		2000.00				苏财农(178)
15	苏财农(2015)181	自主移民	自主移民		0.12		0.12				
16	苏财农(2015)203	2016年农田水利设施中央补助	重点县、维修		1271.00	1271.00					2016年重点县800+471
17	苏财农(2015)233	提前2016省级重点县	重点县		1300.00		1300.00				
18	苏财农(2015)236	提前2016年自主移民	自主移民		1.08		1.08				2016
19	苏财农(2015)239	提前2016省级维修养护	维修养护		18.00		18.00				2016

续表 9－10

序号	文号	文件名称	项目名称	总投资计划	资金落实						备注
					合计	中央	省	市	市县	自筹	
20	苏财农(2015)265	千亿粮食中央补助	千亿粮食		2400.00	2400.00					
21	苏财农(2015)241	提前2016省级伤残民工	伤残民工		2.00		2.00				
22	苏财农(2015)230	提前2016省级河道整治	河道整治		750.00		750.00				水美乡村110
合计					14878.54	5981.00	6779.54	118.00	2000.00	0	

第十章 水利规划与水工设计

1949年1月如皋解放后，水利工作由如皋县政府生产建设科负责。至1956年11月建立如皋县水利局，内设秘书和农水股、工务股。水利规划和设计工作列入农水股工作职责范围。

第一节 水利规划

复堤工程规划。

1949年7月，如皋发生了由台风、暴雨、大潮连续袭击造成长江堤防决口、江水倒灌引起的灾情，如皋县人民政府成立了复堤委员会，由县长庄振华带队组织人员于1949年秋冬对全县的江港堤防进行全线查勘，测量放样，制定了复堤工程规划：

1.对江堤加高培厚，对险工险段进行护坡；

2.结合围垦进行并堤，使江堤较为顺直，缩短防线；

3.并港建闸，消灭病涵(改木涵为混凝土涵)。

根据1953年发生的旱灾和1954年发生的水灾，1955年修订了“一五”水利规划。1955年6月13日如皋县人民政府农水工〔55〕字第14号报告《报送如皋五六、五七年度水利事业投资补助工程建设项目》。

1956年度项目：焦港上游、焦港闸、凌河、四号港水泥涵、海坝港水泥涵、机械灌溉。

1957年度项目：碾砣港、小李港闸、司马港中段、茅雉河、江防区永建乡水泥大方涵。

1955年6月22日《如皋县水利工作计划概要》中记载：“水利建设方针：在淮河下游统一规划下，首先疏通焦港、碾砣港，划清高田与圩田地区的排水系统，做好圩田地区的分片独立灌溉单元及沿江港道的并港建闸工程。同时进行群众性沟洫灌溉及并围建闸工程，有条件发展机电灌溉和自流灌溉。”

1955年8月5日，如皋县防汛防旱总队编制了《如皋县今冬明春农田水利工作草案初稿》。

1955年8月6日，如皋县防汛防旱总队部以皋防字第32号文《对小型农田水利规划提出修改意见的函》，分送县委、县政府、各区区委、并报省水利厅及南通专员公署。8月28日，提出农田水利规划初步意见：“根据如皋自然条件，规划高田地区6个排水区：小溪河排水区、栟茶运河排水区、遥望港排水区、碾砣港排水区、龙游河排水区、焦港排水区。拉马河原出夏仕港入江，此次规划自河北庄向东开横河接焦港下游，并入焦港排水区。圩田地区9个排水区：界河排水区、四号港排水区、戴案港排水区、东平港排水区、久隆港排水区、丝渔港排水区、海坝港排水区、大小李港排水区、捕鱼港排水区（后三个排水区，以后划归南通县）。”

1955年10月25日，如皋县人民政府《今冬明春农田水利工作计划》中进一步提出水利工作的方针和任务。方针：根据如皋地形特点和现有水利设施，为适应农业增产要求，必须从全局规划着手，采取先急后缓分期施工的办法，以发动群众自办为主的逐步疏浚干河，并开展大面积的小型农田水利工程和加强管理养护工作。一是在圩田地区着重分片独立排水灌溉单元的规划，重点加高加固圩堤，适当并港建闸建涵，缩短防线，畅通支港，发展自流灌溉，并对小圩适当联圩，调整涵洞，大圩内加做隔堤，开沟分级排水，要求在三年内，达到旱季不旱，雨季不涝。二是在高田地区，有水源的在灌溉排涝兼顾的原则下，以疏通水路为主，结合开挖沟洫，筑坝建涵控制，达到引水排水的目的，并有重点的发展自流灌溉。无水源的地区，当前着重增加河塘面积，开深拓宽，增加蓄量，并疏通排水路，做到旱时可以提水灌溉，雨时积水能顺利排出。任务：一是今冬焦港下游至赵家庄，土方100万立方米。明春唐家埠至申家网，土方100万立方米。二是群众自办工程，区办支河，乡办沟洫工程，土方340万立方米。三是大型涵洞二座：四号港口和海坝港口各一座。四是小型涵洞及桥梁。

1959年，经南通专署水利局选定，继续在赵明、胡芝、毕云三个公社进行河网化规划试点。

1970年，北方农业会议后，根据上级水利部门的规划，在通扬运河、如海运河、焦港河沿线，建设连片综合治理大样板片。

1970年7月，如皋县革命委员会提出了：“一年削平高沙土，二年实现旱改水,三年建成大寨县"的口号,由此制定了全县"削平高沙土,全面规划沟渠路综合治理"的规划。具体任务落实到生产队和田块。实际用二年时间完成。

1979年4月,制订《平原地区"三田"(千斤田、双纲田、吨粮田)建设规划》。

1983年,在南通地区树立农田水利建设典型,如皋县高沙土地区的搬经、吴窑、袁桥三个乡的规划被作为优秀规划上报省水利厅审定。规划包括:治理标准、治理技术措施、规划布局、规格标准。

1990年,根据江苏省和南通市下达的《如皋综合改良高沙土实验区》项目的要求,在部分乡镇中实施,实验区和幅射点,分三年进行。

1990年,为增加灌溉水源,制定了如皋港辟港建闸工程规划,共分五期实施,开辟了如皋境内唯一的直接通江水道。

1998年,高沙土整治规划。全省高沙土综合开发计划工作会议在如皋召开。这次会议促进如皋制订新的《高沙土整治规划:1.20世纪内彻底削平高沙土;2.三年时间全面改造10万亩农田;3.八年时间治理62.5万亩农田,达到综合开发一流水平。

1996年,经国务院批准,如皋市被确定为全国300个节水增产重点县之一。为此先后编制了磨头天阳节水灌溉示范区规划、搬经搬东节水增效灌溉示范区规划、如海灌区续建配套与节水改造规划、焦港灌区节水改造配套项目可行性研究报告。

根据水利部农〔1999〕459号文件精神,结合如海灌区的实际,编制了《江苏省如海灌区续建配套与节水改造规划报告》。

规划的主要技术指标包括:引水渠道清淤工程;支渠防渗工程;机电排灌工程;支沟疏浚工程;管理设施;全面推广水稻"浅湿灌溉"技术;搞好水土保持等。

如海灌区续建配套与节水改造工程静态总投资为36421.91万元。其中:骨干工程投资28776.71万元,田间节水改造工程投资7645.20万元。2001 ~ 2005年投资14398.28万元,其中2001 ~ 2003年每年投资2400万元,2004年投资3500万元,2005年投资3698.28万元,2006 ~ 2010年共投资22023.63万元。

按照国家农业综合开发办公室、水利部关于印发《国家农业综合开发中型灌区节水配套改造项目管理实施办法》的通知要求,编制了《农业综合开发江苏省如皋市焦港灌区节水改造配套项目可行性研究报告》。

主要建设内容及工程量：焦港灌区计划实施的节水配套工程项目有：焦港闸维修加固；疏浚总干渠53公里；拆建泵站12座；新建防渗渠道14.8公里；疏浚2条排涝河道，长13.91公里；配备电脑等办公设施。

工程数量：土方941752立方米，垫层及砌石8622立方米，混凝土及钢筋混凝土13575立方米。块石14558吨，柴油223吨，钢筋160吨，总工日116653个。

投资估算及资金筹措：工程静态总投资2395.2万元。资金来源包括中央财政农发资金800万元、地方财政农发资金800万元、地方财政水利部门及自筹受益乡镇自筹资金795.2万元。

2002年9月，编制《2003～2007年度如皋市(县)镇河道疏浚规划》。规划每年疏浚县级河道1～3条段，每年疏浚乡级河道27～38条段不等。

2005年9月，编制《如皋市2007～2010年度河道疏浚规划》。

根据县、乡河道测查，全市21条县级河道总长289.7公里，河道淤积土方573.4万立方米，平均每米淤积土方19.8立方米。根据先急后缓和综合各方面的因素考虑，2007～2010年4年中先行疏浚白李河等6条河道，疏浚总长度64.75公里，土方223.4万立方米；乡级河道淤积土方1097.89万立方米，计划4年内疏浚117条，长375.27公里，疏浚土方681.61万立方米。疏浚长度与土方分别占总长度和总淤积土方的37.3%和62.1%。

2007年11月，完成《如皋市"十一五"农村饮水安全工程实施规划》。

为了在"十一五"期间，解决由于水质污染及季节性缺水引起的水源保证率不能达标的全市20.56万人的饮水安全问题，规划采用与南通市西北片的如皋、海安地区即将实施的区域供水的主管道联网供水方法解决。

规划分三期实施：一期工程实施区域为西部高沙土区；二期工程实施区域为如城周边及东部地区；三期工程实施区域为沿江及腹部地区。

工程共需资金9637.5万元，其中申请中央财政补助2409.3万元，省市地方财政5300.5万元，受益群众自筹1927.7万元。

2008年1月，完成《如皋市节水型社会建设规划》。

规划分总论、区域水资源开发利用现状、目标和任务、用水现状、节水型农业社会建设规划、节水型工业社会建设规划、节水型生态城镇建设规划、节水型社会制度及体制建设、节水减排效益分析、节水型社会建设投资估算和保障措施、规划实施方案与步骤12个部分。规划以2005年为基准年，近期目标年2010年,远期目标年为2020年。

2009年11月,完成《如皋市水资源保护规划》。

规划基准年为2007年,实施起步年为2010年,近期水平年为2015年,远期水平年为2020年。

实施步骤:

2010年,结合产业结构调整、农村种植结构调整、农村饮水安全工程实施,实施节水规划及"废水回用示范工程"实施截污导流,河道清淤、饮用水供水工程和安全保障体系建设,重点实施污水处理工程,20个乡镇均建有污水处理厂,8个处理系统规模达到40万吨/天,下属乡镇日处理规模20万吨/天左右,乡镇污水处理率达到70%以上。

2011 ~ 2015年,开始实施水源调度规划,继续实施农村饮水安全工程、河道整治规划,节水规划;实施深井水限采回灌规划。制定"十三五"水资源保护规划和相关专业规划,完成全市河道整治工程。

2016 ~ 2020年,继续实施节水规划,停采深井水。逐步建立水资源规划监管体系。加大水污染掌控力度,全面推行企业节能减排、清洁生产和循环经济;变分散养殖为规模养殖,推行现代化生态农业建设,有效控制面源污染,实现2020年的削减方案目标。

实现以上目标共需投入资金63050万元。

2011年3月,完成《如皋市2011 ~ 2012年农村河道疏浚整治规划》

规划治理目标:按照如皋市农村河道疏浚总体目标,通过2011、2012两年的努力,实现县乡河道和村庄河塘全部疏浚一遍。同时落实农村河道管护工作,建立健全管护制度,建立管护队伍,落实管护经费,推动河道管理工作正常化。保持农村河道通畅,河面、堤坡整洁,河道功能正常发挥。

治理标准:农田除涝标准达到10年一遇标准(最大三日降雨);水资源供给达到农业用水保证率为95%,生态用水基本保障;河道疏浚标准为按原设计标准复标。

2011年7月,完成《如皋市农村水利建设规划》。

规划基准年为2010年,近期水平年为2015年,远期水平年为2020年。

近期规划目标:2015年有效灌溉面积比例达到95%,绝对值每年增加达到4.3万亩以上。旱涝保收农田比例达到90%,绝对值每年增加达到6.7万亩以上。节水灌溉工程面积达到45%,绝对值每年增加达到3万亩以上。工程管护普及率达到100%。农村饮水水质达到国家标准,农村自来水入户率达到95%,供水保证率达到93%以上,水土流失治理面积达到85%以上。

远期规划目标:2020年有效灌溉面积比例达到98%,旱涝保收农田比例达到95%,节水灌溉工程面积达到60%,灌溉水利用系数达到0.89,工程管护普及率达到100%,农村饮水水质达到国家标准,农村自来水入户率达到98%,供水保证率达到95%以上,水土流失治理面积达到90%以上。

投资估算:2011 ~ 2020年如皋市农村水利建设规划估算总投资共计297052万元。

2011年9月,完成《如皋市水资源综合规划》。

规划总体目标是建立符合经济社会发展的水资源有效保障体系、维护水生态环境健康修复的保护体系、适应经济社会发展要求的水资源服务体系。实现居民饮用水、生产和生态用水安全,促进全市水资源、水环境与经济社会的协调发展。

规划基准水平年为2009年,近期水平年为2015年,远期水平年为2020年,远景分析水平年为2030年。

2012年8月,完成《如皋市2013-2015年农村河道轮浚规划》。规划目标:通过河道轮浚,恢复或扩大河道断面,拆除坝头、坝埂或其他阻水建筑物,提高区域防洪除涝能力;增加河道蓄水量,提高灌溉保证率;改善河道水质条件,促进农村生态环境向良性发展。

2012年9月,如皋市水务局、如皋市财政局共同编制完成《如皋市中小河流治理重点县综合整治试点规划》。

针对如皋市中小河流功能衰减、水环境恶化等问题,通过河道疏浚、岸坡整治、水系沟通、生态修复、强化管理等措施,集中投入、连片整治,达到恢复河道引排水功能,改善农村水环境,推动建管同步机制,促进新农村建设。规划实施期为2013 ~ 2015年。本次规划共治理农村中小河流323条(333段),长737.34公里。

2012年10月,完成《如皋市规模化高效节水灌溉规划》。

依据《如皋市农田水利规划》,计划用五年时间(2011 ~ 2015年),建设一批高效节水灌溉示范片和高标准小型渠系工程。

规划建设内容包括高效节水灌溉工程、小型排水工程、小型渠系工程、自动化控制工程、水土保持工程和系数测算六个部分。建设项目分布于郭园、长江、雪岸、丁堰、林梓、如城、桃园、东陈、吴窑、柴湾、袁桥、高明12个镇。

项目投资估算为23060.53万元。

2012年12月，完成《如皋市水利现代化规划》。规划基准年为2010年，近期水平年2015年，远期水平年2020年。规划提出了如皋水利现代化的总体目标，即"防洪减灾安全可靠，水资源配置优化合理，河道生态健康发展，灌排标准全面提升，管理保障健全高效"。规划以"258421"工程为建设重点，2011 ~ 2020年总投资估算为79.58亿元，全面推进如皋水利现代化，实现"水孕如皋、生态福地"的水利现代化愿景。

重点工程：

"2"—— 建设20.4公里的长江堤防加固工程；

"5"—— 改造五处长江引水工程；

"8"—— 打造84公里生态河网化；

"4"—— 解决农村40.73万人口饮水不安全问题；

"2"—— 新增28.5万亩旱涝保收农田；

"1"—— 建立健全一套水利现代化管理体系。

2014年9月，完成《如皋市城市防洪规划》。规划以2013年为现状基准年，2020年为近期水平年。规划内容包括防洪、除涝水文分析计算，防洪工程设施规划、除涝工程设施规划、水环境治理规划、非工程设施规划、管理规划等方面。

第二节 水工设计

1956年建立水利局时，在农水股设置了设计室，配有专职设计人员。设计内容主要为小型闸站和一、二级河道上的桥梁等。

1956年10月，江苏省水利厅勘测设计院完成焦港闸设计。

1958年，江苏省水利厅驻南通工作组完成碾砣港闸设计。

1961年8月如皋水利局完成永平闸的设计。

1967年如皋水利局配合南通专署水利局完成南通地区第一座中型抽水站（如皋二案抽水站）的设计。

1968年如皋水利局完成二案船闸的设计。

1971年如皋水利局完成戴案港闸设计。

1977年如皋水利局完成四号港闸设计。

1981年如皋水利局完成久隆闸设计。

1986年如皋水利局完成长青沙闸设计。

1990年配合南通市水利局规划设计室设计完成如皋港闸设计。

1991年如皋水利局完成又来沙闸设计。

如皋水利局农水股设计室还设计了多座一级河上的中型桥梁和二级河道上的很多小桥以及农田水利配套设施。不少设计成果荣获表彰。例如："采用M型轻型桥台占作挡土墙"获得江苏省1981年度水利科技成果二等奖；"U型桥台(如皋田港河公路桥)兼作一级路堤挡土墙"获江苏省水利科技成果四等奖；"电灌站进水池防淤堰"设计获1990年江苏省水利科技进步三等奖。

鉴于当时的历史条件，不少建筑物都是边设计边施工。20世纪末，随着设计资质的规范化管理，如皋水利局设计工作终止。

第十一章 水利科技

1958年，全省第一座潮汐发电站在如皋县永平乡三洞口兴建，7月14日试车发电成功，掀开了如皋水利科技工作的新篇章。

随着水利事业的不断发展，科技人员队伍不断壮大，因而在水工建筑物的设计和施工、水闸的管理养护和运行，桥梁设计与施工、河道工程管护、农田基本建设现代科技水平的不断提高、新技术、新设备的广泛应用等方面不断有所突破。尤其是在农田节水灌溉方面，如皋市农田水利试验站取得了突出的成绩，有一项目获得国家科学技术进步二等奖。不少科研成果在全国多个省、区推广运用，取得很好的经济效益。主要科研人员黄勇2012年在全国同行业科技创新比赛中荣获唯一的特等奖。

第一节 水风潮力发电

张黄港风力发电站 该站由张黄港禽畜饲养接运站负责兴建，南通地区和如皋县水利局技术上具体帮助。于1959年8月建成。装机5千瓦。风车塔高15米。风轮直径8.5米，3片构成，叶片采用快速风轮，即常用的爱斯比罗型。经费8160元。同时添制加工设备刨饼机1台，自动输送切草机1台，调食机1台以及带动往复式抽水机1台。

永平水库蓄能发电站 该站在如皋县江防公社，利用已建的东平港水闸进水，东平港为高水库，三洞口港为低水库，下游已建双孔涵洞为排水建筑物。1958年6月江苏省水利厅蔡祖康同志来如皋查勘以后，认为有开发条件。于7月14日建成投产。电站分为引水槽、水轮机室、发电机室3个组成部分，全部采用木结构，装机20千瓦，造价8000元，并装有加工设备：碾米机1台，饲料加工厂锤击机1台，磨粉机1台，每台可加工饲料、粮食1万公斤。

焦港闸潮夕发电站 该站利用已建焦港闸的边孔，经江苏省水利厅电训班同学的技术帮助，于1958年12月开工，至1959年投产。采用木框形式将水轮机轮板、发电机楼板及上下游进水闸门、水轮机等全部敷设在木框架上，木框架固定卡于上游预备门槽内。水轮机2台，装机24千瓦发电机1台、轧花机12部以及供应张黄食品公司、合作社、商店、学校、居民用电，安装灯头300余盏，造价6080元。

碾砣港闸潮汐发电站 利用碾砣港闸岸边一、二孔在建闸时结合布置2台水轮直径各为1米，安装2台发电机各28千瓦，布置方式是采用双向单水库形式。于1959年7月投产，造价26680元。加工设备有碾米机2台，锯木机1台，磨面机1台。

曙光闸潮汐发电站 曙光闸即今永平闸，该站位于原江防公社，利用曙光闸空箱岸墙安装水轮机直径1米，立式蜗壳形。1971年3月建成，装机26千瓦，造价19800元。每次潮汐可发电约125千瓦时左右，平时40 ~ 45千瓦时。可供9个生产队，8个社直单位照明。有加工设备，可加工粮食及脱粒等。

红旗水电站 该站位于如皋县营防公社，装发电机18千瓦，1970年建成，加工设备有NMA-135型碾米机(12 ~ 14马力)。全大队15个生产队有2个生产队照明，并设有水轮泵，可供10个生产队800亩水稻灌溉。

1958年冬，为促进水风潮力发电事业的发展，在如皋县焦港潮夕发电站施工现场，以工地为课堂，以工程为教材，就地培训技术干部15人，水轮机行业制造木工30人。

1958~1961 年如皋县水风潮力发电情况表

表 11－1

类别	乡别	站名	电站形式	装机容量千瓦/马力	建成日期	补助经费(万元)	使用情况
风力发电		张黄港	塔高15米	5/7	1959.8	0.816	刨饼机1台,切草机1台，调食机1台,抽水机1台
		丁埝				6.5	未建成
潮汐发电		永平	水库蓄能	20/27	1958.7.2–7.14	0.80	碾米机1台,饲料锤击机1台,磨粉机1台,日加工2万斤
		焦港	焦港闸边孔	24/32	1959.1	0.608	轧花机12部及照明
		碾砣港	边孔二孔	56/76	1959.7	2.66	碾米机2台,锯木机1台,磨麦机1台
		界河	界河闸	11/15	—	—	—
		东平	—	11/15	—	2.14	—
		周圩港	—	11/15	—	2.00	—

1970~1972 年如皋县小水电情况表

表 11－2

社队名	电站名	电站形式	装机容量台/千瓦	设计流量水头米、立方米/秒	水轮机形式及转轮直径(厘米)	立卧式	转数/分	工程性质	建成时间(年)	年发电量(万千瓦时)
石南	焦港闸	利用闸边孔	1/24	1.2 2.7	木制 120	立式	1000	恢复	1959	4.32
长江	戴案港闸	潮汐双向	1/26	1.5 2.7	木制 100	卧式	1000	新建	1972	4.68
长江	二百亩	灌溉尾水	1/18	1.2 2.0	木制 100	卧式	1000	新建	1971	3.24
江防	曙光闸	利用空箱岸墙	1/26	1.5 2.2	木制 100	立式	1000	新建	1971.9	4.68
江防	群力	灌溉尾水	1/28	1.2 2.7	木制 120	卧式	1000	新建	1971	4.68
江防	永忠	灌溉尾水	1/8	1.0 1.2	木制 80	卧式	1000	新建	1971	1.44
营防	红旗	灌溉尾水	1/18	1.0 2.5	木制 120	卧式	1000	新建	1970	3.24
九华	九华	灌溉尾水	1/18	1.2 2.0	木制 100	卧式	1000	新建	1972	3.24
	永安	灌溉尾水	1/8	10. 1.2	木制 80	卧式	1000	新建	1972	—

第二节 水利教育与科研

1906年,沙元炳、张藩等主持创办如皋测绘专科学校(附设于1902年创办的如皋师范学堂)。招收学生30人。该批学生大多进入1914年成立的如皋县测绘局。

1958年在大办水利、大办教育的高潮中,建立了如皋水利技校,校址在玉带桥东大院中,由于师资缺乏,设备不足,1959年2月寒假后并入南通水利学校。

1959年夏,如皋城东水利科研站成立于新民公社,除开展"河网化"验证观测外,还开展水稻需水量试验,于1961年下半年撤销。

1959年10月,如皋县城西农田水利站成立。试验项目有水稻、三麦、棉花灌溉试验,垦区引种水稻、盐碱土改良、垦区土壤盐分动态观测等。1964年3月撤销。

1975年,为验证农田水利工程效益,南通地区水利局在如皋县何庄公社六大队设点,以观测地下水位及降雨、田间土壤水分等项目。为南通地区所设的6个点之一。

1977年,如皋县农田水利试验站于如皋县何庄公社六大队成立。自有试验场地2亩,建3平方米测坑一组和15平方米水稻需水量测坑一组,气象测候场1座。主要试验项目:瓦管降渍、中晚稻和三麦喷灌、胡桑喷灌;水稻、玉米、棉花需水量;水土保持等。共有5人,其中工程师1人,助工1人,技术员2人,会计1人。

第三节 科技成果

1981年,如皋县水利局研发了进口落井式消能排水涵洞。由洞身端墙,进口挡土"八字墙"和墙前挡土板四组预制拱板组成,进口处落井,并将井底板下降到洞身管口下沿,平面布置为马蹄形。

1981年,如皋县水利局又推出M型轻型桥台兼作挡土墙。

1982年,如皋县农田水利试验站试验的喷灌促进农作物增产的效果,取得成果。

1985年,桑园喷灌增产效益试验取得成功。

1986年,如皋县水利局从泰兴引进泥浆泵,在长青沙闸管站进行试用后,于1987年在东司马港疏浚工程中第一次使用62台泥浆泵施工,开创了如皋水利工程机械化施工的先河。自此以后,水力挖土新机械泥浆泵,迅速得到推广,各乡镇水利站都有了水力挖土施工队。1990年,如皋县水利局成立如皋县水利机械疏浚工程公司。主营泥浆泵挖土施工、开河、筑堤坝、填塘等。参加了省重点工程通榆河疏浚工程和省滩涂局的凌泽滩涂围垦等特大型水利工程的施工。

机械疏浚用工量约为人力挑抬的四分之一至二十分之一。大大减轻了劳动强度,节约了大量的劳动力。

1988年,如皋县建设乡水利站、农机站研制生产出小型灌区止水闸门,并获推广运用。

1990年,如皋县水利局及夏堡乡农机站,建设乡水利站,共同研制小型泵站防淤堰,并获推广运用

1998年,如皋市农田水利试验站"田间节水灌溉自动化研究"取得成果。

2000年,如皋市农田水利试验站研制的旋转式农田放水口门获推广应用。

2003年,如皋市农田水利试验站"基于生态边界层理论的黄淮海平原林业生态系统工程技术"荣获国家科学技术进步二等奖。

该课题是如皋市农水科研站为主联合南京林业大学等单位共同完成的。课题为提出平原沙土区土壤侵蚀机理模型和侵蚀危险性评价模型提供了大量的试验数据。同时针对沙土区土壤沙性大,沟、河、站、涵淤积严重等特点,研制了泵站进水池防淤、沟河排水防冲、坡面护岸等工程技术,防止了水土流失和岸坡坍塌,形成了独具特色的平原农区水土流失综合防治技术体系。

2004年,如皋市农田水利试验站研制的"灌区自动化控制系统"得到推广。

2005年,如皋市水务局《沙土区骨干河道综合治理技术研究与应用》课题研究获省水利科技优秀成果二等奖。该课题主要根据当前河道整治、水环境整治的需要,针对沙土区骨干河道在长期运行中存在的诸多问题,创造性提出利用河床淤积沙土在坍塌的河道滩面堆积筑堤、恢复原设计断面的

河道综合治理新思路,通过实际工程运用取得成功。该技术科学合理、针对性强、施工操作简便、易于推广应用,在全市沙土地区骨干河道治理中已全面推广应用,取得显著经济效益、社会效益和生态效益。

2006年,《苏北沿海平原沙土区水土保持综合配套技术推广》成果获南通市农业技术推广三等奖。

该成果针对苏北沿海平原沙土水土流失严重、生态环境不断恶化的问题,系统研究土壤侵蚀规律和植物、工程农业综合配套防治技术,在此基础上进行全面推广应用,对防治水土流失意义重大。该成果技术先进,针对性强、综合性高、推广规模大、效益显著,总体达到国际先进水平。

2007年12月,如皋市水务局研究课题《插入式管道流量计的开发研究与应用》,获省水利科技优秀成果二等奖。该课题针对直插式流量计易被水体中杂物缠绕的问题,将流量计顺水流方向斜插式安装,并在叶轮转子后方设计缺口,解决流量计斜插式安装后易产生气穴的问题,研制的流量计结构简单,性价比合理,安装方便,运行可靠,具有较高的测量精度。此项技术革新提高了插入式流量计使用的可靠性和稳定性,实用性强,推广前景广泛,达到国内领先水平。

2012年12月25日,水利部在北京举行全国水利行业技术技能创新大赛决赛,在提交的220个创新项目中,决出特等奖1个,一等奖3个,二等奖6个,三等奖10个,优秀奖20个。如皋市水务系统职工黄勇自行研创“稻田全自动化智能灌溉系统”获创新特等奖。

“稻田全自动化智能灌溉系统”根据水稻控制灌溉节水理论、水稻各生育期灌溉上下限指标、稻田土壤水分与稻田地下水埋深关系曲线(稻田土壤水分专家系统)、灌溉水质自动监测系统、小型泵站智能控制保护系统、自动式稻田进水口门、无线遥控技术,实现水稻全生育期自动化智能灌溉。该项技术已在江苏、黑龙江等省的100多个项目区推广运用。

1997年3月,焦港闸管理所黄建国研制的“密码式防盗报警器”获实用新式专利证书。专利号ZL95 2 4104501,专利所有权人:黄建国。2001年4月在南通市经济委员会、南通市科学技术委员会、南通市总工会举办的南通市岗位创新立功竞赛活动中被评为优秀创新项目。

1997年7月25日,黄建国研制的“无触点液传变速器”通过江苏省水利厅组织的专家评审,1997年11月获江苏省水利科学技术进步二等奖。该项目1997年4月申请专利。专利号ZL 97 2 35673 · 8,专利所有人:黄建国。

2001年4月在南通市经济委员会、南通市科学技术委员会、南通市总工会举办的南通市岗位创新立功竞赛活动中被评为优秀创新项目。该项目填补省内空白。

表11－3

如皋县水利系统科技成果获奖情况统计表

年度	成果名称	完成(协作)单位	主要完成人员	颁奖单位	级别	备注
1981	M形轻型桥台	如皋县水利局	陈鑫泉 周汉青	江苏省水利厅	2	
	喷灌促进农作物增产效果	如皋水利农水科研站	席国美 周兴明	江苏省水利厅	3	
	进口落井消能排水涵洞	如皋县水利局	陈鑫泉 卞玉坤等	江苏省水利厅	3	
	生物保持水土	如皋县搬经公社	陈国治 石昭扬 陈文清	江苏省水利厅	3	
	田港河公路桥	如皋县水利局	陈鑫泉	江苏省水利厅	4	
1984	如皋搬经乡农田水利规划	如皋县搬经乡水利站 如皋县水利局	陈国治 石昭扬 杨宝芝 陈文清 朱从林	江苏省水利厅	3	
	如皋袁桥乡农田水利规划	如皋县袁桥乡水利站 如皋县水利局	张存海 刘广太 阮玉田 丁轩岳 丁邦付	江苏省水利厅	3	
	如皋吴窑乡农田水利规划	如皋县吴窑乡水利站 如皋县水利局	沈良斌 薛仁祥 蔡可银	江苏省水利厅	4	
	桑园喷灌增产效益试验	南通市水利局 如皋南通县农水科研站	王信之 张有成 席国美 洪宝鑫 邵文通	江苏省水利厅	3	
1986	推广立式进水涵洞	如皋县水利局	—	江苏省水利厅	4	
1988	小型灌区止水闸门	如皋水利局 南通水利局农水科 如皋建设乡水利站农机站	张广渡 孙汉仁 范新荣 赵俊明	江苏省水利厅	3	市政府四等奖
1990	小型泵站防淤堰	如皋水利局 南通水利局农水科 如皋建设乡水利站 夏堡乡农机站	张广渡 孙汉仁 范新荣 赵俊明	江苏省水利厅	3	
	15平方米蒸渗器供排水自动化	南通、如皋县农水试验站 南通市水利局农水科	洪宝鑫 黄 勇 张有成 席国美 瞿益民	江苏省水利厅	2	市政府三等奖

第十二章 机构人文

第一节 机构演变

1914年,邑绅沙元炳倡议设立水利会并附设测绘局,为如皋历史上最早的水利组织,初设于县城大治巷内。1921年,水利会改组为清丈局。1923年夏迁至冒家巷南首。水利会设正、副会长各1人,主持会务。各区置评议员1人,全县共18人,负责具体工作。测绘局设正、副主任各1人,职员4人,具体督导测量员、制图员工作。1927年春,北洋军阀占据如皋城,勒索军响,县长周焘将水利会余款和盘托出,水利会遂告结束。

1928年冬,清丈局并入县建设局,从此由县建设局掌管水利。

1949年1月如皋解放后,县人民政府设立生产建设科,水利由该科主管。同年8月,改称建设科,负责水利及交通、围垦、改田等。

1956年7月,建设科分设水利、交通两科室,水利由水利科专门管理。同年11月,建立水利局,内设秘书、农水、工务股。

1968年5月,成立县水利局革命委员会。

1969年3月,县农水系统各单位合并建立县农水革命委员会。

1970年,水利局退出农水革命委员会与供电所(局)革命委员会合并,建立如皋县水电局革命委员会。

1976年4月,撤销县水电局革命委员会,重建水利局,仍恢复原水利局内部设置。

1977年,成立市农田水利试验站,站址在何庄公社野马村(六大队)二组,1998年迁建于磨头镇天阳村八组。

1983年11月,县农机局并入水利局(水利和农机财务未合并,各自独立)。

1989年,水利局内设秘书及人事、农田水利、工程管理、生产、水政水资源、计财、农业机械管理股。下辖水利建筑安装工程公司、水利物资服务站、堤防管理所、治淮小组、农田水利试验站、水利船队、清淤船队、水利机械疏浚工程公司、农机监理所、机电排灌站、农机学校、农机研究所、国营城东农机站、国营城西农机站、国营搬经农机站、碾砣港闸管理所、焦港闸管理所、抽水站管理所、司马港闸管理所、长青沙闸管理站、四号港闸管理站、永平闸管理站22个事业单位和县农机公司、县拖拉机修配厂、吴庄石灰厂、城西助剂厂、南通通讯设备厂5个企业单位。另外还领导53个乡镇的水利站、农机站。

1991年6月10日,随着经济形势的变化,如皋市水利局报告市编委,撤销水利船队、清淤船队。撤销人员分流至吴庄石灰厂、司马港闸管理所、如皋港闸管理所。

1992年,增设水利工程收费站,为自收自支的直属事业单位。

1994年5月,吴庄石灰厂更名为如皋市水利建筑材料公司。

1995年5月,水利局由跃进路122号迁至如城镇环城南路水利大楼(福寿路145号)办公。

随着国家、省、市一系列水法律法规的颁布施行,如皋市水利法制体系建设步伐不断加快。1995年组建如皋市水政监察大队(全额拨款事业单位)和如皋市水费水资源管理所(自收自支事业单位),撤销水利工程收费站。收费站职能划归水费水资源管理所。

1997年1月18日,如皋市农业机械管理局成立。原属水利局管理的农业机械、机电排灌的相关科室和直属单位及乡镇农机站划归该局管理。

1999年11月,长青沙闸管理站并入如皋港闸管理所、永平闸管理站并入碾砣港闸管理所、四号港闸管理站并入焦港闸管理所。

2001年4月,如皋市水利局更名为如皋市水务局。内设办公室、水利建设科、工程管理科、财务审计科、水政水资源科一室四科,核定编制18人。下辖事业单位水利建筑安装工程公司、农田水利试验站、治淮小组、河道堤防管理所、水政监察大队、水费水资源管理所、抽水站管理所、焦港闸管理所、碾砣港闸管理所、如皋港闸管理所、司马港闸管理站、水利物资服务站、水利机械疏浚工程公司,企业单位有如皋市水利建筑材料公司、如皋市助剂厂。

2002年,如皋市政府将水利建筑安装工程公司、水利物资服务站、水利机械疏浚工程公司、司马港闸管理站列入事改企单位。

2005年,水利机械疏浚工程公司和市水利物资服务站分别于4月28日、29日公开拍卖,整体转让成功。

2007年年底,水利建筑安装工程公司实行了整体内部转让。

2008年1月如皋市水务局由如城镇环城南路水利大楼(福寿路145号)迁至市政府行政中心。

2009年经如皋市人民政府批准,如皋市人民法院宣告司马港闸管理站(氧化铁颜料厂)、如皋市水利建筑材料公司、如皋市助剂厂三企业破产。

2012年7月,根据皋编办〔2012〕58号文批复,水务局水政水资源科(行政服务科)更名为行政服务科(水政水资源科)。

第二节 如皋市水务局主要职责

一、贯彻执行上级有关水利方面的法律、法规和方针政策;制定全市水利管理政策措施并监督实施,实行依法治水、依法管水。

二、制定全市水利发展战略、中长期规划和年度工作计划,骨干河道的综合规划,水资源保护、防洪、节水、水土保持等专业规划,并组织实施;组织有关国民经济总体规划、城市规划及重大建设项目中的水资源和防洪论证评价;协助上级水行政主管部门对长江如皋段进行管理和监督。

三、承担市防汛防旱指挥部的日常工作。组织、协调、监督、指导全市防汛防旱工作。对骨干河道和重要水利工程实施防汛防旱调度。

四、统一管理和保护全市水资源(地表水、地下水);组织拟定全市水中长期供求计划、水量分配方案并监督实施;负责计划用水、节约用水工作,拟定节约用水政策,编制节约用水规划、制定有关标准,并监督实施;组织实施取水许可制度及水资源费征收工作。

五、拟定水资源保护规划,组织水功能区的划分和向饮水区等水域排污的控制工作;监测河道的水量、水质、审定水域纳污能力,提出限制排污总量和污水处理回用的意见;指导地下水开发利用和城市规划区地下水资源管理保护工作。组织发布水质监测简报。

六、负责全市水政监察和水行政执法工作;协调部门和镇与镇之间的水事纠纷;依法查处违反水法律、法规的行政案件。负责长江河道采砂管理工作。

七、主管全市水利经济工作。指导全市水利系统财务会计工作;负责全市水利建设资金的计划、使用、管理及内部审计监督;研究提出有关水利行业的价格、收费、信贷、财务等方面的意见和建议;指导全市水利行业国有资产的监督管理工作。

八、指导全市水利基本建设工作。组织实施重点水利工程建设和质量监督;编制、审查重点水利基本建设项目建议书和可行性研究报告;依法负责水利行业安全生产工作。

九、对全市水利工程实行行业管理。组织、指导全市各类水利设施、水域及其岸线的管理与保护。指导骨干河道、沿江岸线的治理与开发;负责管理区域性的重要水利工程;承担水利工程移民管理工作。

十、指导协调全市农村水利工作;编制全市农村水利发展规划和年度工作计划;指导节水灌溉、河道综合整治、农村饮水安全等工程建设与管理工作;指导全市中低产田改造中水利方面的工作;指导全市农村水利社会化服务体系建设。

十一、研究制定水土保持规划,组织、指导全市水土保持工作。组织水土流失的监测和综合防治工作。

十二、编制水利科技规划和年度工作计划,组织水利科学技术的研究推广;负责水利信息化工作。

十三、承办市政府交办的其他事项。

第三节 内设机构

根据职责,如皋市水务局设7个内设机构:

一、办公室

协助局领导组织机关日常工作。对各科室工作进行综合协调。负责水务系统综合性会议的组织、公文处理、信息、信访、保卫、宣传、档案、保密、老干部服务、行政管理、后勤服务等工作;负责机关、直属单位的机构编制、干部人事、劳资管理工作及机关内部规章制度建设;组织实施国家公务员制度;协助局领导负责局机关干部和直属单位负责人考察、考核、奖惩等业务工作;组织实施全市水利系统专业技术职务的申报、聘任以及考核工作;组织实施全市水利系统技术工人的培训和考核。

二、行政服务科(水政水资源科)

组织全市水行政执法工作;承办行政诉讼和普法宣传教育。负责全市水资源统一管理、保护和监督工作;指导全市城乡供水工作;负责办理水行政许可事项;编制水资源保护规划;组织水功能区划分和向饮水区等水域排污的控制工作;组织监测江河的水量、水质,审定水域排污能力,提出限制排污总量和污水处理回用的意见,与有关部门共同做好在水利工程管理范围内设置排污口审批工作;发布全市水质简报。

三、水利建设科(水利规划与建设管理科)

拟订全市水利发展规划,组织编制水利综合规划、专业规划、专项规划并监督实施;编制审查大中型水利建设项目建议书、可行性研究报告;重点工程建设管理工作;指导全市水利服务体系建设和全市水利工程建设;负责河道综合整治工作、负责灌区改造、饮水安全等重点水利建设项目的实施;负责编制全市水利科学技术发展规划,负责水利科学技术推广、研究和水利科技成果管理;负责全市水土保持工作,拟定水土保持规划和计划。

四、工程管理科

负责如皋市二级河道以上水利工程设施、沿江堤防及岸线的管理与保护;负责全市一级河道、沿江堤防的占用、采砂等行政许可的审核和转报;负责全市二级河河堤占用、河道采砂许可的行政审批;指导城市防洪和水利工程的运行管理;编报沿江水利工程维修养护、防汛急办、度汛应急等项目计划并组织实施;协助组织沿江防洪工程的安全鉴定、更新改造、除险加固工作。

五、财务审计科

指导全市水利系统财务会计工作;研究提出有关水利的价格、收费、税收、信贷、投入及筹资等方面的意见;负责全市各类水利资金的计划、使用、管理及监督;监督全市水利系统国有资产的保值增值;组织对全市水利系统进行内部审计工作,负责水务局机关的财务工作和直属单位的财务辅导、审计工作。指导水利经济、安全生产工作。

六、防汛防旱指挥部办公室

负责市防汛防旱指挥部的日常工作。按照上级防汛防旱指挥部的指示，组织、协调全市防汛防旱工作，对流域性河道和重点水利工程实施防汛防旱调度。

七、监察室

按有关规定设置监察室。

第四节 市水务局机关人员编制和经费

2010年7月经如皋市编制委员会核定，如皋市水务局机关行政编制为17名。

领导职数为：局长1名，副局长3名；正副科长（主任）11名，其中科长（主任）6名，副科长（副主任）5名。

经费来源：财政拨款。

第五节 市水务局直属单位

2015年，如皋市水务局有直属单位9个、驻镇（区、街道）水利服务站14个。总人数231人。其中：管理人员49人，专业技术人员97人（高级职称10人，中级职称27人，初级职称60人）；工勤技能人员103人（高级技师1人，技师6人，高级工75人，中级工13人，初级工7人，普通工1人）。

一、如皋市水务局所属事业单位主要职责和人员编制情况

（一）如皋市水政监察大队

水政监察大队为行政管理型全民事业单位，相当股级建制。

主要职责：

在水行政主管部门指导下，宣传贯彻《中华人民共和国水法》和其他水法规。依法保护水、水域、水工程、水土保持和其他有关设施，维护正常的水事秩序。

依法对水事活动进行监察检查、对违反水法规的行为作出行政裁定、处罚或者采取其他行政措施；配合司法机关查处水事治安、刑事案件。

负责水政监察队伍的思想作风、业务规范化建设。

依照法律、法规和规章的规定，征收行政性费用。

人员编制和领导职数：

水政监察大队人员编制为8名。

领导职数为：大队长1名，副大队长1名。

水政监察大队经费渠道为全额拨款。

(二)如皋市农田水利试验站

农田水利试验站为社会公益型全民事业单位，相当股级建制。

主要职责：承担全市农村水利建设过程中新技术的研发和试验、推广应用。

负责制订全市水土保持规划、年度工作计划，研究治理水土流失办法和措施。

负责全市农田节水灌溉技术的推广工作，负责全市灌区自动化及计量供水设施的研究、创新及推广。

人员编制和领导职数：

农田水利试验站人员编制为5名。

领导职数为：站长1名，副站长1名。

农田水利试验站经费渠道为全额拨款。

(三)如皋市河道堤防管理所

河道堤防管理所为社会公益型全民事业单位，相当股级建制。

主要职责：依据国家法律、法规，按照《江苏省水利工程管理条例》等水法规及有关政策的规定，对全市沿江江、港、洲堤管理区范围内的顺堤河、内外护堤地及堤身进行管理，搞好堤身管理范围内的绿化，制止破坏工程的行为。

根据长江大通流量变化情况，对全市长江岸线及水下地形变化情况进行动态观测，发现异常及时报告，并提出抢险方案，在防汛指挥部的指挥下，具体组织实施崩岸抢险。

按《防汛预案》指导沿江镇、单位对险工险段采取必要的防护措施，抗御洪水、台风、大潮的袭击。

按照堤防相关技术管理规程，对管理区范围内硬质性护坡、土堤堤身、防汛公路等进行日常维修、保养，确保堤防工程的完好。

指导一、二级骨干河道的保护。

人员编制和领导职数：

河道堤防管理所人员编制为10名。

领导职数为：所长1名，副所长1名。

河道堤防管理所经费渠道为全额拨款。

河道堤防管理所原设在长江镇二百亩村，1998年迁至如港路与通江公路交界处如皋港河南岸。2008年迁建至长青沙知青村。

（四）如皋市水费水资源管理所

水费水资源管理所为社会公益型全民事业单位，相当股级建制。

主要职责：组织水资源的综合科学考察和调查评价。

协助有关部门编制开发利用、保护水资源和防治水害的综合规划，组织水功能区的划分和向饮水区排污的控制，监测河道水量、水质，审核水域纳污能力，提出限制排污总量的意见。

指导全市计划用水，节约用水工作。

依法管理全市水资源，实施取水许可制度，掌握地表水、地下水资源动态，对水资源的开发、利用进行管理监督。

负责全市水资源、水利工程水费的征收、使用等管理工作。

履行法规赋予的其他职责。

人员编制和领导职数：

水费水资源管理所人员编制为10名。

领导职数为：所长1名，副所长1名。

水费水资源管理所经费渠道为自收自支。

（五）如皋市抽水站管理所

抽水站管理所为社会公益型全民事业单位，相当股级建制。

主要职责：依据《中华人民共和国水法》《江苏省水利工程管理条例》等水法律法规和规范性文件的规定，负责抽水站套闸及泵站管理区范围内水面及附属设施的管理，制止破坏工程的行为。与如皋港闸管理所共同管理如皋港水利枢纽工程。

执行上级水行政主管部门调度指令，通过及时引排缓解旱涝水情，改善水质条件，为农业生产和人民生活服务。

按照水闸工程技术管理规程，承担套闸工程及其配套、附属设施的检查、维修、养护和控制运行等日常工作，确保工程安全正常运行。

根据水情水位变化，兼附通航。

人员编制和领导职数：

抽水站管理所人员编制为36名。其中管理与技术人员编制7名，生产与服务人员编制29名

领导职数为：所长1名，副所长2名。

抽水站管理所经费渠道为差额拨款。

（六）如皋市焦港闸管理所

焦港闸管理所为社会公益型全民事业单位，相当股级建制。

主要职责：依据《中华人民共和国水法》《江苏省水利工程管理条例》等水法律法规和规范性文件的规定，负责焦港闸、四号港闸、如靖界河闸、如靖界河涵闸等涵闸管理区范围内水面、堤防、涵洞及附属设施的管理，制止破坏工程的行为。

按照防汛责任制要求，确保管理辖区内防汛安全。

执行上级水行政主管部门调度指令，通过及时引排缓解旱涝水情，改善水质条件，根据内外水位情况，适时冲淤保港，为农业生产和人民生活服务。

按照水闸工程技术管理规程，承担水闸工程配套、附属设施的检查、观测、维修、养护和控制运行等日常工作，保持工程完好，确保工程安全正常运行。

根据水情水位变化，兼附通航。

人员编制和领导职数：

焦港闸管理所人员编制为72名，其中管理与技术人员编制14名，生产与服务人员编制58名。

领导职数为：所长1名，副所长3名。

焦港闸管理所经费渠道为自收自支。

（七）如皋市如皋港闸管理所

如皋港闸管理所为社会公益型全民事业单位，相当股级建制。

主要职责：根据《中华人民共和国水法》《江苏省水利工程管理条例》等水法律法规和规范性文件的规定，负责如皋港闸、长青沙闸、长青沙北闸、戴案港闸等涵闸管理区范围内水面、堤防、涵洞及附属设施的管理，制止破坏工程的行为。与抽水站管理所共同管理如皋港水利枢纽工程。

按照防汛责任制要求，确保管理辖区内防汛安全。

执行上级水行政主管部门调度指令，通过及时引排缓解旱涝水情，改善水质条件，根据内外水位情况，适时冲淤保港，为农业生产和人民生活服务。

按照水闸工程技术管理规程,承担水闸工程配套、附属设施的检查、观测、维修、养护和控制运行等日常工作,维护工程完好,确保工程安全正常运行。

根据水情水位变化,兼附通航。

如皋港闸管理所人员编制为40名,其中管理与技术人员编制7名,生产与服务人员编制33名。

领导职数为:所长1名,副所长2名。

如皋港闸管理所经费渠道为自收自支。

(八)如皋市碾砣港闸管理所

碾砣港闸管理所为社会公益型全民事业单位,相当股级建制。建所时属南通地区水利局直属单位,1961年5月由江苏省南通专员公署水杨(61)字第53号文下放如皋县水利局管理。

主要职责:根据《中华人民共和国水法》《江苏省水利工程管理条例》等水法律法规和规范性文件的规定,负责碾砣港闸、永平闸、久隆闸等涵闸管理区范围内水面、堤防、涵洞及附属设施的管理,制止破坏工程的行为。

按照防汛责任制要求,确保管理辖区内防汛安全。

执行上级水行政主管部门调度指令,通过及时引排缓解旱涝水情,改善水质条件,根据内外水位情况,适时冲淤保港,为农业生产和人民生活服务。

按照水闸工程技术管理规程,承担水闸工程配套、附属设施的检查、观测、维修、养护和控制运行等日常工作,维护工程完好,确保工程安全正常运行。

根据水情水位变化,兼附通航。

碾砣港闸管理所人员编制为52名,其中管理与技术人员编制10名,生产与服务人员编制42名。

领导职数为:所长1名,副所长3名。

碾砣港闸管理所经费渠道为自收自支。

(九)如皋市治淮小组

保留如皋市治淮小组,不核定人员编制。

二、水利管理服务站(简称水利站)

1963年开始,各乡设立水利工程员,至20世纪70年代确定这些水利工程员是亦工亦农性质,国家仅给予补助。从1981年起设立水利站。站长由分管水利的乡干部担任,副站长由乡工程员担任。根据国务院办公厅国办发〔1986〕50号文件精神,为县级水利部门的派出机构,实行县水利部门与当地乡镇政府双重领导。水利站的在编人员中，站长(大部分)及部分会计员经人事部门批准为聘用干部，其他在编人员经县劳动局批准为合同制工人。

1990年，由如皋县编委和如皋县水利局联合发文《关于核定乡级水利管理服务机构人员编制的通知》，全县乡级水利站人员总编制185人。这是乡镇水利工作人员的第一次定编。但只定到单位，未落实到具体人员。

2001年11月，如皋市镇级事业单位机构改革，如皋市编制委员会发文《关于核定乡镇有关事业单位人员编制的通知》，明确乡镇水利服务站行政上属镇政府领导，由镇管理；水利业务上受市水务局指导，变原来的条块结合以条为主为条块结合以块为主。审定总编制为99人。机构性质为差额拨款的事业单位。每三年由市政府核定一次。当时实有在编人员73人，其中国家干部12人，聘用干部28人，合同制工人32人，固定工1人。

2010年6月，如皋市镇级机构改革，全市20个乡镇的水利管理服务站调整为水务局所属的驻镇事业单位。市编制委员会核定编制总数为67人。市财政实行按人员支出361.56万元/年拨付。

2013年3月，如皋市行政区划调整，市编制委员会发文《关于有关事业机构撤销、更名、设立的通知》，对原20个乡镇水利站进行相应调整，撤销了雪岸、袁桥、郭园、林梓、高明、常青、柴湾等7个水利站，如城镇水利站更名为如皋市如城街道水利站，桃园镇水利站更名为如皋高新技术产业开发区水利站，新设立如皋经济技术开发区水利站。市编制委员会重新核定了调整后的11个镇、2个开发区、1个街道水利站的人员编制数和领导职数。编制总数70人，目前在编在岗63人。市财政实行按人员基本支出441.7万元/年拨付。

各水利站的主要职责：承担辖区内的水法律法规宣传、水利规划与建设、水资源管理、水行政执法巡查、水规费征收和农村环境“四位一体”长效管护工作以及市政府和当地政府交办的其他工作。

第六节 负责人更迭

一、水务(利)局行政负责人更迭

水务局(水利局)负责人更迭表

表 12－1

年份	正职	副职	备注
1949		朱坚	县政府建设科副科长
1950		朱坚	县政府建设科副科长
1951		朱坚	县政府建设科副科长
1952		朱坚	县政府建设科副科长
1953	朱云盛		水利科
1956	沙坤仪	谢永富 朱济芝	12月成立水利局
1957	沙坤仪	谢永富 朱济芝	
1958	沙坤仪	谢永富 朱济芝	
1959	沙坤仪	谢永富 朱济芝	
1960	沙坤仪	谢永富 朱济芝 黄其斌	
1961	沙坤仪	谢永富 朱济芝	
1962	沙坤仪	谢永富 汤慕徐	
1963	沙坤仪	谢永富 汤慕徐	
1964	沙坤仪	谢永富 汤慕徐	
1965	沙坤仪	谢永富 汤慕徐	
1966	沙坤仪	谢永富	
1967	沙坤仪	谢永富	
1968		丁邦衡 徐篪	农水革委会
1969	丁学文	丁邦衡 徐篪 姜德辉	农水革委会
1970	丁学文		农水革委会
1971	丁学文	阎从圣	水电局
1972	丁学文	阎从圣 卢忠杰	
1973	丁学文	阎从圣 卢忠杰 阎仁广	
1974	丁学文	阎从圣 王炳茂 卢忠杰 阎仁广 曹松岭	
1975	丁学文	阎从圣 王炳茂 阎仁广 曹松岭	
1976	丁学文	阎从圣 王炳茂 阎仁广 曹松岭	水利局
1977	丁学文	王炳茂 阎仁广 曹松岭	
1978	丁学文(沙)	薛忠明 王炳茂 汪浩 阎仁广 曹松岭	
1979	沙坤仪	薛忠明 汪浩 徐良忠 曹松岭	
1980	沙坤仪(戴)	薛忠明 汪浩 徐良忠 曹松岭 陈鑫泉	
1981	戴广仁	薛忠明 汪浩 徐良忠 陈鑫泉	

续表 12－1

年份	正职	副职	备注
1982	戴广仁	薛忠明 汪浩 徐良忠 陈鑫泉	
1983	戴广仁	薛忠明 徐良忠 陈鑫泉 张宝新 邱维海	
1984	戴广仁(邱)	陈鑫泉 张宝新 邱维海 常永秀 刘国裕	1984年12月邱任正职
1985	邱维海	陈鑫泉 张宝新 常永秀 刘国裕	
1986	邱维海	陈鑫泉 张宝新 常永秀 刘国裕 黄锦如	
1987	邱维海	陈鑫泉 张宝新 常永秀 刘国裕 黄锦如	
1988	邱维海	陈鑫泉 张宝新 常永秀 黄锦如	
1989	邱维海	陈鑫泉 张宝新 黄锦如	
1990	邱维海	陈鑫泉 张宝新 黄锦如	
1991	邱维海	陈鑫泉 张宝新 黄锦如 王甫全 邹良诚	撤县建市
1992	邱维海	陈鑫泉 张宝新 黄锦如 王甫全 邹良诚 李继良 孙吕林	
1993	陈鑫泉	张宝新 黄锦如 王甫全 邹良诚 李继良 孙吕林	1993年4月陈鑫泉任正职
1994	陈鑫泉	张宝新 黄锦如 王甫全 李继良 孙吕林	
1995	陈鑫泉	张宝新 黄锦如 王甫全 李继良 孙吕林 许建国	
1996	陈鑫泉	黄锦如 王甫全 李继良 孙吕林 许建国 陆汉余 李荣竹	
1997	陈鑫泉	孙吕林 许建国 李荣竹 杜永红	
1998	孙吕林	许建国 李荣竹 杜永红	1998年3月孙吕林任正职
1999	孙吕林	李荣竹 杜永红 张树麟 张建中	
2000	孙吕林	唐文贵 李荣竹 杜永红 张树麟 张建中	
2001	孙吕林	唐文贵 李荣竹 杜永红 张树麟 张建中	
2002	孙吕林	顾遵才 李荣竹 张建中 丛左明	
2003	孙吕林	顾遵才 李荣竹 张建中 丛左明 卢坤虎 姜国华	
2004	孙吕林	顾遵才 张建中 姜国华 郭锦泉 章剑 何福年	
2005	孙吕林	顾遵才 张建中 姜国华 郭锦泉 章剑	

续表 12－1

年 份	正 职	副 职	备 注
2006	孙吕林	秦锦国 张建中 姜国华 郭锦泉 章 剑	
2007	孙吕林(秦)	秦锦国 张建中 姜国华 郭锦泉 章 剑 张纪岗	7月起秦锦国任正职
2008	秦锦国	张建中 姜国华 郭锦泉 章 剑 张纪岗 仲兆圣	
2009	秦锦国	张建中 郭锦泉 章 剑 张纪岗 仲兆圣	
2010	秦锦国	郭锦泉 章 剑 张纪岗 仲兆圣 张兆民	
2011	秦锦国	郭锦泉 章 剑 张纪岗 仲兆圣 张兆民	
2012	秦锦国	郭锦泉 章 剑 张兆民	
2013	秦锦国	郭锦泉 章 剑 张兆民 沈亚林 黄俊	
2014	秦锦国	郭锦泉 章 剑 张兆民 沈亚林 黄俊	
2015	徐 海	章 剑 张兆民 沈亚林 黄俊	

二、水务(利)局党组

1980年11月13日建立如皋县水利局党组。

党组书记：戴广仁(1980年12月 ~ 1989年7月)
邱维海(1989年10月 ~ 1993年4月)
陈鑫泉(1993年4月 ~ 2000年3月)
孙吕林(2000年3月 ~ 2007年7月)
秦锦国(2007年7月 ~ 2014年12月)
徐 海(2014年12月 ~)

党组副书记：邱维海(1983年8月 ~ 1989年10月)
唐文贵(2000年 ~ 2001年)
顾遵才(2002年 ~ 2005年)
秦锦国(2006年12月 ~ 2007年7月)

三、水务(利)局纪检组

纪检组建立于1997年7月。

纪检组长：石太平(1997年7月10日 ~ 2005年12月26日)
章有本(2005年12月27日 ~ 2016年1月15日)

四、水务局工会组织

如皋市水务系统工会委员会建立于1991年。工会主任由如皋市委组织部和如皋市总工会联合发文任命。

工会主任：李志福(1991年 ~1996年3月)
冒承模(1996年3月 ~2006年12月)
丛左明(2007年7月 ~2015年10月)

工会副主任:杨洁芬(2007年7月 ~ 2013年12月)
柳晓华(2007年7月 ~)

局机关工会主席：

石民(自1984年经选举成立工会委员会后,一直未进行改选)

第七节　历代治水人物

如皋历代治水人物有史记载首推西汉吴王刘濞为最早。公元前179~141年间开凿运盐河(今通扬运河),主要用于运盐。自扬州湾头抵如皋东陈汤家湾止。

唐大历元年(766年)淮南节度制官李承实修筑捍海堰;宋开宝年间(969~976年)海陵知州王文祐增修;宋天圣五年(1027年)泰州知州张伦奏请宋仁宗准修捍海堰,并由范仲淹、张伦负责。

明天启二年(1622年)如皋县令李衷纯于龙游河下游距江口五里处柳家闸建石础,以利蓄水、航运、灌溉;清乾隆五十三年(1788年)如皋知县谭大经移建石础于近江扇面圩。

清道光十八年(1839年)如皋知县范仕义浚龙游河,建宏济闸,清光绪二十一年(1896年)通州知事汪树堂于车马湖李桥镇常平河修筑利民坝,以利蓄水。清末民初,张謇捐资建利民新闸。沙元炳创办测绘专科学校,创立如皋最早的水利组织如皋县水利会,附设如皋县测绘局,都留下了翔实的文字和实物资料。

中华人民共和国成立后,在治水改土中杰出领导、先进个人英雄辈出,先进集体有如雨后春笋。

李衷纯

李衷纯 [清]嘉庆《如皋县志》(马汝舟 江大健[①]):“天启元年,知县李衷纯治皋,正俗尚。开本业,力挽颓风。……皋地高亢,介通泰间,形如覆釜。运河带水,建瓴而下,驶不复留,多仰泽于天雨。稍愆期,枯槔悬而无用,焦土石田,一望不毛矣。令特劝民凿池蓄水,大约以百亩为率,凿池其中,方可十亩。田属一家,则一家独任,属数家,数家共任。于农隙时并力穿凿,七尺而止,池四周种竹树桑,兼以杂谷,无尺寸非利薮矣。且池可养鱼,而以池水灌田,则加肥也”。

注① 马汝舟 山东章丘人 进士 如皋县知县

江大健 如皋人 清《中州通志》总纂

本文节自作者为修纂[清]嘉庆《如皋县志》时所撰。

清乾隆《如皋县志》载:“明天启二年(1622年),如皋知县李衷纯,于龙游河下游距江口五里的明禧寺左方柳家闸建成石础,有蓄水、航运和灌溉的效益。”

范仲淹

范仲淹(989—1052年),字希文,吴县(今江苏苏州市)人。北宋著名的政治家和文学家。宋真宗祥符八年(1015年)进士。

宋天圣元年(1023年)范仲淹任西溪盐监,在唐大历元年(766年)由淮南节度制官李承实修筑的捍海堰,年深月久损毁严重。范仲淹建议发运使张伦奏请重新修筑捍海堰,阻挡海潮。张伦转奏宋仁宗准旨,指定由范仲淹负责修筑。天圣三年(1025年),动员民夫开工筑堤。时值隆冬,雨雪连旬,潮势汹涌,民夫冻饿劳累死亡200余人。仁宗派两淮都转运使胡令仪至海边查看实情。胡令仪曾任如皋县令,对筑海堤的利害关系十分清楚,于是回奏建议继续施工。是时范仲淹因母亲病逝服丧。张伦自请兼任泰州知州,指挥施工。1027年秋到1028年春,堤堰全部竣工。全长71.5公里。如皋独挡泰州东面,占全部海堤的十分之三。自此海潮不再内浸,沿海百姓为颂扬其功德,将新修筑的海堤称为“范公堤”。现如城外城河南门大桥处建有“范公苑”以纪念,眉额上书范仲淹名句“先天下之忧而忧,后天下之乐而乐”。

沙元炳

沙元炳(1864—1927年),字健庵,世居如皋。1881年(清光绪七年)应院试录附生。1891年应乡试中举，1892年赴京会试取贡生，1894年应恩科殿试中进士，1898年授翰林院编修。时逢维新运动失利，国事日非，乃辞官回归故里，追随南通张謇致力兴办地方实业和教育事业。1904年，他被推选为如皋县商会会长。辛亥革命爆发时，沙元炳出资3万银元购买枪支弹药装备革命军。民国2年（1913年），沙元炳被选为江苏省议长。不久，袁世凯篡权，沙元炳称病辞职。1914年任县水利会会长及附设测绘局局长。1915年主持编修《如皋县志》，并创办如皋公立医院。1927年1月29日病逝。

1906年，沙元炳主持创办测绘专科学校（招收学生30人），附设于1902年他创办的如皋师范学堂，该批学生大多进入1914年成立的如皋县测绘局。

如皋县水利会测绘局致力测绘、浚河建闸。先后完成如皋全县水利标志，全县五万分之一地形图一幅，十万分之一地形图八幅，还施测全县河道地形、纵横断面图若干。

水利会1922年建新生船闸，同年捞浅外城河。1928年捞浅内城河。

张謇

张謇（1853—1926年），江苏南通人，中国近代实业家。

他生活的时代正处于中国历史转折阶段，清朝政府腐败无能，帝国主义势力不断入侵扩张，整个中国社会处于大动乱、大振荡中。中国民族资产阶级开始兴起，西方科学技术逐步引进。张謇极力主张在维护国家主权，有利于经济发展的前提下，实行对外开放，引进先进的生产技术，利用外资建设国家，并身体力行，艰苦创业。毛泽东同志在20世纪50年代谈到中国民族工业的发展时，曾说实业界四个人士不能忘记，其中之一是张謇。

张謇于清同治十三年（1874年）随通州知府孙云锦查勘淮安渔滨积讼案，第一次接触水利。他夙司《淮阳水道图说》《恢复淮河故道图说》《河防一览》《治河方略》等治涝专著，为其以后的兴办水利建设事业奠定了理论基础。

光绪二十年（1894年），张謇应礼部会试，中试，殿试策问四道，首先策问的是河渠要旨。由于他的对策融古贯今，准确无误，中甲第一名，赐进士及第。从关键性殿试对策主要试题角度来看，张謇可算我国第一名水利状元。

张謇历半生主要精力从事淮河水利工作。从光绪二十九年（1903年）到民国13年（1924年）22年间担任全国水利总局总裁、导淮总局督办、治运督办、江苏新运河督办等职，呕心沥血关注水利事业。

1912年,南通保坍会成立,张謇任会长。1914年6月张謇邀请中国河海总工程师贝龙猛以及荷兰、瑞典、英、美等国的水利专家,共商南通沿江保坍方案,确定了采用筑楗和修堤相结合的方法,全面治理南通江岸,聘请荷兰水利工程师特来克为驻会工程师,负责整个筑楗工程。到1927年止,前后兴工历时10余年,共筑楗18座,以及楗与楗之间的相应岸墙工程约18华里。南通沿江岸线逐渐趋于稳定。

张謇对如皋的水利事业倾注了很大心血。民国11年(1922年)资助如皋水利会建新生港船闸。民国14年(1925年)张謇捐资,在下原李家桥建滚水坝(利民坝),并于坝南不远处的白李河上建利民新闸,用来调节水位。该闸1971年春由于水系变化后失去作用被拆除。原址位于下原镇白李村16组,现为约10亩的池塘。

利民新闸建成时,张謇题写"利民新闸",立碑记之。上款"民国十四年乙丑冬月",下款"州人南通张謇谨题"并有章戳。该碑由混凝土浇筑。碑高2.45米、宽0.95米、厚0.1米。该碑记录下张謇为如皋水利事业,造福如皋人民作出的贡献。

陶肖溪

陶肖溪(1887—1963年),名振宗,字以行,世居如城益人桥北。毕业于如皋师范学堂测绘科。1914年,任如皋县水利测绘局测量员;1921年,水利会改组为清丈局,任该局稽察;1928年冬,清丈局并入县建设局,升任课长;1932年去外省任工程师。"七七"事变后赋闲在家。汪伪如皋县公署聘其为建设课主任技术员,拒不任职。1945年秋,民主政府修建如(皋)黄(桥)公路和桥梁,参加设计,制订施工方案。中华人民共和国成立后,当选为城区人民代表,城区地方事业委员会主任、县政协副主席。1958年5月,任如皋县副县长。1963年去世。

张鸣

张鸣(1923—1986年),山西平遥县人。1938年4月参加革命,1940年1月加入中国共产党。1955年4月南京军区曾授予他三级独立自由勋章、三级解放勋章。1968年9月调任如皋县人民武装部政委,后任中共如皋县委书记。在此期间他深入基层,调查研究,为建设如皋付出了艰辛的劳动。1969~1971年,张鸣和其他县委成员,领导全县人民削平高沙土33万亩,为如皋农业的持续发展打下了坚实的基础,为改善如皋人民的生产和生活条件作出了积极贡献。1986年5月病逝。

陆万璋

陆万璋(1920—1989年),如皋夏堡乡人。1943年6月加入中国共产党。历任乡指导员、区委副书记、如皋县委财贸部部长,如皋县委副书记、如皋县革命委员会副主任等职。1969年至1972年间,参与领导全县人民削平高沙土,实行旱改水的工程,为改造高沙土、改善高沙土地区人民的生产和生活条件作出了积极贡献。

丁学文

丁学文(1918—1997年),如皋县南马塘人(现城南街道、高新技术开发区)。1941年9月加入中国共产党,1942年2月参加革命工作。历任乡长、区委书记、中共南通地委纪检员、如皋县政府副县长、县农水革委会主任、县水利局局长、县革委会顾问等职,1978年离休。

丁学文能上能下,不计名利,工作踏实,密切联系群众。"文化大革命"期间受命于动乱之际,担任如皋县农水革委会主任、如皋县水利局局长。依托较高的威信和诚朴的工作作风,对于稳定水利队伍,建设水利工程发挥了积极作用。

丁学文在担任水利局局长期间,组织建设了如皋抽水站、戴案港闸、四号港闸等水利工程,具体落实中共如皋县委建设河网化、削平高沙土、实现旱改水的部署,对改善如皋县人民生产和生活条件做了大量的实际工作。

在担任县革委会顾问期间及离休之后,一直到逝世都非常关心如皋的水利工作。

沙坤仪

沙坤仪(1912—1987年),如皋高井人。1941年参加工作,任唐家乡乡长。1956年10月加入中国共产党。历任小学校长、县文教科科员、副科长。1952年起任如皋县人民政府助理秘书,开始介入水利工作。1956年7月起任如皋县水利局局长。直到1980年11月离休(其中1967年3月至1978年5月被迫害下放使用)。为如皋的水利事业奋斗24年有余。在即将离休之际,组织汪永涛、吴宗湖等人着手编写如皋县水利志,留下"如皋地形的发育形成及江岸变迁”和“建国三十二年来的治水成就”两本极为重要的史料。

第八节 先进集体、先进个人

一、国家级

2004年1月20日，如皋市农田水利试验站科研项目“基于生态边界理论的黄淮海平原林业生态系统工程技术”荣获国务院颁发的国家科学技术进步奖二等奖。

1998年9月28日孙吕林作为南通市唯一代表出席全国抗洪抢险总结表彰大会。

二、水利部级

如皋水务(利)局先进集体、先进个人统计表

表12－2

序号	年份	颁奖单位	获奖情况	
			先进集体	先进个人
1	1960	水利部		京航大运河疏浚工程先进个人 [邱维海]
2	1996	水利部		全国水利系统优秀干部 [郭必祥]
3	2011	水利部	全国第十一批国家水利风景区 [江苏省如皋市龙游水利风景区]	
4	2012	水利部	全国农田水利基本建设先进单位 [如皋市]	
5	2012	水利部	《稻田全自动化智能灌溉系统》申报	全国水利行业技术技能创新特等奖 [黄勇]

三、江苏省人民政府

如皋水务(利)局先进集体、先进个人统计表

表12－3

序号	年份	颁奖单位	获奖情况	
			先进集体	先进个人
1	1991	江苏省人民政府		抗洪抢险先进个人 [邱维海]
2	1996	江苏省人民政府		省绿化先进工作者 [陈鑫泉]
3	1998	江苏省人民政府	抗洪抢险先进单位 [如皋市政府]	
4	1998	江苏省人民政府	抗洪抢险先进集体 [如皋市水务局]	
5	2002	江苏省人民政府	2002年度科技进步二等奖 [农田水利试验站]	
6	2014	大禹水利科学技术奖励委员会		大禹水利科学技术奖三等奖(Y证书) [黄勇]
7	2014	江苏省人民政府		第七届江苏省农业技术推广奖二等奖 [黄勇]

四、江苏省水利厅等

如皋水务(利)局先进集体、先进个人统计表

表12－4

序号	年份	颁奖单位	获奖情况	
			先进集体	先进个人
1	1981	江苏省水利厅	1981年度江苏省水利科技成果三等奖 [农田水利试验站]	
2	1982	江苏省水利厅	群办农水科研先进单位 [农田水利试验站]	
3	1982	江苏省水利厅	省平原治理先进单位 [搬经公社]	
4	1982	江苏省水利厅	省水土保持先进单位 [吴窑公社]	
5	1982	江苏省水利厅	省综合治理先进单位 [袁桥公社]	
6	1983	江苏省水利厅		省水利系统先进工作者 [郭必祥]
7	1984	江苏省水利厅	1984年度水利科技成果三等奖 [农田水利试验站]	

续表 12－4

序号	年份	颁奖单位	获奖情况	
			先进集体	先进个人
8	1987	江苏省水利厅	冬季农田水利县级三等奖 [如皋县政府]	
9	1988	江苏省水利厅		财务工作先进个人 [丁帮富]
10	1989	江苏省水利厅		水费收缴先进个人 [张宝新]
11	1990	江苏省水利厅	水利建设“大禹怀”先进县(市)奖金8万元 [如皋县政府]	
12	1990	江苏省水利厅	1990年度水利科技进步二等奖 [农田水利试验站]	
13	1991	江苏省水利厅		工程管理先进个人 [周富年]
14	1992	江苏省水利厅		行政管理先进工作者 [丁忠明]
15	1996	江苏省水利厅		水政水资源管理先进个人 [丁忠明]
16	1998	江苏省水利厅		水政水资源管理先进个人 [陈鑫泉]
17	1998	水利部长江委员会		长江流域抗洪抢险先进个人 [杜永红]
18	1998	江苏省水利厅	1996年度水利科技进步三等奖 [农田水利试验站]	
19	2000	江苏省水利厅	2000年度科技推广二等奖 [农田水利试验站]	
20	2001	江苏省水利厅	2001年度全省水政监察先进集体 [如皋市水务局]	2001年度全省水政监察先进个人 [李荣竹]
21	2001	江苏省水利学会	2001年度全省先进水利学会 [如皋市水务局]	
22	2002	江苏省水利厅	全省水资源管理先进集体 [如皋市水务局]	

续表12－4

序号	年份	颁奖单位	获奖情况	
			先进集体	先进个人
23	2003	江苏省水利厅		全省水资源管理先进个人［张敏］
24	2003	江苏省水利厅	2003年度省水利科技优秀成果二等奖［农田水利试验站］	
25	2004	江苏省水利厅	水政监察工作先进集体［如皋市水政监察大队］	
26	2004	江苏省水利厅		全省水利政策法规工作先进个人［张敏］
27	2004	江苏省科学技术进步奖评选委员会	2004年度省科学技术进步三等奖［农田水利试验站］	
28	2004	江苏省水利厅精神文明建设领导小组	全省水利系统创建文明行业工作示范窗口单位［焦港闸管理所］ 江苏省第四批创建文明行业示范点	
29	2004	江苏省水利厅		全省水资源管理先进个人[顾遵才]
30	2005	江苏省档案局	档案工作省二级达标［碾砣港闸管理所］	
31	2005	江苏省水利厅	全省“一江两道三湖”专项执法活动先进集体[如皋市水政监察大队]	
32	2005	江苏省水利厅	省水政监察工作先进集体［如皋市水政监察大队］	
33	2005	江苏省水利厅	2005年度省水利科技优秀成果二等奖［农田水利试验站］	
34	2005	江苏省档案局	“省2005年一级”档案管理单位［焦港闸管理所］	
35	2005	江苏省水利厅		全省水利系统“四五”普法先进个人［张敏］

续表 12－4

序号	年份	颁奖单位	获奖情况	
			先进集体	先进个人
36	2005	江苏省水利厅		2005年度全省水资源管理先进个人［石斌］
37	2006	江苏省水利厅	全省水资源管理先进集体［如皋市水务局］	
38	2006	江苏省水利厅	全省农村河道疏浚整治先进县(市)［如皋市］	
39	2007	江苏省水利厅	全省水利政策法规工作先进单位［如皋市水务局水政水资源科］	
40	2008	江苏省水利厅	2008年度全省水利新闻宣传工作先进集体 ［如皋市水务局］	2008年度全省水利新闻宣传工作先进个人［杨洁芬}
41	2008	江苏省水利厅		全省水利系统依法行政工作先进个人［张敏］
42	2008	省委组织部、省委农工办	全省农村河道疏浚整治先进市(区)［如皋市政府］	
43	2008	江苏省水利厅	省水政监察先进大队［如皋市水政监察大队］	
44	2008	江苏省水利厅	省二级水利工程管理单位［碾砣港闸管理所］	
45	2008	江苏省水利厅	2008年度全省水资源管理先进集体［如皋市水费水资源管理所］	
46	2008	江苏省水利厅	2008年度全省水利先进单位［如皋市水务局］	
47	2008	江苏省水利厅	农村水利工作先进集体［如皋市水务局水建科］	
48	2009	江苏省水利厅	省一级水利工程管理单位［碾砣港闸管理所］	
49	2009	江苏省水利厅	2009年度全省水利先进单位［如皋市水务局］	

续表 12－4

序号	年份	颁奖单位	获奖情况	
			先进集体	先进个人
50	2009	江苏省水利厅	2009年度全省水资源管理先进集体［如皋市水费水资源管理所］	
51	2010	江苏省水利厅		2010年度全省水利新闻宣传工作先进个人［殷亚平］
52	2010	江苏省水利厅	全省第一批水资源管理示范县［如皋市］	
53	2010	江苏省水利厅	省水政监察先进大队［如皋市水政监察大队］	
54	2010	江苏省水利厅	2010年度全省水利先进单位［如皋市水务局］	
55	2010	江苏省水利厅	命名表彰2009—2010年度全省水利系统文明单位［如皋市水务局］	
56	2011	江苏省水利厅	2010—2011年度农村水利工作先进集体［如皋市水务局］	
57	2011	江苏省水利厅	2011年度省级水利风景区［如皋市龙游水利风景区］	
58	2011	江苏省水利厅	2009—2011年省水利科技工作先进集体［如皋市水务局］	
59	2011	江苏省水利厅	2010—2011年度全省水资源管理先进集体［如皋市水务局］	
60	2011	江苏省水利厅		2011年度全省水利新闻宣传工作先进个人［殷亚平］
61	2011	江苏省水利厅	省水利工程管理先进集体［碾砣港闸管理所］	
62	2011	江苏省水利厅		江苏省水利优秀科技人才［肖海涛］
63	2011	江苏省水利厅		2010—2011年度水政监察工作先进个人［王建］

六、南通市水利局等

如皋水务(利)局先进集体、先进个人统计表

表12－6

序号	年份	颁奖单位	获奖情况	
			先进集体	先进个人
1	1991	南通市总工会		抗洪救灾先进个人 [郭必祥]
2	1996	南通市水利局		河道曲线简易测量法一等奖 [丁忠明]
3	1999	南通市总工会		优秀工会工作者 [冒承模]
4	2001	南通市水利局	2001年度全市农村水利建设工作先进集体 [如皋市水务局]	
5	2001	南通市水利局	2001年度先进水利工程质量监督项目站 [如皋市水务局]	
6	2002	南通市水利局	2002年度水利科技工作先进集体 [如皋市水务局]	2002年度水利科技工作先进个人 [杜永红、肖海涛]
7	2002	南通市水利局	2002年度冬春农田水利建设先进单位 [如皋市水务局]	2002年度冬春农田水利建设先进个人 [姜国华]
8	2003	南通市水利局	南通市水政水资源、水政监察工作先进单位 [如皋市水务局]	南通市水政水资源、水政监察工作先进个人 [张敏、王建]
9	2003	南通市水利局	第一届水闸运行管理职业技能竞赛获奖先进集体 [如皋市水务局]	第一届水闸运行管理职业技能竞赛获奖先进个人 [展志华]
10	2003	南通市水利局	命名首批南通市文明城市诚信窗口 [如皋市水政监察大队]	

续表 12－6

序号	年份	颁奖单位	获奖情况	
			先进集体	先进个人
11	2003	南通市水利局	2003年度水费工作先进集体 [如皋市水费水资源管理所]	2003年度水费工作先进个人 [孙吕林、李荣竹、石斌、汪力莎、王明祥]
12	2003	南通市水利局	2003年度全市水利系统先进集体 [如皋市水务局]	2003年度全市水利系统先进个人 [顾遵才、陈德胜]
13	2003	南通市水利局	2003年度农村水利工作先进单位 [如皋市水务局]	2003年度农村水利工作先进个人 [顾遵才、肖海涛]
14	2003	南通市水利局	2003年度水利科技进步奖二等奖、2003年度水利科技优秀论文奖 [如皋市水务局]	
15	2003	南通市水利局	2003年度水利报表编制工作先进单位(省地方水利事业报表、水利综合经营报表优胜)[如皋市水务局]	
16	2004	南通市总工会		优秀工会工作者 [冒承模]
17	2004	南通市水利局		2004年度全市水政水资源、节约用水工作先进个人 [顾遵才、张敏、石斌]
18	2004	南通市水利局		水政监察工作先进个人 [王建]
19	2004	南通市水利局	2004年度全市水利水费工作先进集体 [如皋市水费水资源管理所、磨头镇水利站]	2004年度全市水费工作先进个人 [孙吕林、顾遵才、汪力莎、蔡小青]

续表 12－6

序号	年份	颁奖单位	获奖情况	
			先进集体	先进个人
20	2004	南通市水利局		2004年度全市水利系统信息工作先进个人 [殷亚平]
21	2004	南通市水利局	2004年度全市水利系统先进集体[如皋市水务局]	2004年全市水利系统先进个人[顾遵才、陈德胜]
22	2004	南通市水利局	2004年度水利科技进步奖 [如皋市水务局]	2004年度水利科技优秀论文奖[二等奖：肖海涛]
23	2004	南通市水利局		全市水利科技工作先进个人[姜国华、黄俊]
24	2005	南通市发展改革委员会 南通市贸易委员会	2003—2005年度优秀“厂会协作”项目一等奖[如皋市水利学会、如皋市水利建筑安装工程公司]	
25	2005	南通市水利局 南通市财政局		2005年度全市农村水利建设先进个人[孙吕林、冒海清]
26	2005	南通市水利局	全市水利系统2005年度先进集体[农村水利工作、水政水资源管理、水政监察工作、水利工程水费先进单位]	全市水利系统2005年度先进个人[姜国华、陈德胜]
27	2006	南通市编制办公室 南通市人事局		2004—2005年度事业单位优秀管理者[石斌]
28	2006	南通市档案局	2005—2006年度全市档案工作先进集体[如皋市水务局、焦港闸管理所]	
29	2006	南通市水利局	2005年度水政监察工作先进单位[如皋市水政监察大队]	

续表 12－6

序号	年份	颁奖单位	获奖情况	
			先进集体	先进个人
30	2006	南通市水利局		2006 年度全市水资源先进个人　[秦锦国、章剑、石斌、张敏、汪力莎、蔡小青]
31	2006	南通市水利局		2006 年度市水利科技进步推广奖及优秀论文奖　[三等奖：沈万红、陈德胜、孙福殿]
32	2007	南通市水利局	2006 年度水政监察工作先进单位 [如皋市水政监察大队]	
33	2007	南通市水利局		2006—2007 年度全市水利工程管理先进个人 [居黄平、陈德胜]
34	2007	南通市水利局		水政监察工作先进个人 [印金斌、卢志坚、王鹍]
35	2007	南通市水利局	全市水利系统 2007 年度先进单位 [水政水资源、水利工程、水政监察工作先进单位]	全市水利系统 2007 年度先进个人 [居黄平、陈德胜]
36	2007	南通市水利局	2007 年度市水利科技优秀成果奖 [如皋市农田水利试验站]	2007 年度市优秀论文奖 [黄勇、肖海涛]
37	2008	南通市水利局	全市水利系统 2008 年度先进单位 [如皋市水务局]	全市水利系统 2008 年度先进个人 [张纪岗、黄俊]
38	2008	南通市水利局	2008 年度水利科技优秀成果奖及优秀论文奖　[市水利科技优秀成果奖：如皋市水务局]	

续表 12－6

序号	年份	颁奖单位	获奖情况	
			先进集体	先进个人
39	2009	南通市水利局	2008水政监察工作先进单位 [如皋市水政监察大队]	水政监察工作先进个人 [卢志坚、王鹍]
40	2009	南通市水利局		"一、二级河道执法检查"先进个人 [王建、姜宏彬]
41	2009	南通市水利局		全市水利系统2009年度先进个人 [张纪岗、黄俊]
42	2009	南通市水利局		引江调水工作先进个人 [孙福殿]
43	2009	南通市防汛防旱指挥部	2009年度防汛防旱工作先进集体 [如皋市防汛防旱指挥部]	2009年度防汛防旱工作先进个人 [张晓苏]
44	2010	南通市水利局	2010年度江苏省档案工作星级测评 [省三星级:焦港闸管理所;省二星级:如皋港闸、碾砣港闸管理所]	
45	2010	南通市水利局	2009年度水政监察工作先进单位 [如皋市水政监察大队]	水政监察工作先进个人 [王建、姜宏彬、王鹍]
46	2010	南通市水利局		2010年度引江调水工作先进个人 [吴序祥]
47	2010	南通市防汛防旱指挥部	2010年度防汛防旱工作先进集体 [如皋市防汛防旱指挥部]	2010年度防汛防旱工作先进个人 [张晓苏]
48	2011	南通市人力资源和社会保障局 南通市档案局		全市档案工作先进工作者 [殷亚平]
49	2011	南通市水利局	2010年度水政监察工作先进单位 [如皋市水政监察大队]	水政监察工作先进个人 [吴建圣]

续表 12－6

序号	年份	颁奖单位	获奖情况	
			先进集体	先进个人
50	2011	南通市水利局		水利工程管理先进个人［吴序祥］
51	2011	南通市水利局	全市水利系统2011年度先进集体［如皋市水务局］	全市水利系统2011年度先进个人［黄俊、殷亚平］
52	2011	南通市水利局	2011年度全市水政监察工作先进单位［如皋市水政监察大队］	2011年度全市水政监察工作先进个人［吴建圣、丁昌林］
53	2011	南通市水利局	2011年度全市水资源管理及节水型社会建设工作先进单位［如皋市水务局］	2011年度全市水资源管理及节水型社会建设工作先进个人［石斌、朱亚春］
54	2011	南通市防汛防旱指挥部		2011年度防汛防旱工作先进个人［张晓苏］
55	2011	南通市防汛防旱指挥部	2011年度引江调水工作先进集体［如皋市防汛防旱指挥部］	2011年度引江调水工作先进个人［孙福殿］
56	2011	南通市水利局	2011年度全市水利工程管理考核省一级水管单位［碾砣港闸管理所］	
57	2013	南通市水利局	全市水利系统规划与建设先进集体（如皋市水务局）	全市水利系统规划与建设先进个人［郭锦泉］
58	2014	南通市农村环境“四位一体”长效管理办公室	农村环境“四位一体”长效管护工作南通第一［如皋市］	

续表 12 - 6

序号	年份	颁奖单位	获奖情况	
			先进集体	先进个人
59	2014	南通市农村环境“四位一体”长效管理办公室	2014年度如皋市(白蒲镇、城南街道、城北街道)获农村环境长效管理工作示范镇	
60	2015	南通市水利局	水政监察执法技能竞赛一等奖 [如皋市水政监察大队]	
61	2015	南通市委	2015年度南通市农业农村工作主要目标完成情况综合评价如皋市获优秀单位 [如皋市]	
62	2015	南通市农村环境“四位一体”长效管理办公室	公布南通市农村环境长效管理工作示范镇(城南、城北)	
63	2015	南通市水利局	2015年度南通市水利信息宣传先进集体 [如皋市水务局]	2015年度南通市水利信息宣传先进个人 [殷亚平]

附　录

一、如皋县名考释及沿革

《太平寰宇记》载："县西百五十步有如皋港，港侧有如皋村，县因以为名。"《春秋左传》载："昔贾大夫恶，取妻而美，三年不言笑。御以如皋，射雉，获之，其妻始笑而言。"杜预注："御以如皋，是皋为泽也。如，往也。为妻御以往泽也。"相传贾大夫当年射雉处，即在今如皋西门秀水港。后人据此将此港定名为如皋港。港侧村名为如皋村。清乾隆《如皋县志》载："如皋城濠河有支流入海月寺，经六桥南流，合于凤凰池，绕出谢恩桥，南至秀水港，绕如皋村故址。《太平寰宇记》县西百五十步有如皋港，港侧有如皋村，今易名秀水港矣。"《太平寰宇记》成书于宋，宋时6尺为步，150步约合半华里。今秀水港至古如皋西门丰乐桥距离基本相符。杜预同时代人潘岳《射雉赋》中有："昔贾氏之如皋，始解颜色于一箭，丑夫为之改貌，憾妇为之释怨。"此"如皋"显然已成为地名。《春秋左传》成书于战国初期，潘岳《射雉赋》成书于西晋。故"如皋"得名当在战国至西晋之间。

如皋县城亦有雉皋、雉水、东皋之别名。

411年（东晋义熙七年）如皋正式建县，隋唐时废，南唐时复置。宋时定为中下县，1284年（元至元二十一年）升为上等县，1923年（民国12年）10月定为二等县。1931年2月上升为一等县，与湖南邵阳同列为全国最大的县。从1928年版如皋县区域图可以看出，如皋县曾包含现如皋全境、如东县全境及海安县和南通通州区的部分地区。1940年，新四军东进抗日至如皋后，将县境沿运盐河（今通扬运河）一分为二，以东为如皋县，以西为如西县。县城为日军占领。1945年9月21日如西县政府奉命进城接管，复名如皋县。如东县单列。是年，苏皖边区政府第一行政区专员公署成立于如皋城，领辖12县。1946年7月，解放战争开始，一专署撤往台北县（现大丰县），如皋县党、政、军机关撤至如皋西乡，国民政府如皋县政府进驻如皋城。1949年1月27日如皋城第二次解放，县府仍设于如皋城，隶属苏北行政公署核定如皋为一等县。1950年1月，划归苏北行政公署南通专员公署。后上升为特等县。

1983年3月，为南通市人民政府领辖。1988年3月，经国务院批准，列为沿海对外开放县。1989年如皋县设9个区、10个镇、43个乡。1991年如皋撤县建市。2000年4月，全市设26个乡镇。2001年9月，全市设23个乡镇。2005年1月，全市设20个乡镇。2010年6月，全市设20个镇（区）、4个街道。2013年3月，调整为11个镇、2个开发区、1个街道。

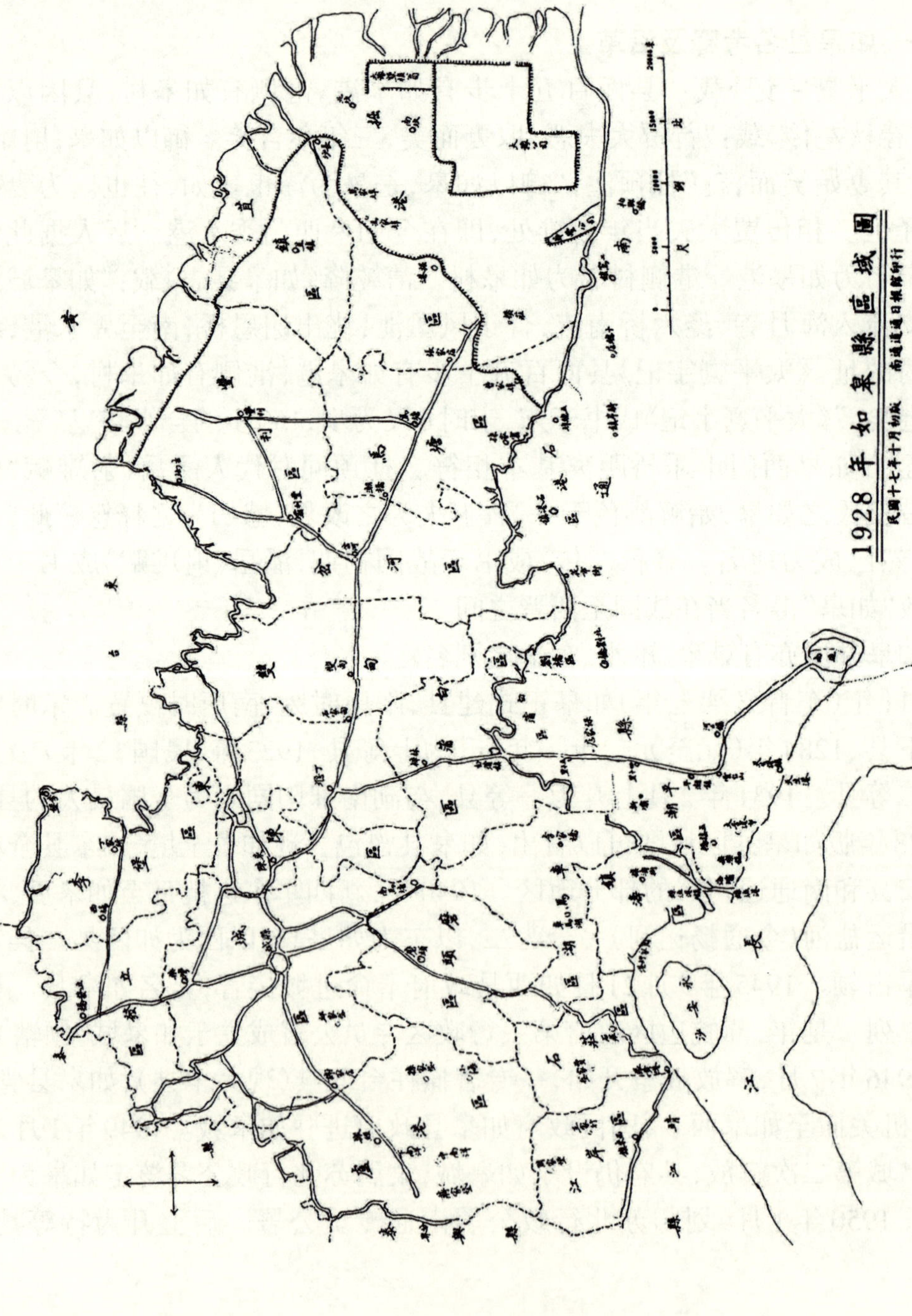

二、规范性文件

(一)如皋县水利工程管理实施细则

关于印发《如皋县水利工程管理实施细则》的通知

(皋政发〔1987〕40号)

根据江苏省六届人大常委会第二十一次会议通过的《江苏省水利工程管理条例》和上级有关法规的规定,结合我县实际情况,特制定《如皋县水利工程管理实施细则》,现予公布,希认真贯彻执行。

如皋县人民政府

一九八七年四月七日

如皋县水利工程管理实施细则

第一章　总　则

第一条　为了加强我县的水利工程管理工作,保护水利工程设施,充分发挥工程的综合效益,保障人民生命财产和国家财产的安全,促进社会主义建设事业的发展,现依照《江苏省水利工程管理条例》和上级有关法规的规定,结合我县实际情况,特制定本细则。

第二条　本细则适用于我县行政区域内的河道、堤防、涵闸、机电排灌站、沟渠、桥梁等各类中、小型水利工程设施。

第三条　保护水利工程设施的完好和安全,是每个公民应尽的义务。《江苏省水利工程管理条例》是地方性法规,我县境内所有单位和个人都必须贯彻执行,自觉遵守。做到有法必依,执法必严,违法必究。县、乡两级人民政府和村民委员会,应加强对水利工程管理工作的领导,负责《江苏省水利工程管理条例》及本细则的组织实施和监督执行。

第二章 工程管理机构

第四条 县水利局是我县水利工程的主管部门,依照国家法律、《江苏省水利工程管理条例》和本细则进行重点水利工程的管理。根据水利工程管理的需要设置的碾砣港闸、焦港闸、二案抽水站、永平闸、四号港闸、长青沙闸和堤防等七个管理所(站),以及搬经、城西、城东等三个电灌站,分别管理我县沿江主要水利工程设施及内地主要电灌车口。全县江、港、洲堤和一、二级骨干河道由县统一管理,分段委托所在乡(镇)水利站具体负责管理。

第五条 乡(镇)水利站是县水利局的派出机构,在县水利局和各乡(镇)人民政府的领导下,主管各乡(镇)范围内的水利建设和管理工作,乡(镇)的骨干水利工程根据需要可以设置专管机构或专管人员。村级水利工程由村民委员会负责管理。

第三章 工程保护

第六条 为了确保工程安全和防汛抢险的需要,水利工程的管理区范围规定如下:

一、长江堤防的管理区范围:

江、港、洲堤的堤身,堤内有挂脚沟的以沟(包括整个河面)为界,无挂脚沟的至堤脚外十五米内土地,以及外堤脚外四十米内滩地都属堤防管理区范围。

二、河道的管理区范围:

1.一、二级骨干河道的河床、水面、青坎、堤身、配套建筑物和已开除面积的土地(含积土堆)都属一、二级河道的管理区范围。

2.三、四级河道的河床、水面以及河口外有截水埂、挡水堤或机耕路(含埂、堤、路本身)的以此为界,没有的为三级河河口向外三米至五米,四级河河口外二米至四米内的范围都属三、四级河的管理区范围。

三、闸站的管理区范围:

1.县管闸站:碾砣港闸、二案抽水站上下游各五百米;焦港闸上下游各三百米;永平闸上下游各一百五十米;四号港闸上游三百米下游至入江港口;长青沙闸、久隆闸上游各一百五十米,下游至入江港口。上述范围内的河床、水面、青坎、道路、开除面积的堆土区和已划归管理用的土地都属闸站管理区范围。

搬经电灌站佘南车口出水池以外二十米,出水渠道两外坡脚向外各5米,进水池向外到引水干河水面线,机房两侧各三十米。城西电灌站河北车口出水池向外七十米,进水口向外三十米,机房两侧各四十米(以围墙为界);河南车口出水池向外一百六十米,进水池向外二十米,机房西侧四十米,东侧二十五米(以围墙为界)。以上范围内的土地及已划归管理用的土地,都属电灌站管理范围。

2.乡(镇)管涵闸站:小型涵闸上下游各三十米至五十米范围内的河床、水面、河口以外三至五米,以及已划归管理用的土地都属涵闸管理区范围;机电排灌站的进水口以外五米至十五米,出水口以外十米至二十米,机泵房两侧各五至十五米以及已划给管理用的土地,都属机电排灌站的管理区范围。

3.干支渠:渠道两侧外坡向外至截水沟外边为渠道管理范围。

4.桥梁:桥台两侧顺河方向各八米至十五米内的河坡、青坎、道路都属桥梁的管理区范围。

5.其他属乡、镇、村管理的小型水利设施管理区的范围由乡、镇、村参照本细则第三章二、三款中水利工程管理范围有幅度的自行划定。

第七条 水利工程管理区范围内,属于国家所有的土地由水利工程管理单位进行管理和使用。其中已经县以上人民政府批准,由其他单位或个人使用的可继续由原单位或个人使用。属于集体所有的土地其所有权和使用权不变。但以上所有从事生产经营的单位和个人,必须服从水利工程管理单位的安全监督,不得进行损害水利工程设施的任何活动。

第八条 为了保护水利工程设施的安全,发挥工程应有的效益,所有单位和个人必须遵守以下规定。

一、禁止损坏涵闸、机电排灌站、桥梁等各类水利工程建筑物及机电设备、水文、通讯、供电、观测等设施。

二、禁止在堤防、河道、渠道上扒口、取土、打井、挖坑、埋葬、建窑、垦植、放牧和毁坏块石护坡、林木、草皮等其他行为。

三、禁止在江河、沟渠等水域炸鱼、毒鱼、电鱼。

四、禁止在引水、排涝河道和渠道内设置影响行水的建筑物、障碍物或种植农作物。

五、禁止向江河、渠道等水域和滩地倾倒垃圾、废渣、农药，排放油类、酸液、碱液、剧毒废液以及《中华人民共和国环境保护法》、《中华人民共和国水污染防治法》禁止排放的其他有害有毒的污水和废弃物。

六、禁止擅自在水利工程管理区范围内盖房、圈围墙、堆放物料、埋设管道、电缆或兴建其他建筑物。在水利工程附近进行生产、建设的爆破活动，不得危害水利工程的安全。

七、禁止擅自在江河滩地内圈圩、打坝、做塌田。

八、除防汛抢险等特殊情况外，禁止拖拉机及其他机动车辆、雨后在堤防的泥泞路面上行驶。

九、禁止任意平毁和擅自拆除、变卖、转让、出租农田水利工程设施和沿江二道堤防。

十、禁止破坏所有管理区范围内的绿化林木、草皮。

第四章 工程管理

第九条 县、乡、镇人民政府和村民委员会对水利工程每年应组织检查，对损坏的水利工程设施进行维修、养护、加固或更新。所需经费应纳入各自财政年度计划。

第十条 我县水利设施按受益和影响范围的大小，实行统一管理和分级管理相结合、专业管理与群众管理相结合的办法进行管理。

一、县统一管理中型及重点小型工程：

1.一、二级河道：一级河：通扬运河、如海运河、焦港、如泰运河。二级河：抽水站引河、拉马河、长甸河、丁堡河、龙游河、南凌河、白毛港、大明河、大寨河、胜利河、西司马港、东司马港、跃进河、立新河、白李河、石庄前河、周圩港、如靖界河、丁石河、新姚河、扬马河。

2.堤防：江、港、洲堤。

3.闸站：碾砣港闸、焦港闸、二案抽水站、永平闸、四号港闸、长青沙闸、久隆闸、界河闸，搬经电灌站、城西电灌站、城东电灌站。

一、二级河道和堤防由县水利部门统一管理，委托所在乡、镇水利站分段具体负责管理。

二、乡（镇）统一管理乡（镇）境内的三、四级河、机电排灌站、灌区及其配套建筑物。可采用专业管理与群众管理相结合的办法管理。

三、村统一管理村内小型水利工程。

第十一条　场圃、工厂、企业、事业单位和部队兴建的水利工程，必须按照我县引排水和工程管理的要求，由兴建单位负责管理、维修和养护。

第十二条　涵闸站上的公路桥由县交通部门负责维修养护及所需费用，大修由水利和交通部门共同负责工程大修理费。

第十三条　河道中的航道由县交通部门负责管理。引排水通航的河道河坡护岸工程由水利和交通部门共同负责维修养护及费用。

第十四条　边界水利工程的管理和运用，应按上级有关规定和双方协议执行。任何一方不得自行其是，损害另一方的利益。

第十五条　确因需要，必须在水利工程管理区范围内占用土地兴建工程设施和建筑物的，应当从严控制。建设单位必须先将建设项目选址地点、工程规模、结构形式和占用范围向水利主管部门提出书面申请报告，经水利主管部门会同有关部门审查后同意，并转报上一级水利主管部门审批后，方可上报设计任务书。

未经上级批准，居民要在水利工程管理范围内建筑造房等，乡（镇）人民政府不得发给准建证，在流域性长江堤防管理范围内修建工程设施和建筑物需报省水利厅批准。

第五章　防汛与清障

第十六条　碾砣港闸、焦港闸、二案抽水站的引排水运行由市、县防汛防旱指挥部指挥；永平闸、四号港闸、界河闸、长青沙闸、久隆闸的引排水运行由县防汛防旱指挥部指挥，其他小型工程由乡（镇）防汛防旱机构指挥。任何单位和个人不得擅自改变或阻挠以上工程引排运行方案的执行。

第十七条　在水利工程管理范围内危害水利工程安全和影响防汛抢险的各类建筑物及设施，分期分批予以处理，在险工险段或严重影响防汛排涝的地段，应限期拆除。

第十八条　排涝、引水河道中阻碍行水的圈堤、码头、坝埂、塌田、废渣堆、拦河网簖等障碍物，按照“谁设障、谁清除”的原则应限期清除。

第六章 经营管理

第十九条 水利工程管理单位要加强工程管理，根据有关法规实行有偿供水，充分发挥水利工程应有的效益。在管好用好水利工程的前提下，要充分利用管理区范围内的水土资源、各种设备和技术条件，因地制宜地开展多种生产经营活动，增加收入，减轻国家和人民的负担，逐步提高自给能力。

第二十条 凡是水利工程提供水源的用水单位和个人，都要实行计划用水，节约用水，并按国家有关规定，向水利工程管理单位交付水费；在水利工程排涝范围内受益的所有单位和农户，都应按国家规定向水利工程管理单位交付工程维护管理费。具体办法按省人民政府批准的文件执行。

第七章 奖励和惩罚

第二十一条 凡符合《江苏省水利工程管理条例》第二十七条规定的在水利工程管理工作中有先进事迹之一者由各级人民政府或水利主管部门给予精神鼓励或物质奖励。

第二十二条 凡是违反国家法律和《江苏省水利工程管理条例》及本细则有关规定的单位和个人，依照《江苏省水利工程管理条例》第二十八条至三十一条规定给予惩罚。阻挠、殴打依法执行公务的工程管理人员，蓄意制造水利纠纷，强制水利工程管理人员改变工程设施控制运行方案的，抗拒防汛、抢险命令的，给予批评教育或行政处分，情节严重的，依照《治安管理处罚条例》或《中华人民共和国刑法》有关规定，追究法律责任。

凡违反《江苏省水利工程管理条例》及本细则者，由县以上人民政府水利部门作出决定，发出违章处理通知书，负责处理。不服从者，可按法律程序处理。

第二十三条 各级水利部门和工程管理单位的工作人员，必须忠于职守，模范执行国家法律和《江苏省水利工程管理条例》及本细则，违者应依照法律和法规追究责任。

第二十四条 关于惩罚的几项具体规定

1.在水利工程管理区范围内砍伐林木，柳条类按其价值的二至五倍罚款；铲草皮每平方米罚款五角至一元；放牧牲畜每头一次罚款一元至二元。

2.在江堤堤身、河坡及骨干河道青坎上种植农作物者,每亩一熟罚款二百五十元,并限期铲除恢复原状。

3.在河道、堤防、涵闸站和渠道管理区范围取土他用者,每立方米罚款二元至五元,经水利主管部门批准取用弃土者,要每月向管理单位交纳土资源费,每方伍角。

4.水利工程管理范围内的违章建筑物,必须限期拆除,逾期不拆除者按占地面积每月每平方米罚款壹角至伍角;经水利工程主管部门批准的各类建筑物除外。

5.毁坏、偷窃水利工程设施和器材物资者,按其价值的二倍到五倍罚款,情节严重的要依法追究刑事责任。

6.偷拿堤防护砌块石及保坍块石者,每立方米罚款三十元,并将块石送还原地修复好。

7.在水利工程管理区水域内炸鱼、毒鱼、电鱼者,每次罚款三十元至五十元,所得鱼虾类归公,对损坏水利工程设施者必须追究责任。

8.向江河、渠道、滩地倾倒废毒液、农药、排放油类以及其他有害污水和废弃物者,按《中华人民共和国环境保护法》、《中华人民共和国水污染防治法》的有关规定处理。

9.在水利工程管理范围内堆放物料,影响排涝、引水及工程管理者,占地每平方米罚款一元至三元,并限期清除恢复原状,不清除者加倍罚款。

10.管理人员和值班职工因失职造成水利工程设施损坏者,必须追究责任,还要按损坏工程设备价值的20%至50%赔偿。

11.未提及的罚款项目照该项目价格的二至三倍处罚。

12.所收罚款都由水利管理单位用于工程维修、养护。

第八章 附 则

第二十五条 过去我县有关水利工程管理方面的规定与本细则有抵触者,以《江苏省水利工程管理条例》及本细则为准。

第二十六条 本细则自公布之日起执行。

(二) 如皋市河道管理实施细则

市政府关于颁发《如皋市河道管理实施细则》的通知

(皋政发〔1997〕178号)

《如皋市河道管理实施细则》业经市政府常务会议讨论通过,现予发布。

如皋市人民政府

一九九七年十月十三日

如皋市河道管理实施细则

第一条 根据《中华人民共和国河道管理条例》、《江苏省河道管理实施办法》及《南通市河道管理实施细则》的规定,结合本市实际,制定本细则。

第二条 本细则适用于本市行政区域内的河道及其配套工程。

第三条 市人民政府水行政主管部门是本行政区域内的河道主管机关。其管理河道的主要职责是:

一、宣传、贯彻、执行上级和本市有关河道管理的法律、法规、规章等规范性文件。

二、依据上级和本市有关河道管理的法律、法规、规章,制定并组织实施有关河道管理的具体措施、规定、制度、公约等,受市人民政府的委托,协调处理水事纠纷。

三、审查在河道管理范围内各类建设项目的方案,参与组织编制河道综合规划及审查河道开发利用规划,制定河道整治和建设计划并组织或指导实施。

四、协调防汛防旱日常工作,制定工程调度运行计划,执行上级调度指令。

五、管理河道及其配套工程设施,参与审查在河道管理范围内兴建各类建筑物及设施的方案。审批在河道管理范围内与河道工程安全及正常运行有关的活动,并对工程设施建设和使用以及涉及河道的活动进行防汛安全监督管理。

六、行使法律、法规、规章赋予的其他职责,执行市人民政府和上级河道主管机关的决定、命令以及交办的其他事项。

第四条 市水行政主管部门的河道堤防管理机构(含河道堤防管理所、直属水行政主管部门的涵闸管理所、站等)的主要职责是:

(一)根据有关法律、法规、规章及本实施细则,对所辖河道及其配套工程实施管理、维护和养护。

(二)参与审查在河道管理范围内的各类建筑项目的方案。

(三)制止侵占、破坏或损坏河道及其配套工程的行为。

(四)参与调查处理违反河道堤防管理的法律、法规、规章的行为。

第五条 本市河道及其配套工程实行统一管理与分级管理相结合,下级管理服从上级管理的管理原则。

第六条 我市河道分级管理的权限分别是:

(一)由南通市河道主管机关主管,我市河道管理机关具体管理的有:长江如皋段、焦港河、如海运河、如泰运河、通扬运河等一级河道。

(二)由我市河道管理机关主管的有:跃进河、大明河、周圩港、立新河、胜利河、丁堡河、丁石河、新姚河、龙游河、扬马河、南凌河、白毛港、东司马港、拉马河、长甸河、如靖界河、西司马港、石庄前河、如皋港、大寨河、白李河等二级河道。

河道分段委托所在乡镇水利站具体负责管理。

南凌河由市水行政主管部门设置的南凌河管理站实行专管。

(三)一、二级骨干河道引排水控制涵闸仍由涵闸管理单位实行专管。

第七条 河道堤防及其配套工程的管理范围:按《如皋市水利工程管理实施细则》第六条的规定划定。

第八条 市人民政府河道主管机关应当建立健全河道堤防管理机构,加强河道堤防工程管理,确保工程安全运行。

第九条 新建河道工程,实行“谁投资、谁受益”的原则,其建设资金可以采取政府投资、社会集资、引进外资、贷款等方式筹集、社会集资须经市人民政府批准。

第十条 对河道及配套工程,必须明确管理体制,确定运行管理费、大修理费、折旧费等经费来源。

河道及配套工程改建、扩建和加固设计,应当考虑各种管护基础设施,其中包括闸、坝、堤观测设施、防汛设施、水文设施、管理用房、生活设施、基地建设和工程管理范围等。工程概预算中必须包含上述单项工程的投资,工程竣工验收时,应将上述工程一并验收,并将有关资料(包括土地使用证书)交工程管理单位。

第十一条 确需在河道管理范围内新建、扩建、改建的各类工程建设项目,包括开发水利、防治水害、整治河道的各类工程,跨河、穿河、穿堤、临河的桥梁、码头、道路、渡口、管道、缆线,取水、排水口等建筑物及设施,厂房、仓库、工业和民用建筑以及其他公共设施,建设单位在按照基本建设程序履行审批手续前,必须先经河道主管机关审查同意,涉及航道、港口等范围的,还需事先经交通等有关主管部门审查同意。建设单位占用的水利工程,其土地使用权属不变。

建设项目经批准后,建设单位必须将批准文件和施工安排送河道主管机关审核后,方可办理开工手续;涉及航道、港口等范围的,还应送经交通等有关主管部门审核。建设项目竣工后,必须经河道主管机关会同有关部门检验合格后方可启用。

对于经批准已投入运用的各类工程设施,由河道主管机关重新进行登记。如因河道扩建、改建而影响各类建设项目,建设单位应无条件拆除。

第十二条 在河道管理范围内修建的建筑物及设施,对河道工程、农田灌溉系统或其他水工程造成不利影响的,建设单位必须采取补救措施(包括限期拆除);造成损失的,应当予以赔偿。

第十三条 市内跨乡镇河道在乡镇界两侧对有引、排水影响的河段,未经双方达成协议或上一级人民政府水行政主管部门批准,任何一方不得修建排水、引水、阻水和蓄水工程以及河道整治工程。

第十四条 在河道管理范围内从事采砂、取土、挖泥塘建蟹池、存放物料、修建房屋或其它建筑设施等活动,必须向河道主管机关提出申请,并提交下列有关论证资料,经有资质的单位论证同意后方可实施。

(一)对河道行水及河势影响的分析;

(二)对水质影响的分析;

(三)对堤防、河岸和沿线建筑物影响的分析;

(四)其他有关资料。

第十五条 禁止在引水排涝的主要河道内设置阻水鱼具。对于一般性河道内设置渔网的管理，由市水行政主管部门会同市交通、渔业行政主管部门制定具体管理办法，报市人民政府批准后执行。

第十六条　严禁擅自在长江滩地圈圩。河道的开发利用必须服从防洪排涝和通航的要求，严格按照审批的方案实施，并在项目实施中和实施后，由审批该项目的河道主管机关检查、监督。

第十七条　未经河道主管部门批准，不得在河道管理范围内搭建临时工程设施或停(堆)放物料。确因工作或生产需要，经批准搭建临时设施或停(堆)放物料的，有关责任单位或个人应当在规定的期限内负责清除，清除费用由责任单位或个人承担。

第十八条　全民所有的河道管理单位组织营造和管理的护堤、护岸等水利工程的防护林木，根据省河道主管机关下达的限额更新采伐。河道管理单位对护堤、护岸森林进行抚育更新性质的采伐以及用于防汛抢险的采伐，按国家有关规定免交育林基金。

其他部门在河道管理范围内营造的林木，其日常管理和更新采伐必须满足河道引排水、防汛抢险、工程安全和水土保持的需要。

第十九条　因生产、经营需要，确需占用河道堤防工程的单位和个人，必须经河道主管机关批准，并向市河道主管机关交纳河道堤防工程占用补偿费。占用补偿费主要用于河道堤防工程的维修与管理。具体征收按省人民政府颁发的河道堤防工程占用补偿办法实施。

第二十条　违反本细则规定，有下列行为之一的，市人民政府河道主管机关除责令其纠正违法行为、赔偿损失、采取补救措施外，可以并处警告、1万元以下罚款，情节严重的可处以1万元~3万元罚款。对有关责任人员，由其所在单位或上级主管部门给予行政处分；构成犯罪的，提交司法机关依法追究其刑事责任：

(一)违反第十二条或第十六条规定，擅自修建建筑物、圈圩、实施开发项目、拒不采取补救措施和赔偿、补偿的；

(二)违反第十三条规定，未经达成协议或批准，擅自兴建边界水工程的；

(三)违反第十五条规定，擅自设置阻水鱼具的；

(四)未经河道主管机关批准，擅自在河道管理范围内兴建各类建筑设施及从事各类活动的；

(五)违反第十九条规定，拒不如数交纳河道堤防工程占用补偿费的。

属于经济处罚、应交占用费补偿的，对逾期不交者可按每逾期1天加收应交费千分之一的滞纳金。

河道主管机关在进行行政处罚时，必须使用财政部门统一制作的罚没票据，罚款收入上交市财政。

第二十一条 擅自在河道管理范围内修建或设置厂房、围堤、渠道、渔具以及其他生产、生活设施，种植农作物造成水土流失，弃置矿渣、煤渣、泥土、垃圾等废弃物，建房、开渠、打井、挖窖、造墓、堆放物料、挖筑鱼塘、蟹池、非法采砂取土等影响防汛抢险和河道工程安全运行的，由河道主管机关责令违章者停止违章行为，限期清除，恢复工程原状。逾期不停止、不清除的，河道主管机关可以依法采取强制措施，费用由违章者承担。

第二十二条 被处罚的单位和个人对行政处罚不服的，可以依法申请行政复议，或向人民法院起诉。当事人逾期不申请复议、不向人民法院起诉又不履行处罚决定的，由作出处罚决定的机关申请人民法院强制执行。

第二十三条 本细则所称河道及其配套工程（简称河道工程）是指河床、直接依附河道兴建的堤坝（含江港洲堤）、防护林草、护坡、护岸、青坎、涵、闸、泵站等与河道配套发挥作用的除害兴利水工程。

第二十四条 过去市人民政府颁发的有关水利工程管理方面的规定与本河道管理实施细则有抵触者，以《江苏省河道管理实施办法》及本实施细则为准。

第二十五条 本细则自发布之日起施行。

（三）如皋市城市地下水资源管理暂行办法

如皋市人民政府令

（第19号）

《如皋市城市地下水资源管理暂行办法》已于2005年7月13日如皋市十四届人民政府第二十五次常务会议讨论通过，现予公布。自2005年8月1日起施行。

市长：周铁根

二〇〇五年七月十八日

如皋市城市地下水资源管理暂行办法

第一条　为加强地下水资源的管理和保护，规范地下水开发利用行为，保护生存生活和经济社会发展环境。根据《中华人民共和国水法》、《取水许可制度实施办法》、《江苏省水资源管理条例》及《国务院关于加强供水节水和水污染防治工作的通知》（国发[2000]36号）等规定，结合本市实际，制定本办法。

第二条　本办法适用于本市城市规划建成区范围内取用地下水从事生产经营活动和从事地下水凿井施工的一切单位和个人。

第三条　地下水资源管理实行统一规划、合理开发、科学使用、严格保护原则。在城市公共供水管网覆盖范围内，一般不再新建自备水源。对原有经批准的自备水源要通过实行取水计划与足额征收水资源费等措施，逐步递减许可取水量直至完全关闭自备水源，使用公共供水。

第四条　市水行政主管部门是全市水资源管理部门，负责全市地下水资源的统一管理和监督工作。市发改委、建设、环保、卫生等相关部门负责全市地下水资源开发、利用、节约和保护的有关工作。

第五条　严禁任意开采地下水。确因特殊行业需要取用地下水的，应当向水行政主管部门申请取水许可，办理取水登记，安装取水计量设施，缴纳水资源费；向市财政部门缴纳污水处理费。

申请开采地下水，井深小于50米的，报市水行政主管部门审批；申请开采地下水，井深大于50米的，报请南通市和省水行政主管部门审批。

第六条 水行政主管部门必须在接到地下水开采申请后5日内派专业技术人员到现场勘查。有下列情形之一的，水行政主管部门一般不予许可开采地下水：

(一)在地下水禁止开采区开采的；

(二)在地下水限制开采区内，可以采用地表水源替代的；

(三)在城市规划建成区范围内取用地下水用于水温空调的；

(四)在城市公共供水管网覆盖范围内，其生产经营、生活用水基本能够满足或者简单净化处理后的地表水能够基本满足需要的；

(五)地下水使用用途明显不合理的；

(六)其他有关规定不允许开采地下水的区域。

第七条 经许可开采地下水的单位和个人，在凿井施工过程中，必须接受水行政主管部门的管理和监督，凿井施工单位，必须严格采取封层措施，防止地下水资源受到污染。

凿井竣工后，凿井单位和施工单位应当及时向水行政主管部门提出验收申请，验收合格后，按规定核定用水计划，发放取水许可证，凿井单位方可使用深井取水。

第八条 经许可开采地下水的单位和个人应当在取水口装置计量设施，实行计量取水，并保证取水计量设施正常使用。不得擅自拆除、更换或损毁取水计量设施。未安装取水计量设施或者安装的取水计量设施不能正常运行的，或者擅自拆除、更换取水计量设施的，水行政主管部门应责令限期安装或者修复，并按照工程设计取水能力或设备铭牌功率满负荷连续运行的取水能力计算取水量。

取水单位和个人应配备专人负责管理取水设施，发现出水异常，应立即停止抽水。

地下水取水口的水表，其购置、安装、检查维修费用由各用水户承担。

第九条 经许可取用地下水的单位和个人根据其取水量缴纳水资源费和污水处理费。水资源费由市水行政主管部门征收。使用城市公共供水的单位和个人，污水处理费由城市公共供水企业统一代收；已缴纳污水处理费的单位和个人,不再缴纳排污费,但超标准排污的,仍应当缴纳超标排污费;采用自备水源的,污水处理费由市财政部门委托相关部门收取。

水资源费和污水处理费的征收标准按物价主管部门核定的标准执行。

第十条 在城市排水设施覆盖范围内,禁止将污水直接排入水体,规避缴纳城市污水处理费。

第十一条 实行地下水开采总量控制。对已经取得城市地下水取水许可证的部位和个人,实行计划用水。对超计划取水部分,依照《江苏省水资源管理条例》累进加价的规定,按1至5倍加收水资源费。

第十二条 征收水资源费和污水处理费应统一使用财政专用票据。取水单位和个人在接到征收部门的缴款通知书并在规定的时间内,足额向财政部门开设的水资源费和污水处理费专用账户缴纳,该账户只收不支。

水资源费和污水处理费不得减缴或免缴。经许可的取水单位和个人按月缴纳水资源费和污水处理费确有困难的,可以在接到缴费通知之日起7日内向征收部门申请缓缴;征收部门应当在接到申请之日起7日内作出是否同意缓缴的决定,同意缓缴的期限最长不得超过六个月。

第十三条 生产、经营单位(含供水企业)缴纳的水资源费、污水处理费计入生产经营成本;事业单位缴纳的水资源费、污水处理费在事业费中开支。

第十四条 水资源费、污水处理费纳入财政预算管理,实行专款专用。任何单位和部门不得截留或挪作他用。

第十五条 有下列情形之一的,由水行政主管部门依法查处:

(一)在城市公共供水管网覆盖区内,未经许可擅自开凿水井取用地下水用于经营性活动的,取水单位或个人必须停止违法取水行为,自行拆除取水机械设施,封填取水井。否则将依据《中华人民共和国水法》、《江苏省水资源管理条例》等有关法律法规进行处罚。

(二)未取得取水许可而又确因生产、生活需要必须使用地下水源,如果改用非地下水源将导致产品质量严重受损或者致使生产经营无法正常运行的极少数企业,可以向水行政主管部门申请,补办取水许可手续,安装取水计量设施和使用标牌,取得合法取水权,并严格按下达的用水计划取水。

(三)对报废、闲置或者施工未成的深井,由深井所属单位按规定要求封填,或者由水行政主管部门统一封填,封填费用由深井所属单位承担。

(四)凡在城市规划建成区等建筑物密集区开采浅层地下水用于水温空

调的,必须在规定的时间内自行拆除取水设施,逾期不拆除的,依据《江苏省水资源管理条例》规定的有关条款进行处罚。

(五)已经取得取水许可的单位和个人,未依照批准的取水许可规定条件取水的,由水行政主管部门依据《中华人民共和国水法》规定的有关条款进行处罚。

第十六条 违反本办法规定的,由水行政主管部门依据《中华人民共和国水法》、《江苏省水资源管理条例》等有关法律法规的规定,对其进行责令停止违法行为,限期采取补救措施,并可处以一定的罚款,吊销其取水许可证等行政处罚。

对拒不缴纳污水处理费的,由市财政部门作出征收决定,责令当事人限期缴纳;逾期不缴纳的,根据《财政违法行为处罚处分条例》的规定对当事人和责任人予以处罚。

第十七条 国家机关、企事业单位及其工作人员违反本规定有下列行为之一的,由所在单位或者市监察机关责令限期改正,对直接负责的主管人员和其他直接责任人员依法给予行政处分;构成犯罪的,依法追究刑事责任。

(一)截留、挤占、挪用水资源费、城市污水处理费的;

(二)擅自批准减缴、免缴、缓缴水资源费、城市污水处理费的;

(三)利用职务上的便利收受他人财物或其他好处的;

(四)对违法行为不及时依法查处的;

(五)有其他滥用职权、徇私舞弊、玩忽职守情形的。

第十八条 本办法自二〇〇五年八月一日起执行。

（四）如皋市水利工程管理实施办法

市政府关于印发《如皋市水利工程管理实施办法》的通知

皋政规〔2011〕4号

《如皋市水利工程管理实施办法》已经2011年8月3日十五届市政府第四十六次常务会议审议通过，现予印发，请认真贯彻执行。

如皋市人民政府办公室

二〇一一年八月二十六日

如皋市水利工程管理实施办法

第一条 为加强我市水利工程管理，保护水利工程设施，充分发挥水利工程的综合效益，保障人民生命财产和国家财产的安全，根据《中华人民共和国水法》、《中华人民共和国河道管理条例》、《江苏省水利工程管理条例》、《江苏省河道管理实施办法》等有关法律法规规章的规定，结合我市实际，制定本办法。

第二条 本办法适用于我市行政区域内的河道、堤防、涵闸、沟渠等各类水利工程和设施。

第三条 保护水利工程设施的完好和安全，是每个公民应尽的义务。各镇政府和村（居）民委员会，应加强对水利工程管理工作的领导，负责本办法的组织实施和监督执行。

第四条 市水务局是我市水利工程管理的主管部门，依照国家法律法规和本办法的规定对我市重点水利工程实施管理。各镇水利站在市水务局的领导下，协助管理各镇范围内的水利工程，村级小型水利工程由村(居)民委员会负责管理。

第五条 我市水利设施按受益和影响范围的大小，实行统一管理与分级管理、专业管理与群众管理相结合的办法。

(一)市统一管理中型及重点小型工程:

1.二级河道:如皋港、拉马河、长甸河、丁堡河、龙游河、南凌河、白毛港、大明河、大寨河、胜利河、西司马港、东司马港、跃进河、立新河、白李河、石庄前河、周圩港、如靖界河、丁石河、新姚河、杨马河。

2.堤防:江、港、洲堤。

3.闸站:碾砣港闸、焦港闸、如皋港水利枢纽(如皋港节制闸、船闸、戴案港闸)、界河闸、如靖涵闸、四号港闸、长青沙闸、永平闸、久隆闸。

(二)镇人民政府统一管理本镇境内的三、四级河、小型水利工程及其配套建筑物。

(三)村(居)民委员会具体管理村(居)内小型水利工程。

第六条 长江堤防、河道等水利工程的管理范围:

(一)长江堤防的管理范围:堤身、青坎、滩地。背水坡有顺堤河的,以顺堤河(含水面)为界,无顺堤河的至堤脚外十五米内。

(二)河道的管理范围:

1.一、二级河道的管理范围:

河道的河床、水域及河口向外不少于十米。有河堤的,包括已开除面积的国有河堤(含积土堆),至河堤(积土堆)的背水坡脚。

2.三、四级河道的河床、水域,河口外有截水埂、挡水堤或机耕路的,以埂、堤、路(含)为界,没有埂、堤、路的,三级河河口向外不少于五米,四级河河口向外不少于四米。

(三)闸站的管理范围

1.市管闸站:碾砣港闸、焦港闸、如皋港水利枢纽(如皋港节制闸、船闸、戴案港闸)、界河闸、如靖涵闸、四号港闸、长青沙闸、永平闸、久隆闸等四邻界址范围内的河床、水面、青坎、堤身和闸站管理区范围内的用地。

2.镇管小型涵闸:上、下游河道各三十米至五十米,左右侧河口以外不少于五米及涵闸管理区范围内的用地。

3.其他属镇、村(居)管理的小型水利设施管理范围,由镇、村(居)根据实际情况参照本办法自行划定。

第七条 在水利工程管理范围内,属于国家所有的土地,由水利工程管理单位管理和使用,其中已经市(县)级以上人民政府批准由其他单位或个人使用的,可继续由原单位或个人使用,其所有权不变。原单位或个人不得进行改建、扩建,原单位改制、撤销或转让时,其中属水利工程管理范围内的土地，不得出让，应当移交水利工程管理单位管理和使用。属集体所有的土地，其所有权和使用权不变。以上所有从事生产经营的单位和个人，必须服从水利工程管理单位的管理，不得进行损害水利工程和设施安全的活动。

第八条 为了保护水利工程设施的安全，发挥工程应有的效益，所有单位和个人必须遵守以下规定：

(一)禁止损坏涵闸等各类水利工程建筑物及机电设备、水文、通讯、供电、观测等设施。

(二)禁止在堤防、河道上扒口、取土、打井、挖坑、埋葬、建窑、垦植、放牧和毁坏护坡工程、林木、草皮等行为。

(三)禁止在长江、河道等水域炸鱼、毒鱼、电鱼，禁止在涵闸管理区设网捕鱼。

(四)禁止在行洪、排涝和引水的河道内设置影响行水的建筑物、障碍物、鱼罾鱼簖或种植农作物。

(五)禁止向长江、河道等水域和滩地倾倒垃圾、废渣、农药以及《环境保护法》、《水污染防治法》所禁止排放的其他有毒有害的污水和废弃物。

(六)禁止擅自在水利工程管理区范围内盖房、圈围墙、堆放物料、埋设管道、电缆或兴建其他建筑物。在水利工程附近进行生产、建设的爆破活动，不得危害水利工程的安全。

(七)禁止擅自在江河滩地圈圩、打坝、做塌田。

(八)除防汛抢险等特殊情况外，禁止拖拉机及其他载货机动车辆在堤顶道路上行驶。

(九)禁止任意平毁和擅自拆除、变卖、转让、出租水利工程设施和沿江二道堤防。

(十)禁止破坏所有管理区范围内的绿化林木、草皮。

(十一)禁止在涵闸管理区内任意停靠船只，在引排水禁航期内，严禁船舶驶入禁区。

第九条 场圃、工厂、企事业单位和部队兴建的水利工程，必须符合我市引排水和工程管理的要求，由兴建单位负责管理、维修和养护。

第十条 涵闸站上的公路桥由市交通部门负责维修养护，大修由水利和交通部门共同负责。

第十一条 河道中的航道由市交通部门负责管理。引排水为主的河道，堤岸护坡工程由水利部门会同交通部门共同负责维修养护。

第十二条 未经批准,不得擅自在水利工程管理范围内兴建工程设施和建筑物、构筑物。

确因生产、经营需要,必须在水利工程管理范围内兴建的工程设施和建筑物、构筑物,应当从严控制。建设单位或个人应当向具有审批权限的水行政主管部门提出申请。

市水行政主管部门应当自收到申请之日起5个工作日内对申请材料进行审查,并根据不同情形分别作出处理:

(一)申请材料齐全、符合法定形式、属于本机关受理范围的,予以受理;

(二)提交的材料不完备或者申请书内容填注不明的,一次性告知申请人补正;

(三)不属于本机关受理范围的,告知申请人向有受理权限的机关提出申请。

第十三条 市管河道水利工程管理范围内建设工程项目申请应当依据法律法规的规定提交下列材料:

(一)申请书;

(二)建设项目依据文件;

(三)建设项目对水质水环境可能有影响的,应当附具经审批通过的环境影响评价报告书;

(四)影响公共利益或第三者合法水事权益的,应当提交有关协调意见书;

(五)建设项目工程位置图、有资质单位设计的工程结构图。

第十四条 防汛期间,在沿江、港口内河行驶、停泊的船只及生产、施工作业等活动,必须按防汛防旱安全要求,服从防汛部门的统一指挥。

第十五条 碾砣港闸、焦港闸、如皋港闸的引排运行由南通市、如皋市防汛防旱指挥部指挥;抽水站、永平闸、四号港闸、界河闸、长青沙闸、久隆闸、如靖涵闸的引排运行由如皋市防汛防旱指挥部统一调度,其他小型工程由所在地镇政府调度。任何单位和个人不得擅自改变或阻挠以上水情调度方案的执行。

第十六条 在水利工程管理范围内危害水利工程安全和影响防汛抢险的各类违法建筑物和设施,由水行政主管部门鉴定后,分别不同情况,制定清除实施方案,在险工险段或严重影响防汛排涝的违法建筑物,应限期拆除。在其他地段的,应结合城镇规划、河道整治、土地开发利用规划,分期分批予以拆除。

第十七条 行洪、排涝、引水河道中阻碍行水的圈堤、码头、坝埂、塌田、废渣堆、拦河网簖等障碍物，按照“谁设障、谁清除”的原则，由防汛防旱指挥部责令设障者限期予以清除；逾期不清除的，由防汛防旱指挥部组织强行拆除，并由设障者承担全部费用。

第十八条 水利工程管理单位要加强工程管理，根据有关法规实行有偿供水，充分发挥水利工程应有的效益。在管好用好水利工程的前提下，要充分利用管理范围内的水土资源、各种设备和技术条件，因地制宜地开展多种生产经营活动，增加收入，减轻国家和人民的负担，逐步提高自给能力。

第十九条 由水利工程提供水源的用水单位和个人，都要实行计划用水，节约用水，并按国家有关规定，向水利工程管理单位交付水费。具体征收办法按上级文件执行。

第二十条 凡符合《江苏省水利工程管理条例》规定，在水利工程管理工作中有先进事迹者，由市人民政府或水行政主管部门给予精神鼓励或物质奖励。

第二十一条 违反本办法规定的单位和个人，依照《江苏省水利工程管理条例》规定予以处罚。阻挠、殴打依法执行公务的工程管理人员，蓄意制造水事纠纷，强制水利工程管理人员改变工程设施控制运行方案、抗拒防汛抢险命令的，给予批评教育或行政处分，情节严重的，依照《中华人民共和国治安管理处罚法》或《中华人民共和国刑法》有关规定，追究法律责任。

第二十二条 本办法自2011年9月1日起施行。

三、自然灾害

旱 灾

1074年(宋熙宁七年)大旱。

1108年(宋大观二年)大旱。

1133年(宋绍兴三年)、1136年、1137年大旱。

1218年(宋嘉定十一年)旱,麦类失收。

1392年(明洪武二十五年)大旱。

1440年(明正统五年)大旱。

1470年(明成化六年)秋至1472年春,大旱,运河水竭。

1484年秋,大旱。

1501年(明弘治十四年)至1503年秋、1505年,大旱。

1523年(明嘉靖二年)大旱,正月至六月无雨。

1526年旱,麦类失收。

1535年、1554年、1559年大旱。

1590年(明万历十八年)大旱。

1633年(明崇祯六年)、1638年至1641年大旱。

1652年(清顺治九年)大旱。

1663年(清康熙二年)农历五月至七月无雨,禾苗全部枯萎。

1671年、1679年、1693年、1699年大旱。

1738年(清乾隆三年)秋,大旱,河水枯竭。

1744年夏,大旱。

1746年夏,亢旱。

1785年大旱。

1814年(清嘉庆十九年)夏,大旱,河水干涸。

1856年(清咸丰六年)夏旱,秋谷严重歉收。

1873年(清同治十二年)夏旱,秋歉收。

1876年(清光绪二年)旱。

1880年秋、冬,大旱。

1890年、1891年、1892年,连岁旱,东乡灾情尤重。

1894年夏至秋,亢旱。

1914年(民国3年)7月,亢旱,田禾枯萎。

1953年旱灾,受灾面积16.99万亩,占全县耕地面积的16%。

1959年秋,旱,40天不雨,大河见底,受灾44.73万亩,占耕地总面积的32.37%。灾民32.89万人。

1961年6月初至7月24日,50天未雨,严重干旱。

1966年4~10月连续干旱,尤以7~9月旱象严重,总雨量仅157.7毫米,占常年同期雨量的53%。

1978年全年雨量503.6毫米,为常年雨量之半。

1992年6月24日至7月底,37天降雨量只有51毫米,且天气持续高温,内河水位7月27日只有1.58米。

1993年6月3日至21日19天,降雨量只有16.25毫米。低于2.0的内河水位只有1.34米(丁埝站),受旱面积24.82万亩。

1994年,全年干旱少雨,长江径流较往年减少四成,梅雨量只有46毫米,整个汛期降雨平均只有453毫米。

1997年6月上旬起,干旱少雨。通扬运河北段(如城至柴湾)断流。白毛港、横拉马河等多条二级河道全都干涸。全市920座车口打不到水。

2005年,梅雨仅4天,6月26日入梅,6月29日出梅,平均雨量只有29毫米。靠畅引江水,未成灾。

2013年6月中旬至8月18日,如皋市干旱少雨,出现32个高温日(其中35~37摄氏度24个、37~38摄氏度5个、大于38摄氏度3个),为历史极值(1971年22个高温日)。全市水稻受灾面积8.75万亩,成灾1.47万亩;旱粮受灾24万亩);蔬菜受灾面积4.24万亩;花木受灾0.6万亩。

水 涝

435年(南北朝宋元嘉十二年)夏,大水。

1022年(宋乾兴元年)、1024年(宋天圣二年)大水。

1061年(宋嘉祐六年)秋,淫雨伤害庄稼。

1086年(宋元祐六年),1093年,水灾。

1135年(宋绍兴五年)、1158年,大水。

1167年(宋乾道三年)秋,霖雨,田禾大多腐烂。

1199年(宋庆元五年)大水。

1264年(宋景定五年)、1271年(宋咸淳七年)海潮涌溢,溺死居民。

1283年(元至元二十年),大水。
1298年(元大德二年),江水暴溢,高四五丈,漂没人畜庐舍。
1313年(元皇庆二年)农历八月,海溢。
1341年(元至正元年),海潮涌溢溺死居民。
1389年(明洪武二十二年)农历七月,海潮涨溢,毁坏堤堰,溺死灶丁。
1411年(明永乐九年),江潮连涨4日,漂没人畜。
1444年(明正统九年)江潮泛溢。
1449年大水。
1455年(明景泰六年)、1457年(明天顺元年)水灾。
1465年(明成化元年)水灾。
1467年农历七月,海潮涨溢,毁坏堤岸。
1517年(明正德十二年)大水,淹没麦禾。
1518年~1520年水灾。
1523年(明嘉靖二年)、1528年秋,大水。
1539年秋,农历闰七月,海水骤溢2丈余,漂溺居民。
1540年秋,大水伤害庄稼。
1541年春,大水。
1558年秋,大水伤禾,毁坏民房。
1569年(明隆庆三年)海潮溢,高2丈余,市内行船,淹溺居民。
1571年、1572年水灾。
1574年(明万历二年)大风雨,江潮,漂溺居民,县城内学宫被风潮毁塌。
1578年大水。
1581年农历八月,大水,塘、圩、坡、埂被冲决,溺死居民。
1582年正月,海潮涨,浸没丰利等场,溺死3000多人。
1585年,海水涨溢。
1593年,大水。
1594年、1595年水灾。
1596年、1608年、1612年大水。
1647年(清顺治四年),海潮溢。
1648年大雨伤害庄稼。
1651年,淫雨,大水冲坏民舍。
1654年秋,水涝。

1660年,大水。

1661年,江潮溢。

1663年(清康熙二年)农历九月,降雨不止。

1665年夏,海潮倒灌。

1676~1678年、1695年,大水。

1696年,江潮溺人。

1702年、1705年、1708年、1715年大水。

1723年(清雍正元年),淫雨伤害庄稼。

1724年秋,大风雨,海啸,市内行船,沿海房舍漂没一空。

1732年秋,大风雨,陆地水深尺余,江海涨溢。

1733年农历六月,大水。

1734年夏,大雨,海潮涨溢。

1735年秋,大水。

1736年(清乾隆元年)农历四月二十三日夜,大风雨,水溢市区。秋,大水。

1742年,大水,禾苗尽伤。

1747年江潮溢,伤害禾苗。

1754年夏,大水。

1755年农历二月起连续阴雨,八月江潮溢,九月海潮溢。

1781年立秋前一日,江潮溢。

1797年(清嘉庆二年)大风雨,海潮溢,伤害居民。

1823年(清道光三年)夏、1826年秋、1829年农历八月,大水。

1831年夏,大雨,江潮暴涨,八月大水。

1833年春,大水;秋大风潮,掘港、丰利盐场被海水淹没。

1834年秋、1835年秋、1840年秋、1843年秋大水。

1848年农历六月二十八日,海潮溢;秋,大水。

1849年夏,江海潮暴涨成灾,民多漂溺。

1850年农历八月十四日,大水。

1851年(清咸丰元年)农历八月二日,海潮溢。

1852年农历七月二十五日,海潮直入内河。

1854年农历十一月五日、1855年农历三月七日,水啸。

1857年农历七月十九日,海潮溢,冲决堤堰。八月,江潮溢。

1858年农历七月,海潮泛涨。

1861年农历八月,海潮溢,冲决范公堤,毁坏民房、煎盐棚。

1867年(清同治六年)农历八月,海潮溢。

1870年农历八月,水啸。

1874年水灾。

1875年(清光绪元年)大水。

1883年夏,大水,麦多红腐。秋,沿江潮灾。

1885年大水,麦类霉烂。

1886年农历五月,大雨旬日,麦粒皆吐芽,食后呕吐。

1887~1890年,均有水淹。

1901年农历六月二十日,沿江潮涨,自张黄港至碾砣港,悉成泽国,灾民8699人。

1910年(清宣统二年)秋,水淹。

1911年夏,雨水过多,江潮暴涨,自闰六月十六日至十九日,连日飓风,自张黄港至丝渔港,堤岸被冲决139处,淹没田地4万余亩,受灾4786户,灾民2.17万人。

1931年(民国20年)7月3日起,连日大雨,昼夜不停,水势骤涨,沿江地区全部被淹,周圩闸被大水冲倒,永安沙坍坎,死8人。

1949年7月18日、23日,两次台风侵袭,江潮陡涨,沿江港堤缺口44处,被淹农田17万亩,死4人,倒房104户。

1954年6、7两月先后3次暴雨,水位高涨,百年未有。被淹163万多亩,倒房1万多间,伤40人,死15人,灾民3万人。

1962年6~9月,总雨量1028毫米,农田大面积积水,累计受灾228万亩,房屋倒坏89315间,死2人,伤180人,死牛6头,猪33头,灾民27万人。

1972年6~8月,连续阴雨,总雨量732毫米,比常年同期多260毫米,梅雨量大,达385毫米,以致形成涝灾。

1977年9月10日~15日,受8号台风影响,过程雨量205毫米,倒塌房屋32040间,88万亩旱田积水,严重受涝面积42.96万亩,棉花普遍倒伏。

1979年9月11日,受第8号台风严重影响,普降大到暴雨,农作物严重受损,倒房3.2万间,倒墙1.2万堵,邮电、交通严重受阻。

1980年7月8日晚至10日晨,遭大暴雨袭击30多小时,平均降雨190毫米,降雨量最大的加力公社237毫米,勇敢公社243.9毫米,全县受涝面积

72.88万亩，死亡7人，伤57人，倒集体房6822间，倒私房8512间，倒墙28172堵，公路线局部被淹没，如黄路、红旗路遭到不同程度破坏。

1981年10月上旬，连续阴雨9天，总雨量116.5毫米，全县皮棉平均亩产损失5~7.5公斤，晚稻瘪谷增加，千粒重下降，山芋出现水伤，大头菜出现烂根。

1983年7月1日，全县受强龙卷风的影响，普降大暴雨，雨量均在100毫米以上，袁桥公社日雨量达248毫米，全县百万亩农田受淹。供电设备被打坏，电话中断，造成经济损失3000多万元。

1986年6月下旬，连遭暴雨袭击，其中24日勇敢乡降雨量达255毫米。7月23日下午3时40分至24日上午，全县降雨量达174.3毫米。有65万亩农田受淹，严重受淹13万亩。损坏桥梁32座，涵洞649座，下水道399处，倒塌房屋3156间，受伤15人，其中5人被雷击伤。

1991年，百年一遇的特大洪涝。6月13日至15日连续50余小时降雨而不停。5月18日至7月15日的58天中共出现大降雨过程7次，雨日44天，总降雨量923毫米，最高达1004毫米。

1993年8月6日零时前后至4时，特大暴雨袭击全市32个乡镇，雨量达279.4毫米。城乡约1/3的民房进水，倒损各类房屋4248间，死亡4人，伤8人。65万亩农田受淹，成灾17万亩，绝收22.5万亩。

1997年8月18日晚至19日，全市50个乡镇遭11号强台风和大暴雨袭击，又值农历七月半大潮汛。风、雨、潮三位碰头，肆虐为害。

2011年7月12日20时至13日22时，如皋市普降大暴雨，其中九华镇达特大暴雨(279.1毫米)，日降雨量达历史极值。此前极值为239.4毫米(1960年8月4日)。

全市城镇及乡村低洼地路段积水深达50厘米以上，低洼农田受淹，城镇部分平房及底楼车库进水。

四、如皋水利建设题词

题焦港闸

郭沫若

农田水利，建国之基。灌溉千里，泽润万民。

焦港大闸，其道七孔。以兹如皋，人寿年丰。

注：郭沫若，四川乐山人。曾任全国人大常委会副委员长、中国科学院院长等职。该诗作于1957年5月。本诗原件存如皋市档案馆。

题焦港闸

陈 毅

水可以为福，也可以为害，但看人民能否利用和掌握。焦港闸之建设，表示如皋人民在治水问题上争取了主动，也正如过去在战争中争取了主动一样，胜利属于掌握主动方面。

谨祝开闸胜利！

注：陈毅，字仲弘，四川省乐至县人。1955年被授予国家元帅军衔。曾任国务院副总理兼外交部长。该词题于1957年5月6日。原件存如皋市档案馆。

题碾砣港闸

宋庆龄

碾砣港闸的建成是发展工农业生产，改善人民生活的重要保证。

注：宋庆龄，曾任中华人民共和国副主席。该词题于1959年6月8日。多方查找原件，未见踪迹。题目为编者所加。

陈毅的题词："水利是万事之利。"

刘瑞龙的题词："碾砣港建闸、兴利除害、发展生产、造福人民"

注：刘瑞龙时任农业部副部长。

五、水利诗抄

沈堤

清·张謇

沈公堤接范公堤，说范人人说沈迷。
堤下潮痕堤上草，未防早晚有高低。

注：录自《南通市水利志》1998年版第394页

沈公堤

明·吴宗元

捍海功成百代崇，蛟龙区薮尽耕农。
当年不有临川笔，到此惟知有范公。

注：录自《南通市水利志》1998年版第393页。

虾子湾

宋·文天祥

飘蓬一夜落天涯，潮溅青沙日未斜。
好事官人无勾当，呼童上岸买青虾。

闻马

宋·文天祥

过海安来奈若何，舟人去后马临河。
若非神物扶忠直，世上未应侥幸多。

注：1.文天祥，字宋瑞，又字履善，号文山，吉州庐陵（今江西省吉安）人。1256年中进士第一。德祐初年，为右丞相。以上两题为文氏景炎元年于镇江脱险后，沿通扬运河南下，途经如皋期间所作。

2.录自《如皋县志》1995第一版第801页。

浚河行

清·陆进

天寒地冻泥土坼，邑宰传呼浚河急。

特遣胥隶前致词，役夫欲倩富儿免。
富儿福得结官长，不顾人命只顾赏。
揭来庄堡搜壮丁，黠者逃匿愚者枉。
一日二日阴风深，飞来雪片大于掌。
官价给米日一升，穷民饥饿苦不胜。
枵腹那能充一饱，哭向总管求加增。
短布单衣不掩踝，沾体涂足皮肉破。
朝来作饭傍土坐，中夜露处仰天卧。
人云彼苍胡不仁，讵知彼苍意甚嗔。
皇恩怙冒大莫拟，胡为事均劳逸分。
得已不已却何因，尔欲报功困下民。
更有厮贱肆荼毒，秉鞭昼夜相近促。
小民不忍笞挞苦，诉三官长空遭辱。
垂头饮泣不能止，前月已有三人死。

注：选自《如皋县志》1995年第一版第809页。

白蒲竹枝词（二首）

清·姜恭寿

夹岸桃花拂晓风，西亭坝上水淙淙。
夜来三尺桃花水，几朵渔灯彻水红。

新河岸上月盈盈，新河岸下水清清。
上船下船停不住，卧听两岸读书声。

注：1.姜恭寿，字香岩，如皋人。乾隆经魁。
2.录自《如皋县志》1995年第一版第807页。

寄吴梅村先生

冒 襄

盐官留滞叹蹉跎，遗老飘零意若何。
万里烽烟横塞雁，五都荆棘没铜驼。
遥瞻吴苑乡关隔，近接邗江涕泪多。
闻道子山消息在，白头红豆只悲歌。

注：1.冒襄(1611—1693)，字辟疆，号巢民，如皋县城人。少年时为书画名家董其昌的及门弟子。10岁能诗，14岁即刊印个人诗集，董为其作序。1639年(明崇祯九年)在金陵与张明弼等结盟，参加“复社”。与方以知、陈贞慧、候方域并称明末“四公子”，1693年病逝。毛泽东主席曾这样评论：所谓明末四公子中，真正有民族气节的要称冒辟疆。他是比较着重实际的。清兵入关后，他就隐居山林，不事清朝，全节而终。

其妾姓董名白，字小宛(1624—1652)，金阊(今苏州)人，为“秦淮八艳”之一。

2.录自《如皋县志》1995年第一版第804页。

六、防汛附件

(一)如皋市防汛防旱指挥部成员单位职责

防汛防旱工作事关国民经济发展和社会稳定,是治国安邦的一件大事,必须加强领导、组织有关部门和单位,动员全社会力量参与。如皋市防汛防旱指挥部各成员单位应在市委、市政府的领导下,根据《中华人民共和国防洪法》等有关法律法规,按照市防汛防旱指挥部统一部署,按照分工各司其职,团结一致,密切配合,共同搞好全市的防汛防旱工作。现将各成员单位职责及分工公布如下:

市政府办公室:负责各有关部门之间和镇之间关于防汛防旱工作的联系和协调。

农村工作办公室:负责防汛防旱和抗灾救灾中有关组织协调及农业受灾调查工作,制定有关负担政策。

人武部:协调驻如部队、武装警察部队支持抗洪抢险,组织民兵参与抗洪抢险,保护国家财产和人民生命安全。

计经贸委:协调安排防汛防旱工程建设、除险加固、水毁工程修复、抗洪抢险救灾所需资金和电力、物资计划。

建设局:负责全市镇区抗灾排涝工作,搞好如城市区的排水防汛工作。

水利局:根据雨情、水情、旱情、灾情及水情预报,做好抗旱水源的调度和排涝工作;负责全市沿江堤防达标建设工作,部署防汛检查、防汛岁修和防汛准备工作;制定全市防汛排涝和防台预案,提出防汛抗灾救灾所需经费、物资、设备方案;制定沿江堤防水毁工程修复计划,并督促实施。

财政局:负责安排和调拨全市堤防达标建设经费和防汛抗灾经费,并监督使用。及时安排险工处理、抢险救灾、水毁修复经费。

农林局:负责及时提供农林副业灾害情况;负责农业、场圃遭受洪涝灾害和台风灾害的防灾、减灾和救灾工作;负责在台风和大风袭击期间,做好出江捕捞船舶返港避风的通知工作;协调有关部门做好骨干河道中渔网、渔簖的清障工作;做好本系统的各项防汛防台和堤防绿化、防护工作。

交通局:负责防汛抢险救灾所需车辆、船只调度、物资运输及人员转移等工作。配合水利部门做好水量调度时的内河航运船舶、引水排水口船只疏散等工作。遇有突发性自然灾害,及时抢修道路,清除路障,打捞骨干河道中的沉船,确保防汛车辆及引排水畅通无阻。

电信局：确保防汛通信畅通，及时、准确传递水情、灾情和气象等防汛信息；负责所辖电信设施的防洪安全，遇到突发性自然灾害及时抢修损坏的通信设施；要做好特大洪水、台风袭击时应急通讯的两手准备。

供电局：负责排涝抗旱设施的供电需要，遇突发性自然灾害，对损坏的供电设施、线路及时组织修复，保证抗灾、生产生活正常用电。

民政局：负责洪涝、旱、冰雹、龙卷风等灾情统计汇报及核实工作，负责做好灾区灾民的生活安置和救灾工作。

公安局：负责维护防汛抢险秩序和灾区社会治安秩序，确保防汛抢险、救灾物资运输车辆畅通无阻；依法查处盗窃、哄抢防汛防旱物资及破坏水利、水文、通信设施的案件，打击犯罪分子，协助做好水事纠纷的处理；遇特大洪水紧急情况，协助防汛部门组织群众撤离和转移，保护国家财产和群众生命、财产安全；协助交通部门做好水上船只安全和排水闸口船只疏散工作，维护水上治安秩序。

农机局：负责防汛抗旱所需机械的调度和管理，做好排涝抗旱设施、机电设备的维修和配件供给。

气象局：负责及时提供天气预报和实时气象信息，以及对灾害天气的监测预防。

卫生局：负责防汛抗台抢险受伤人员的救护和疾病的防治及灾后的防疫。

如皋港经济开发区管理委员会：负责开发区境内的堤防安全和防汛、抗台、抗旱、抢险救灾工作。

农业资源开发局：负责做好泓北滩的堤防安全和防汛、抗台、抢险救灾工作。

二〇〇二年五月二十五日

(二)南通市防汛防旱工作责任状

(如皋市)

为切实做好今年防汛工作,确保安全度汛,依据《中华人民共和国防洪法》的规定,防汛工作实行地方人民政府行政首长负责制。南通市人民政府与如皋市人民政府签订二〇〇四年防汛工作责任状。

一、内容与要求

(一)遇建国以来最大洪水、台风和高潮

1、保证长江堤防不决口;

2、保证如皋市城区及所辖镇供水、供电、交通、工矿企业的防洪安全。

(二)遇设计以内的洪水、台风、高潮

1、保证各类水利工程安全度汛;

2、保证各类涵闸泵站等防洪工程运行正常。

(三)遇超标准洪水、台风、高潮有应急对策,把灾害损失降到最低程度。

(四)市级储备防汛物资:三袋5万只,块石1500吨,木材15立方米。

(五)加大对河道、江堤的管理力度,规范建设项目的审批和管理;清除主要引、排水河道违章网簖及非法建筑物;搞好清淤工作,确保干旱时工农业生产引水需要;严厉打击长江河道非法采沙。

(六)5月30日前完成江边涵洞主体工程,确保开坝放水。

(七)落实各种防汛责任制,切实做好各项防汛工作,制定防洪预案和溃口性险工抢险方案,落实应急措施。加强对长江岸段及江心洲堤岸监测工作。

(八)建立健全防汛抢险组织,对辖区内工程,全力做好防汛抢险工作。

(九)切实加强城镇防洪工作。

(十)市级财政应增加防汛投入,加大度汛应急工程处理力度,保证配套资金落实到位,按计划完成在建工程和其他除险加固任务。

(十一)服从市防汛防旱指挥部统一指挥和调度。

(十二)加强防汛指挥系统的建设和管理,保证已建系统的正常运行。

二、考核与奖惩

年底,市人民政府将考核你市人民政府对责任状的执行情况,考核成绩显著的给予表彰或奖励，执行不好的给予通报批评直至追究法律责任。

南通市人民政府（签字）：

如皋市人民政府（签字）：

(三)如皋市防汛防旱工作责任状

为切实做好今年防汛防旱工作,确保安全度汛,根据《中华人民共和国防洪法》的规定,防汛防旱工作实行地方人民政府行政首长负责制和属地管理的原则。市人民政府与九华镇人民政府签订二〇〇四年度防汛防旱工作责任状。

一、九华镇防汛地段自蚕种场至碾砣港闸东与通州交界处,共长1.7公里。镇政府必须做好防汛各项准备工作,组织汛情检查,制定应急处理措施及防洪预案,备足防汛物资,建立防汛抢险组织,落实各项防汛责任制。要求镇级储备防汛纺织袋3万只、铁丝100公斤、太平草2000公斤、木桩500根、毛竹100支。

二、掌握本地汛情旱情,负责完成本辖区河道清障任务,确保引排水畅通。负责处理违反《中华人民共和国水法》的违章事件,负责防汛防旱急办工程的实施。

三、落实防汛防旱领导机构,确定防汛防旱、巡堤查险责任人,组建抢险队伍。一旦出现险情、灾害,及时组织力量抢险救灾,安排好群众生活,修复水毁工程,及早恢复生产,保持社会稳定。做好江堤等水利工程的维护工作。

四、服从市防汛防旱指挥部的指挥和防汛防旱调度命令,确保辖区内排涝站处于完好状态,保证防汛工程的正常运行。遭遇灾害时,要采取一切措施,尽量减少灾害造成的损失,遇重大情况及时向上级报告。

五、镇人民政府行政首长对辖区内的防汛防旱工作,必须切实负起责任,确保安全渡汛。市人民政府将考核九华镇人民政府对责任状的执行情况,考核成绩显著的给予表彰和奖励,执行不好的给予通报批评直至追究法律责任。

如皋市人民政府(签名):

九华镇人民政府(签名):

二〇〇四年五月二十日

（四）九华镇防汛团部

政　委：秦锦国　党委书记
团　长：陈志进　镇长
副政委：居黄平　党委副书记
　　　　邵永华　党委副书记
　　　　周永刚　党委副书记
副团长：周国富　副镇长
　　　　徐至善　副镇长
　　　　田　云　副镇长
成　员：顾月华　财政所所长
　　　　于　华　水利站站长
　　　　吕张明　水利站副站长
　　　　金国平　长江村党支部书记
　　　　李昌富　长江村委会主任
　　　　赵丽云　水利站会计

九华镇人民政府
2004年6月5日

七、如皋市三级河表

如皋市三级河道基本情况表

序号	所属河道名称	河道名称	所属乡镇	河道长度（公里）	河道起止点	所跨村数及名称	原设计标准			
							河道底高程	河道底宽（米）	河道坡比	设计排涝能力(立方米/秒)
1	如泰运河	红星河	如城镇	4.6	如泰运河至团结河	吉庄村等	–0.5	3	5，4	15.2
2	龙游河	石桥中心河	如城镇	2.1	龙游河至如石公路	顾庄村等	1.5	5	2	12.8
3	龙游河	城南中心河	如城镇	1.9	龙游河至红星路	城南村等	2	2	2.5	7.4
4	通扬运河	茅稚河	如城镇	2.8	通扬运河至前进河	城南村等	0	5	5, 3	12.1
5	南凌河	凌青河	如城镇	4.42	通扬运河至南凌河	凌青村等	0	5	5, 3	7.8
6	南凌河	宗港河	如城镇	4.58	通扬运河至南凌河	凌青村等	0	5	5, 4	14.9
7	南凌河	姜桥河	如城镇	4.8	通扬运河至南凌河	方庄村等	0	5	5, 3	6.9
8	通扬运河	通龚河	如城镇	1.78	通扬运河至宗港河	城北村等	1	3	5, 3	5.1
9	如泰运河	东风河	如城镇	4.126	如泰运河至东红旗河	洪家庄等	–0.5	5	0, 4	3.6
10	如泰运河	东四新河	如城镇	2.57	东风河至城西干渠	陆桥村	1	2	0, 3	6.8
11	如海运河	西四新河	如城镇	2.25	如海运河至城西干渠	顾庄村等	1	2	2, 3	5.5

续表

序号	所属河道名称	河道名称	所属乡镇	河道长度（公里）	河道起止点	所跨村数及名称	原设计标准			
							河道底高程	河道底宽（米）	河道坡比	设计排涝能力(立方米/秒)
12	如泰运河	东文革河	如城镇	2.56	东风河至城西干渠	马窑村等	1.5	3	2, 3	6.7
13	如海运河	西文革河	如城镇	2.32	如海运河至城西干渠	邵庄村等	1.5	3	2, 4	6.5
14	通扬运河	鹿门河	如城镇	2.25	东风河至通扬运河	洪家庄村等	1	2	2, 4	3.4
15	如泰运河	大寨河	如城镇	1.32	东风河至庆丰界河	蔡家庄村等	2	2	2, 3.5	3.1
16	通扬运河	跃进河	如城镇	1.73	通扬运河至东风河	太平庄村等	2	2	2, 3.5	3.5
17	焦港	张庄河	常青镇	2.93	焦港至张庄11组	张庄村等	1	3.5	2.8	6.2
18	焦港	顾庄河	常青镇	1.36	白池河至焦港西河边	顾庄村等	1	2	2.7	6.1
19	焦港	井耳河	常青镇	0.9	焦港至井耳1组	井耳村等	1	2	2.5	2.3
20	大寨河	薄湾河	常青镇	1.76	大寨河至焦港边（薄湾13组）	薄湾村等	1	2	2.5, 3.5	5.3
21	大寨河	草荡河	常青镇	2.62	大寨河至草荡3组和土山2组	草荡村等	1	2	2.5	6.2
22	焦 港	董庄河	常青镇	3.7	焦港至场北界	董庄村等	0	4	2.5	9.1
23	焦 港	翻身河	常青镇	3.15	焦港至场北界	叶庄村等	0	6	3	16.7
24	焦 港	庆胜河	常青镇	3.78	焦港至西窑1组	西窑村等	0	6	3	13.1

续表

序号	所属河道名称	河道名称	所属乡镇	河道长度（公里）	河道起止点	所跨村数及名称	原设计标准			
							河道底高程	河道底宽（米）	河道坡比	设计排涝能力(立方米/秒)
25	立新河	中心河	常青镇	4.85	西司马港至立新河	三和村等	–0.5	6	3	27.8
26	如海运河	立田河	场北乡	3.35	如海运河至石塘10组	石塘村等	–0.5	6	3	13
27	大寨河	石塘中心河	场北乡	2.35	立田河至大寨河	石塘村等	2	2	2.8	7
28	大寨河	许黄中心河	场北乡	1.2	大寨河至谢庄河	许黄村等	2	3	2.7	6
29	大寨河	刘岱中心河	场北乡	1.45	大寨河至磨头界	刘岱村等	2	3	2.5	6
30	长甸河	谢庄河	场北乡	2.67	长甸河至磨头界	谢庄村等	–0.5	6	3	2.5
31		大石中心河	场北乡	1.72	谢庄河至大洋干渠	大石村等	2	3	2.7	9.1
32	胜利河	永胜河	高明镇	4.35	丰收河至苍燕(穿胜利河)	孙严村等	1	3	2.5, 3.5	19.5
33	拉马河	大黄河	高明镇	1.75	拉马河至泰兴界	大黄村等	0.5	4	2.5, 3.5	8.9
34	拉马河	施仁港	高明镇	0.98	拉马河至泰兴界	小黄村等	1.5	4	3	5.7
35	拉马河	西燕河	高明镇	1.8	拉马河至唐楼	西燕村等	1.5	3	3	5.4
36	拉马河	石岱河	高明镇	1.37	拉马河至黄市	石岱村等	1	3	2.25, 3	5.9
37	拉马河	石桥河	高明镇	1.8	拉马河至黄市	石桥村等	1	3	2.5, 3	5.7
38	胜利河	红旗河	高明镇	2.46	胜利河至水洞口村	水洞口村等	0.5	4	2.5, 3.5	10.7

续表

序号	所属河道名称	河道名称	所属乡镇	河道长度（公里）	河道起止点	所跨村数及名称	原设计标准			
							河道底高程	河道底宽（米）	河道坡比	设计排涝能力(立方米/秒)
39	大寨河	白池河	高明镇	2.87	大寨河至晓曙干渠	白池村等	2	6	3	10.1
40	大寨河	高明河	高明镇	2.33	大寨河至小西村2组	小西村等	0.5	3	1.5, 3	13.2
41	拉马河	蒋岱河	高明镇	3.05	拉马河至搬经界	蒋岱村等	0	4	2, 4	20.8
42	拉马河	鲍庄河	高明镇	1.77	拉马河至鲍庄14组	鲍庄村等	0.5	4	2, 4	5.8
43	拉马河	小杨河	高明镇	2.29	拉马河至卢庄村8组	卢庄村等	1	4	2, 3.5	7.8
44	拉马河	卢庄河	高明镇	2.04	拉马河至卢西5组	卢西村等	0.5	4	2.5, 4	12.1
45	拉马河	冯岱河	高明镇	1.76	拉马河至冯岱4组	冯岱村等	0.5	3	2, 3.5	8.2
46	跃进河	新建河	下原镇	5.705	跃进河至西司马港	花元头村等	0	6	3	19.5
47		红旗河	下原镇	3.8	老坝河至新建河再延伸900米	沈杨村等	0	6	3, 4	5.4
48	东司马港	杏杨河	下原镇	0.75	东司马港至杏杨村	杏杨村等	1	3	2.75	5.6
49	跃进河	大寨河	下原镇	5.924	跃进河至白李河	文南村等	0	5	2.5, 3	18.8
50	跃进河	响堂河	下原镇	4.922	跃进河至白李河	王材村等	0	5	2.5, 3	14.4
51	如海运河	红先河	磨头镇	2.86	如海运河至场北界	曹田村等	1	3	2.5, 3	10.8
52	如海运河	国庆河	磨头镇	2.1	如海运河至五家庄	五家庄等	0.5	3	2.5, 3	5.1

续表

序号	所属河道名称	河道名称	所属乡镇	河道长度（公里）	河道起止点	所跨村数及名称	原设计标准			
							河道底高程	河道底宽（米）	河道坡比	设计排涝能力(立方米/秒)
53	如海运河	前港河	磨头镇	2.6	如海运河至龙游河	大狄村等	1.5	2	2.5, 3	7.7
54	如海运河	友谊河	磨头镇	1.6	如海运河至场北界	西冒村等	0.5	4	2.5, 3	8.6
55	如海运河	范荡河	磨头镇	1.27	场北公路至范荡1组	范荡村等	0	4	2.5, 3	5.2
56	龙游河	鲍田河	磨头镇	4	如海运河至龙游河	鲍田村等	0.5	3	2.5, 3	11
57	如海运河	星光河	磨头镇	2.42	如海运河至磨桃河	星光村等	1	3	2.5, 3	9.3
58	龙游河	蔡港河	磨头镇	0.9	龙游河至星一村5组	李庄村等	2	4	2, 3	5.7
59	西司马港	高李河	磨头镇	1.85	西司马港至吴窑界	星一村等	0	4	2.5, 3.5	12.7
60	西司马港	周圩港	磨头镇	1.4	西司马港至韩渡村	韩渡村等	–0.5	6	2.5, 3.5	9.3
61	焦港	倪厦港	袁桥镇	3.32	焦港至头港	倪桥村等	–0.5	5	2.5, 3.5	8.1
62	焦港	桥坝头河	袁桥镇	3.75	焦港至头港	双桥村等	0	4	2, 3.5	7.5
63	如海运河	北焦港	袁桥镇	4.12	如海运河至头港	民实村等	–0.5	5	2.5, 3.5	14.5
64	如海运河	西友谊河	袁桥镇	3.7	如海运河至海安县界	民实村等	0	4	2, 3.5	9
65	如海运河	中红旗河	袁桥镇	4.12	如海运河至头港	花园村等	–0.5	3	2, 3.5	12.1
66	如泰运河	殷港河	袁桥镇	3.2	如泰运河至场北界	双桥村等	0.5	4.5	2, 3	11.9

续表

序号	所属河道名称	河道名称	所属乡镇	河道长度（公里）	河道起止点	所跨村数及名称	原设计标准			
							河道底高程	河道底宽（米）	河道坡比	设计排涝能力(立方米/秒)
67	拉马河	立新河	黄市乡	1.52	红旗河至肖家岱	马曹村等	0	5	2.5, 3.5	6.4
68	拉马河	中心河	黄市乡	2.58	红旗河至拉马河	河北村等	–0.5	5	2.5, 3.5	9.3
69	拉马河	胜利河	黄市乡	1.41	胜利界至泰兴界	胜利村等	1	3	2, 3	5.4
70	拉马河	马堡河	黄市乡	1.295	红旗河至泰兴界	马堡村等	0	5	2, 3.5	5.2
71	拉马河	仲岱河	黄市乡	2.39	红旗河至拉马河	仲岱村等	1	3	2, 3	6.7
72	拉马河	马曹河	黄市乡	1.4	红旗河至泰兴界	马曹村	0.5	2	2, 3	4.6
73	拉马河	合作河	黄市乡	1.11	红旗河至合作渠	合作村	0.5	1	2, 3	4.9
74	拉马河	联络河	黄市乡	1.23	红旗河至联络8组	联络村	0.5	1	2, 2.5	4.7
75	拉马河	河北河	黄市乡	0.77	红旗河至泰兴界	河北村	0.5	2	2, 3	4.3
76	拉马河	严黄港	黄市乡	1.8	夏仕港至严黄村	三联村	0.5	3	2.5	4.7
77	拉马河	黄市支河	黄市乡	1.76	红旗村至夏仕港	黄市村	0	5	2.5	6.7
78	如靖界河	周黄河	黄市乡	2.01	如靖界河至江安界	黄圩村	0	6	2.5	4.5
79	如靖界河	石圩港	黄市乡	1.96	如靖界河至生建7组	朱圩村	0	1	2.5	5.1
80	如靖界河	纪圩支港	黄市乡	1.73	如靖界河至徐圩8组	柴圩村	0	2	2.3	4.9

续表

序号	所属河道名称	河道名称	所属乡镇	河道长度（公里）	河道起止点	所跨村数及名称	原设计标准			
							河道底高程	河道底宽（米）	河道坡比	设计排涝能力(立方米/秒)
81	龙游河	西八里港	建设乡	4.5	龙游河至通扬公路	王庄村等	1	3	2.5	13.1
82	大明河	轮窑河	建设乡	1.55	大明河至马塘河	建设村等	0	3	2.5	7.4
83	大明河	战备河	建设乡	1.75	大明河至宗桥7组	苏庄村等	–0.5	4	2.5, 3.3	8.5
84	通扬运河	北洋港	柴湾镇	6.5	通扬运河至五港	施庄村等	–0.5	5	2.5, 3.5	25.8
85	白毛港	窑池河	柴湾镇	2.566	白毛港至东友谊河	太安村等	0	4	2	12.1
86	通扬运河	复兴河	柴湾镇	6.86	万兴河至东友谊河	洪庄村等	–0.5	5	2.5, 3.6	15.7
87	南凌河	跃进河	柴湾镇	4.84	南凌河至友谊河	新农村等	0	4	2.5, 3.5	11.5
88	通扬运河	万新河	柴湾镇	1.82	通扬运河至复兴河	万新村等	–0.5	5	2.5, 3.6	8.8
89	石庄前河	凤龙河	石庄镇	3.44	江平公路至石庄前河	东头圩村等	–0.5	4	2.5	9.2
90	大寨河	季圩支港	石庄镇	3.293	大寨河至石庄前河	季圩村等	0	6	2.5	9.1
91	大寨河	洪港河	石庄镇	1.463	新大寨河至石庄双水洞	洪港村等	0.5	4	2.5	4.4
92	大寨河	范家港	石庄镇	2.47	新大寨河至冒圩中心河	石南村	0	3	2.5	5.2
93	石庄前河	永隆中心河	石庄镇	1.29	季圩河至洪港河	永隆村等	0	3	2.5	3.5

续表

序号	所属河道名称	河道名称	所属乡镇	河道长度（公里）	河道起止点	所跨村数及名称	原设计标准			
							河道底高程	河道底宽（米）	河道坡比	设计排涝能力(立方米/秒)
94	如皋港	新大寨河	石庄镇	4.486	凤龙河至范家港河	尖口村等	–0.5	4	2.5	5.6
95	焦港	大寨河	石庄镇	1.86	焦港至纪圩港	永兴村等	–0.5	6	2.5	5.7
96	如皋港	二号居住河	石庄镇	1.384	如皋港至蒲港河	沙庄村等	0	4	2.5	5.5
97	如皋港	蒲港河	石庄镇	2.864	新郭石河至如新公路	沈圩村等	0	4	2, 3	7.7
98	石庄前河	四号港	石庄镇	4.3	四号港闸至尖口车口	永兴村等	–1	8	3	3.6
99	石庄前河	石北河	石庄镇	2.3	石庄前河至中心河	石北村等	0	5	3	8.2
100	石庄前河	杨远港	石庄镇	4.725	石庄前河至立新河	杨远村等	0, –0.5	5, 7	3	17.8
101	立新河	唐埠港	石庄镇	3.22	焦港至立新河	唐埠村等	0	5	3	10.2
102	如皋港	中心河	石庄镇	5.75	如皋港河至唐埠港	袁岱村等	1	3	2.5	8.4
103	立新河	立南河	吴窑镇	3.64	立新河至沈甸河	沈甸村等	0.5	4	3	10.8
104	立新河	小龙河	吴窑镇	3.015	立新河至场南河	沈桥村等	0.5	4	3	9.9
105	如皋港	沈甸河	吴窑镇	2.47	如皋港至沈甸村	沈甸村等	0.5	3	3	6.4
106	如皋港	南横河	吴窑镇	5.04	如皋港至龙游河	高坝村等	0.5	4	3	5.9
107	龙游河	平田河	吴窑镇	4.42	如海运河至龙游河	丁沙村等	0	5	2.5, 3	9.8

续表

序号	所属河道名称	河道名称	所属乡镇	河道长度（公里）	河道起止点	所跨村数及名称	原设计标准			
							河道底高程	河道底宽（米）	河道坡比	设计排涝能力(立方米/秒)
108	龙游河	新高河	吴窑镇	2.09	龙游河至反孔河	小马村等	1	5	2.5, 3	4.4
109	如海运河	长庄河	吴窑镇	2.87	如海运河至司跃河	长庄村等	0	5	2.5, 3	8.5
110	跃进河	长阳河	吴窑镇	1.73	司跃河至菊栏河	长阳村等	0.5	3	2.5, 3	6.1
111	如海运河	老庄河	吴窑镇	2.07	如海运河至司跃河	老庄村	1	5	2.5, 3	8.7
112	龙游河	朱楼河	郭园镇	4.4	如海运河至龙游河	朱楼村等	0	4	2.0, 3.5	10.8
113	如海运河	潘桥河	郭园镇	1.05	如海运河至下原界	潘桥村等	0	4	3.3, 3.5	4.5
114	如海运河	朱庄河	郭园镇	1.8	如海运河至斜桥河	范田村等	0	4	2, 3.5	7.4
115	如海运河	车马湖河	郭园镇	1.74	如海运河至薛田村	车马湖村等	0	6	2.5, 3.5	7.9
116	如海运河	向阳河	郭园镇	4	如海运河至三圩港	沙王村等	0	3	3	7
117	如海运河	前进河	郭园镇	4.1	前大河至江平公路	刘元村等	0	3	3	9.2
118	如海运河	三圩河	郭园镇	5.5	前大河至农场河	陈市村等	0	3	3	6.4
119	周圩港	农建港	郭园镇	2.6	周圩港至农场河	石圩村等	0	3	2.5	3.7
120	如海运河	东方红河	郭园镇	3.2	如海运河至三圩港	陈市村等	0	3	3	5.2
121	如海运河	堨坝河	九华镇	2.35	下原界至东汪岱	汪岱村等	0	4	2.5, 3	4.75

续表

序号	所属河道名称	河道名称	所属乡镇	河道长度（公里）	河道起止点	所跨村数及名称	原设计标准			
							河道底高程	河道底宽（米）	河道坡比	设计排涝能力(立方米/秒)
122	白李河	群力河	九华镇	4.65	白李河至通州市界	平坝村等	0	4	2.5, 3	8.5
123	如海运河	西大寨河	九华镇	2.925	塌坝河至郑甸港	杨马村等	0	4	2.5, 3	5.6
124	通扬运河	卫星河	九华镇	3.35	郑甸港至原九华乡界	陶庙村等	0	4	2.5, 3	6.1
125	白李河	龙狮河	九华镇	1.93	郑甸港至通州市界	小马村等	0	4	2.5, 3	5.1
126	白李河	东大寨河	九华镇	2.55	郑甸港至通州市界	姜元村等	0	4	2.5, 3	7.8
127	白李河	王家桥河	九华镇	3.1	郑甸港至通州市界	云屏村等	0	4	2.5, 3	5.2
128	白李河	蒋桥车口引河	九华镇	1.68	白李河至郑甸港	龙舌村等	0	4	2.5, 3	4.5
129	白李河	高原车口引河	九华镇	0.75	白李河至陈家高原	高原村等	0	4	2.5, 3	3.8
130	白李河	姜元北界河	九华镇	2.66	郑甸港至北界河	姜元村等	0	4	2.5, 3	5.2
131	如海运河	黄港河	九华镇	2.3	横港河南至通州市界	黄港村等	–0.5	3	2	8.4
132	如海运河	义兴河	九华镇	4.87	红旗河至北横港河南	二圩村等	–0.5	3	2	9.5
133	如海运河	碾砣港	九华镇	6.32	横港河南至丝渔涵洞	丝渔村等	–0.5	4	2	12.7
134	如海运河	胜利河	九华镇	2.3	碾砣港至二圩村1组	二圩村等	–0.5	3	2.5	8.5

续表

序号	所属河道名称	河道名称	所属乡镇	河道长度（公里）	河道起止点	所跨村数及名称	原设计标准			
							河道底高程	河道底宽（米）	河道坡比	设计排涝能力(立方米/秒)
135	如海运河	小李河	九华镇	2.3	黄港至通州市界	二圩村等	–0.5	5	2.5	5.8
136	如海运河	跃进河	九华镇	2.4	碾砣港至小李河	营南村等	–0.5	3	2	7.6
137	如海运河	红旗河	九华镇	1.6	如海运河至义兴港	丝渔村等	–0.5	5	2.5	8.4
138	如海运河	丰收河	九华镇	0.9	长江边至长江村2组	长江村等	0	3	2	5.7
139	如海运河	中心河	九华镇	0.73	蚕种场河至原中心河	兴国村等	0	5	2	4.9
140	白李河	东方红河	九华镇	7.72	白李河至老公路	曹隶村等	0.5	3	3	12.3
141	如海运河	碾砣港	九华镇	3.15	横港河至邹庄	马桥村等	0.5	3	3	9.9
142	如海运河	中心河	九华镇	4.2	如海运河至东方红河	如海村等	0	4	2.5, 3	5.2
143	白李河	洋港河	九华镇	4.45	白李河至营防界	洋港村等	0	4	3	10.2
144	白李河	新庄河	九华镇	2.14	东方红河至友谊河	郭李村等	0.5	4	.	13.1
145	如海运河	小李港	九华镇	4.75	黄港至江平公路	曹隶村等	0	5.5	2.5	4.8
146	白李河	友谊河	九华镇	2.33	横港河至新庄河	何王村等	0.5	3	3	4.4
147	如皋港	蒲 港	长江镇	2.84	如皋港截渗沟至戴案港	港蒲村等	–0.5	7	3	6.9
148	如皋港	头案河	长江镇	2.05	戴案港至四号港	四案村等	–0.5	7	2.5	5.1

续表

序号	所属河道名称	河道名称	所属乡镇	河道长度（公里）	河道起止点	所跨村数及名称	原设计标准			
							河道底高程	河道底宽（米）	河道坡比	设计排涝能力(立方米/秒)
149	如皋港	戴案港	长江镇	3.3	如皋港至复兴6组	港蒲村等	–1	9	3	15.4
150	如海运河	中心河	长江镇	4.45	江边涵洞至二案1组	江边村等	–0.5	8	2.5	4.1
151	如皋港	新跃河	长江镇	7.08	新跃涵洞至横郭石河南	平西村等	–0.5	4	2	17.1
152	周圩港	久隆河	长江镇	6.25	周圩港至镇龙村	镇龙村等	0	2	2	7.9
153	周圩港	江防河	长江镇	4.26	新跃港至市农场界	鱼池村等	0.5	2	2	9.4
154	如海运河	五O河	长江镇	1.37	久隆港至市农场界	五O村等	–0.5	2	2	2.1
155	东司马港	邬申河	桃园镇	1.62	东司马港至邬庄村5组	邬庄村等	1.5	4	2.5, 3.5	8.1
156	龙游河	夏横河	桃园镇	2.25	磨桃河至桃园	范阳村等	0	6	2, 3.5	6.1
157	东司马港	桃园河	桃园镇	5.1	东司马港至龙游河	夏庄村等	–0.5	6	2, 3.5	12.1
158	东司马港	茅稚河	桃园镇	4.87	东司马港至烈士河	明庄村等	–0.5	6	3, 5	18.9
159	杨马河	皋南河	桃园镇	3.72	杨马河至茅稚河	庄米村等	–0.5	6	3, 5	10.5
160	东司马港	团结河	桃园镇	3.47	东司马港至皋南河	范庄村等	1.5	2	2	8.7
161	如靖界河	挂圩支西港	江安镇	1.7	如靖界河至石庄前河河南	挂圩村等	0.5	5	2.5	4.5

续表

序号	所属河道名称	河道名称	所属乡镇	河道长度（公里）	河道起止点	所跨村数及名称	原设计标准			设计排涝能力(立方米/秒)
							河道底高程	河道底宽（米）	河道坡比	
162	如靖界河	挂圩支东港	江安镇	2.28	如靖界河至周庄林场	百新村等	0.5	5	2.5	4
163	如靖界河	葛圩支港	江安镇	1.6	如靖界河至石庄前河	挂圩村等	0	3	2.5	5.6
164	如靖界河	百新支港	江安镇	3.14	如靖界河至东山圩	百新村等	0	3	2.5	5.5
165	如靖界河	七号支港	江安镇	3.92	如靖界河至焦港	三圩村等	0	3	2.5	7.9
166	如靖界河	八号支港	江安镇	3.8	如靖界河至东山圩	余圩村等	0.5	5	2.5	6.8
167	如靖界河	十号支港	江安镇	5.7	如靖界河至石庄界	头圩村等	0	5	2.5	9.6
168	石庄前河	周庄支港	江安镇	1.52	石庄前河至前环庄	周庄村等	0.5	3	3	8.9
169	石庄前河	葛市支港	江安镇	2.2	石庄前河至小龙河	葛材村等	0.5	3	3	9.8
170	通扬运河	双利河	白蒲镇	3.12	林梓界至钱园河	杨园村等	0	3	2.5	9
171	通扬运河	战备河	白蒲镇	3.24	飞跃河至钱园河	叶桥村等	0	3	2.5	9.2
172	新姚河	新联河	白蒲镇	5.2	飞跃河至通州市界	五码村等	–0.5	5	2.5	11.1
173	新姚河	灭螺河	白蒲镇	2.85	新联河至如东县界	双高桥村等	0	3	2.5	8.5
174	通扬运河	勇新界河	白蒲镇	9.53	通扬运河至钱园河	马池村等	0	2	2.5, 3.5	7.3
175	通扬运河	西红旗河	白蒲镇	3.49	通扬运河至白李河	腰庄村等	0	2	2.5, 3.5	6.9
176	通扬运河	西勇敢河	白蒲镇	4.35	通扬运河至郑甸港	周店村等	0	2	2.5, 3	5.6

续表

序号	所属河道名称	河道名称	所属乡镇	河道长度（公里）	河道起止点	所跨村数及名称	原设计标准			
							河道底高程	河道底宽（米）	河道坡比	设计排涝能力(立方米/秒)
177	通扬运河	西卫星河	白蒲镇	4.45	通扬运河至郑甸港	陶庙村等	0	2	2.5	5.7
178	通扬运河	西建国河	白蒲镇	4.45	通扬运河至郑甸港	建国村等	0	2	2.5	6.9
179	通扬运河	朱窑河	白蒲镇	1.89	通扬运河至勇新界河	朱窑村等	0	2	2, 2.5	3.7
180	通扬运河	五星河	白蒲镇	1.984	通扬运河至龙舌乡界	五十里村等	0	2	2	6.5
181	通扬运河	幸福河	白蒲镇	3.79	通扬运河至白李河	晨光村等	0	2	2.5	5.2
182	通扬运河	东勇敢河	白蒲镇	1.95	通扬运河至勇新界河	方池村等	0	2	2.5, 3	4.2
183	通扬运河	东卫星河	白蒲镇	1.67	通扬运河至勇新界河	陆里村等	0	2	2.5	3.5
184	通扬运河	东建国河	白蒲镇	1.72	通扬运河至勇新界河	朱窑村等	0	2	2.5	3.7
185	跃进河	石公河	白蒲镇	0.71	幸福河至红旗干渠	石坝村等	0	3	2, 3	4
186	白李河	幸福河	白蒲镇	4.82	跃进河至白李河	晨光村等	0	3	3, 4	12
187	白李河	姚园河	白蒲镇	5.86	白李河至马港	沈桥村等	–0.5	4	2, 3	5.5
188	跃进河	新丰河	白蒲镇	4.6	通扬运河至反修渠	唐堡村等	0	2	2, 3	10.5
189	通扬运河	中心河	白蒲镇	4.36	通扬运河至幸福河	向阳村等	0	2	2, 3	8.5
190	通扬运河	前进河	白蒲镇	1.92	通扬运河至飞跃河	前进村等	0	2	2, 3	5.4
191	通扬运河	汶池河	白蒲镇	3.19	通扬运河至建设总渠	王家坝村等	0	2	2, 3	5.5

续表

序号	所属河道名称	河道名称	所属乡镇	河道长度（公里）	河道起止点	所跨村数及名称	原设计标准			
							河道底高程	河道底宽（米）	河道坡比	设计排涝能力(立方米/秒)
192	跃进河	飞跃河	白蒲镇	3.6	跃进河至姚园河	王元村等	–0.5	3	2, 3	9
193		青年港	长青沙乡	3.01	长青沙闸至江北堤	知青村等	–1	12	2.5	9.2
194		长青港	长青沙乡	2.2	二号涵洞至中心港	常青村等	–1	8	2.5	7.4
195		联络河	长青沙乡	2.94	青年港至东二道堤	南围村等	–1	5	2.5	4.7
196		种场中心河	长青沙乡	1.7	青年港至长青港	知青村等	–1	8	2.5	5.6
197		中心河	长青沙乡	1.7	青年港至长青港	北围村等	–1	8	2	5
198	如泰运河	鞠王河	搬经镇	0.96	王岱居住河至鞠庄居住河	搬经村等	1.5	3	2, 3	5.2
199	如泰运河	群洋河	搬经镇	2.7	如泰运河至常青镇 张庄	严桥村等	1.5	3	2.5, 3	12.6
200	如泰运河	芹湖大港	搬经镇	2.6	如泰运河至如泰界河	芹湖村等	–0.5	4	2.5, 3.5	10.9
201	如泰运河	朱丁河	搬经镇	2.1	如泰运河至五号渠	朱庄村等	1	3	1.5, 3	9.2
202	如泰运河	加北界河	搬经镇	1.2	如泰运河至加北10组	界沟村等	1	4	2.5	8.5
203	长甸河	中横港	搬经镇	4.04	长甸河至焦港村	焦港村等	0	5	2.8	5.4
204	大寨河	中心河	搬经镇	5.8	如泰运河至大寨河	搬经村等	–0.5	5	2.5, 3	15.8
205	焦港	备战河	夏堡乡	5.15	焦港至头港	鞠桥村等	0	3	3	13.2

续表

序号	所属河道名称	河道名称	所属乡镇	河道长度（公里）	河道起止点	所跨村数及名称	原设计标准			
							河道底高程	河道底宽（米）	河道坡比	设计排涝能力(立方米/秒)
206	焦港	龙港河	夏堡乡	2.5	焦港至龙港10组	龙港村等	0.5	2	2.5	7.2
207	焦港	芦桥河	夏堡乡	4.5	焦港至如靖界河	王庄村等	–0.5	4	2, 3.5	9.4
208	如泰运河	丁东河	丁堰镇	4.58	如泰运河至老凌河	丁堰村等	0.5	4	2.5, 3.5	13.3
209	丁石河	新凌河	丁堰镇	0.92	丁石河至老凌河	丁堰村等	0.5	4	2.5, 3.5	4.5
210	如泰运河	红码河	丁堰镇	5.2	如泰运河至林楼河	双马村等	0.5	4	2.5, 3.5	21.7
211	如泰运河	丁林河	丁堰镇	4.8	如泰运河至南团结河	中田村等	0	4	2, 3	8.7
212	东司马港	兴龙河	丁堰镇	1.3	东司马港至胜利干渠	沈刃村等	0	5	2.5, 3	6.3
213	通扬运河	新民河	丁堰镇	1.76	通扬运河至通扬公路	娄庄村等	0	6	2.5, 3	7.8
214	通扬运河	皋南河	丁堰镇	4.37	通扬运河至桃园界	陈草村等	–0.5	6	2.5, 3	12.3
215	南凌河	东港河	雪岸镇	3.15	南凌河至翻身河	港东村等	–0.5	6	2.5, 3	15.1
216	南凌河	凌海河	雪岸镇	3.475	南凌河至翻身河	范家庄村等	1	5	2.5	11.3
217	南凌河	凌壮河	雪岸镇	1.37	翻身河至南凌壮河	古鱼村等	2.5	2	2	4.5
218	南凌河	五十二界河	雪岸镇	1.265	南凌河至何庄村北线	何家庄村等	2	3	2.5	8.6
219	通扬运河	丰收河	东陈镇	1.6	通扬运河至四号渠	东群村等	1	2	2, 3	8.5
220	南凌河	东风河	东陈镇	4.13	通扬运河至南凌河	大河村等	–0.5	5	3	14.3

续表

序号	所属河道名称	河道名称	所属乡镇	河道长度（公里）	河道起止点	所跨村数及名称	原设计标准			
							河道底高程	河道底宽（米）	河道坡比	设计排涝能力(立方米/秒)
221	丁堡河	庆丰河	东陈镇	3.59	通扬运河至老通扬运河	徐家湾村等	–0.5	4	2, 3	8.8
222	丁堡河	北凌河	东陈镇	2.2	北庄村5组至北庄村1组	北庄村等	0	3	2.5	4.6
223	丁堡河	大寨河	东陈镇	3.8	丁堡河至丁石河	丁羊村等	0	3	2, 2.5	9.5
224	通扬运河	湾堡河	东陈镇	1.3	通扬运河至老凌河	冯堡村等	1.5	3.5	2.5	6.1
225	如海运河	团结河	大明乡	3.1	如海运河至红星河	邓里村等	–0.5	3	3	14.5
226	通扬运河	幸福河	林梓镇	2.4	戴港河至北公路	新园村等	0	5	2.5	5.8
227	通扬运河	十号河	林梓镇	2.85	戴港河至陈刘村5组	平刘村等	0	3	2.5	6.7
228	通扬运河	五号河	林梓镇	2.03	戴港河至北干渠	泰桥村等	–0.5	3	2.5	5
229	通扬运河	翻身河	林梓镇	3.37	红卫河至通扬公路	林西村等	0.5	3	3, 2.5	6.5
230	如海运河	横港河	九华镇	6.01	如海运河至友谊河	五星村等	0.5	4	2.5	7.5
231	立新河	立北河	吴窑镇 常青镇	4.38	立新河至场南界	沈甸村等	1	3.6	3	12.4
232	通扬运河	徐马河	如城镇	2.6	通扬运河至五里港	大殷村等	0	5	2.5, 3.5	11.3
233	通扬运河	新柴河	如城镇	2.15	通扬运河至花庄村	花庄村等	1	3	2.5, 3	7.5

续表

序号	所属河道名称	河道名称	所属乡镇	河道长度（公里）	河道起止点	所跨村数及名称	原设计标准			
							河道底高程	河道底宽（米）	河道坡比	设计排涝能力（立方米/秒）
234	龙游河	五里港	如城镇 建设乡	4	龙游河至通扬公路	平明村等	–0.5	6, 5	2.5, 3.5	7.3
235	通扬运河	团结河	丁堰镇 林梓镇	3.53	通扬运河至红码河	花潮村等	0	4, 5	2.5	7
236	通扬运河	老凌河	丁堰镇 东陈镇	12	通扬运河至丁石河	冯堡村等	0	3, 4	2, 2.5	10.7
237	通扬运河	杨奚河	林梓镇	4.55	红卫河至通扬公路	林奚村等	–0.5	5	3	32.5
238	拉马河	红旗河	黄市乡 高明镇	8.02	石岱中心河至夏仕港	唐楼村等	0	6	3, 3.5	7.1
239	拉马河	丰收河	高明镇	2.75	拉马河至高明界	朝西村等	0.5	4	2.5, 3	7.1
240	如泰运河	马王河	如城镇	2.45	如泰运河至郎庄10组	郎庄村等	1	3	2.5	8.9
241	如泰运河	新港河	袁桥镇	3.65	如泰运河至中红旗河	何庄村等	0	6	2, 3	14.7
242	焦 港	西红旗河	袁桥镇 夏堡乡	3.35	焦港至头港	乔港村等	–0.5	5	2.5, 3.5	12.9
243	如泰运河	头港河	袁桥镇 夏堡乡	7	如泰运河至桥坝头河	菊桥村等	–0.5	5	2, 3.5	15.2
244	如泰运河	蔡港河	袁桥镇 搬经镇	2.9	如泰运河至梅甸10组	梅甸村等	0.5	5	2.5	15.1

续表

序号	所属河道名称	河道名称	所属乡镇	河道长度（公里）	河道起止点	所跨村数及名称	原设计标准			
							河道底高程	河道底宽（米）	河道坡比	设计排涝能力(立方米/秒)
245	焦 港	中心河	袁桥镇 夏堡乡	5.25	焦港至头港	横港村等	0	3	2, 3.5	17.1
246	如海运河	东友谊河	袁桥镇 柴湾镇	2.9	如海运河至北洋港	宗园村等	0.5	4	2.5, 3.5	8.9
247	通扬运河	东八里港	建设乡	3.95	老通扬运河至通扬公路	新楼村等	1	3	2.5	5
248	通扬运河	烈士河	建设乡 丁堰镇	5.1	通扬运河至茅雉河	冒长庄村等	0	3	2.5, 3	7.8
249	通扬运河	老通扬河	东陈镇	6.95	南北向通扬河至东西向通扬河	汪港村等	–0.5	6	5	10.4
250	通扬运河	东红旗河	如城镇 柴湾镇	7.59	通扬运河至如海运河	宗桥村等	–0.5	5	2.5, 3.5	17.1
251	周圩港	横郭石河	长江镇 郭园镇	3.2	周圩港至引河截渗沟	永福村等	0	3	3	26.2
252	周圩港	友谊河	郭园镇 下原镇	5.95	马港至斜桥河	新村	0	5	2.5, 3	3.1
253	白李河	斜桥河	郭园镇 下原镇	5.92	跃进河至白李河	斜桥村等	0	5	2.5, 3	4.6

续表

序号	所属河道名称	河道名称	所属乡镇	河道长度（公里）	河道起止点	所跨村数及名称	原设计标准			
							河道底高程	河道底宽（米）	河道坡比	设计排涝能力(立方米/秒)
254	龙游河	横龙游河	郭园镇	4.46	龙游河至长庄小石村	小石村等	0	4	3	23.6
255	龙游河	竖龙游河	郭园镇	2.88	吴窑界至郭远刘圩周圩村界	周圩村等	0	4.5	2.5, 3	8.3
256	如海运河	前大河	郭园镇	3.1	如海运河至三圩港	前河村等	0	4	2.5, 3	7.9
257	南凌河	如场河	柴湾镇	5.46	南凌河至友谊河	净土村等	–0.5	5	2.5, 4	6.3
258	白李河	马港河	下原镇	5.05	跃进河至白李河	沈桥村等	0.5	2, 5	2.5, 3	20.1
259	东司马港	磨桃河	桃园镇	3.85	东司马港至龙游河	赵港村等	0.5	8	2.5, 3	11.6
260	东司马港	司跃河	桃园镇 下原镇	5.731	东司马港至跃进河	王空田村等	–0.5	6	3, 4	9.7
261	周圩港	竖郭石河	郭园镇	2.43	横郭石河至杨庄车口	杨庄村等	0	3	3	12.5
262	南凌河	跃进河	雪岸镇 东陈镇	6.475	老沿河至翻身河	周港村等	–0.5	5	2.5, 3.5	5.7
263	丁堡河	翻身河	雪岸镇	10.55	如场河至丁堡河	田庄村等	–0.5	5	2, 3.5	17.3
264	南凌河	三八河	雪岸镇	1.26	南凌河至胜利港	马庄村等	1	3	2.5	12.3
265	西司马港	仁静河	磨头镇. 场北乡	3.95	西司马港至场北陈家园村	仁静村等	–0.5	6	2, 3.5	6.8

续表

序号	所属河道名称	河道名称	所属乡镇	河道长度（公里）	河道起止点	所跨村数及名称	原设计标准			
							河道底高程	河道底宽（米）	河道坡比	设计排涝能力(立方米/秒)
266	西司马港	护场河	磨头镇	0.9	西司马港至机场	老户村等	0	4	2.5, 3	16.5
267	拉马河	常胜河	高明镇	1.45	胜利河至水洞口村	水洞口村等	2	3	2.5	13
268	跃进河	红卫河	白蒲镇 林梓镇	3.58	跃进河至杨奚河	南陆村等	−1	5	3	11
269	通扬运河	东红旗河	白蒲镇	2.88	通扬运河至勇新界河	马池村等	0	5	2.5	7.4
270	通扬运河	新蒲河	白蒲镇	2.9	通扬运河至勇新界河	蒲南村等	0	5	2.5	15.5
271	通扬运河	钱园河	白蒲镇	3.51	古佛庵桥至钱家园	长池村等	0	3	2.5	8.9
272	通扬运河	大寨河	白蒲镇	6.52	通扬运河至如东县界	圩东村等	0	3	2.5	7.6
273	丁堡河	老沿河	东陈镇	3.6	老沿河至东陈界	中心村等	1	3	2	10.5
274	通扬运河	西凌河	东陈镇	4.27	通扬运河至南凌河	夏池村等	1	3	2, 3	12.5
275	南凌河	雪东界河	雪岸镇	1.9	老沿河至南凌河	洪桥村等	2	4	3	8.9
276	龙游河	后大河	郭园镇	3.8	竖龙游河至前大河	郭园村等	0	3	3	13.1
277	通扬运河	林楼河	林梓镇	7.61	通扬运河至如东县界	金庄村等	−0.5	4, 3	3	6.5
278	通扬运河	戴港河	林梓镇 白蒲镇	7.69	通扬运河至如东县界	合兴村等	−0.5	5	3	6.7
279	通扬运河	林马河	林梓镇	4.917	红卫河至通扬运河	宗庄村等	0	5	3	11.2

续表

序号	所属河道名称	河道名称	所属乡镇	河道长度（公里）	河道起止点	所跨村数及名称	原设计标准			
							河道底高程	河道底宽（米）	河道坡比	设计排涝能力(立方米/秒)
280	通扬运河	田港河	林梓镇	4.77	红卫河至通扬运河	长园村等	–0.3	4	3	15.3
281	通扬运河	新村河	林梓镇	4.917	红卫河至通扬运河	文著村等	–0.3	4	3	13
282	东司马港	桃花界河	下原镇	2.05	东司马港至吕季荡	吕中村等	1	2	2.5	8.9
283	跃进河	老坝河	下原镇 林梓镇	4.89	跃进河至杨奚河	新周村等	0	6	3, 4	23.5
284	如泰运河	红旗河	搬经镇	4.05	如泰运河至冯港	焦港村等	2	3	2.5	5.7
285	如泰运河	如泰界河	搬经镇 夏堡镇	8.1	如泰运河至芦桥村	界沟村等	1	3	2, 3	23.8
286	焦 港	冯港河	常青镇 搬经镇	1.8	焦港到西王村	冯港村等	0.5	6	2, 3	11.8
287	通扬运河	飞跃河	白蒲镇 林梓镇	6.7	通扬运河至如东县界	和平村等	0	3	2.5	9.2
288	白李河	郑甸河	九华镇 白蒲镇	5.94	白李河至通州市界	顾园村等	–0.5	6	3, 4	5.7
289	丁堡河	丁雪界河	东陈镇	2.9	丁堡河至如东县界	陈渡村等	2	4	3	15.9
290	焦 港	小龙河	江安镇	10.45	焦港至胜利河	池岸村等	0	5	4	8.1

续表

序号	所属河道名称	河道名称	所属乡镇	河道长度（公里）	河道起止点	所跨村数及名称	原设计标准			
							河道底高程	河道底宽（米）	河道坡比	设计排涝能力(立方米/秒)
291	跃进河	丰收河	夏堡乡	4.6	严桥河至湖林10组	肖马村等	0.5	3	3	5.9
292	焦 港	国庆河	夏堡乡	4.16	焦港至如泰界河	周垛村	0	3	3	27.1
293	焦 港	跃进河	夏堡乡	4.15	焦港至如泰界河	夏桥村	0	2.5	2.5, 3.5	10.1
294	焦 港	圩田中心河	江安镇	5.7	焦港边至黄市界	四圩口村	0	5	2.5	10.5
295	立新河	东江胜河	高明镇	1.2	小龙河至戈堡	苍燕村	3	1	2, 3	8.4
296	拉马河	西江胜河	江安镇	1.73	拉马河至红旗公路	刘堡村	3	1	2, 3	12.1
297	立新河	西拉河	江安镇	3.15	立新河至石庄前河	西庄村	0	5	2.5, 3	8.7
298	立新河	江新河	江安镇	1.16	小龙河至南北渠	北小庄村	1	3	2, 4	7.6
299	立新河	四案排河	长江镇	2.7	二案8组至中心河	四案村	0	5	3	8.1
300	立新河	五案河	长江镇	3.27	中心河至养殖场	五案村	–0.5	1	3	10.5
301	丁堡河	红旗港	雪岸镇	2.75	丁堡河至跃进河	雪居村	–1	5	3.5	10.4
302	通扬运河	北徐马河	东陈镇	0.8	通扬运河至老通扬运河	韩港村等	2	3	2, 3	11.3

后记

出版《如皋水利志》是如皋水利人多年的夙愿。早在20世纪80年代初，沙坤仪(新中国成立后的第一任水利局长)就组织汪永涛等人着手编写如皋水利志，并留下了部分资料，但未能成书。

2013年8月，如皋市水务局党组决定编纂《如皋水利志》。首先成立了以水务局领导及各科室、各直属单位负责人组成的编纂委员会，具体由冒承模、张敏编写，殷亚平负责协调。同时聘请退休的邱维海、陈鑫泉担任顾问，曾经在水务局工作多年的市领导杜永红为特邀顾问。

编者斗胆担纲。受命之后方感任务沉重，困难不小。首先是初涉志书编写，没有经验，更主要的是资料奇缺(只有如皋地形的发育形成及江岸变迁和新中国成立三十二年来的治水成就两本资料)。但既然受命就应勇往直前。编者首先学习志书编写的法律法规和基本常识。同时拜如皋市地方志办公室的行家为师，借鉴省志《水利篇》《南通市水利志》篇目结构，匆匆上马，边学边写。关于资料的收集真正从点滴开始，广辟渠道。从查阅如皋市(县)水务(利)局的历史档案资料到实地查勘具体的实物。从现存的实物实景比对历史遗迹。同时根据2000年《江苏省志·水利志》、1999年版《南通市水利志》、清乾隆版《如皋县志》、1995年版《如皋县志》、2007年版《如城镇志》、1987年版《如皋县土壤志》、1988年版《如皋县交通志》和历年的《如皋年鉴》以及《如东县志》水利篇等提供的史料，广辟资料收集渠道，多方进行比对。走访亲历的老领导和当事人，发现线索后加以考证，不断丰富内容。例如：位于下原镇白李村16组的“利民新闸”历史记载十分模糊，后根据秦锦国提供的线索，走访当地老人，实地考查挖掘到张謇手书“利民新闸”的历史实物。

本志下限原本截至2010年，后因故延至2013年。从2013年9月起编写，六次修改充实，至2014年10月完成初稿。经编委会初审后，补充修改于2015年5月形成送审稿。后因故又需将下限延续至2015年，补充后再次形成送审稿，于2016年7月报如皋市地方志办公室、南通市水利局、江苏省水利厅信息中心。如皋市地方志办公室李亚平指导编写志书的基础知识，并对有关部分进行了具体辅导；南通市水利局李国梁对谋篇布局提出了具体的指导意见；江苏省水利信息中心主任陈峰两次审阅，从篇目结构到具体内容，直到标点符号，字斟句酌给予细致的指正。经进一步修改后，于2016年8月审定，2017年2月出版。

本志编纂过程中，南通市水利局、如皋市地方志办公室、如皋市档案局的负责人及专家给予悉心指导；如皋市水利建筑安装工程公司提供办公场所；如皋市新潆水利市政工程有限公司郭再良多次带领采编人员实地查勘现场；水务局各科室、直属单位提供了翔实的资料，多次进行审核把关；退休的邱维海、陈鑫泉、李荣竹、郭必祥、陈德胜等提供了重要的历史资料；陈如林、范建华及如皋市水务局办公室的人员提供了珍贵的历史照片，在此谨表诚挚谢意！

《如皋水利志》汇集了编委会领导和全市水利职工及采编人员的智慧和心血。但由于资料匮乏，加之编者水平有限，没有经验，不足之处敬请史志界、水利界的领导和同仁们矫正。并恳请历史当事人、知情者，提供历史资料，以期续编时修正充实。

编　者

2017年2月